国家社会科学基金(教育学科)"十一五"规划课题研究成果

全国高等职业院校计算机教育规划教材

中文 Flash CS4 案例教程

陶雪琴　蒋腾旭　章　立　主　编

许　敏　李　微　陈　燕　胡素娟　刘国兰　副主编

U0146727

中国铁道出版社

CHINA RAILWAY PUBLISHING HOUSE

内 容 简 介

Flash 是美国 Adobe 公司推出的世界主流多媒体网络交互动画工具软件。该软件的优势在于基于矢量动画的制作，并且生成的交互式动画更适合在网络上传播。本书介绍的 Adobe Flash CS4（10.0 版本）是目前最新版本，支持的播放器为 Flash Player 10。本书共分为 8 章：第 1 章介绍了 Flash CS4 的基础知识；第 2～7 章共采用了 26 个案例和 67 个案例拓展将 Flash CS4 软件的大量知识点融入案例制作过程中；第 8 章详细讲解了教学课件从策划、制作到影片发布的设计过程，对 Flash CS4 软件的操作方法和技巧进行了总结。

本书结构清晰、内容翔实，采用由浅入深、循序渐进、理论与实际制作技巧相结合的方式进行讲解，同时在知识结构安排上采用了新的职业教育模式——案例驱动模式。本书中每个案例均由"案例效果"、"设计步骤"、"相关知识"、"案例拓展"四个部分组成，使学习者进行案例制作的同时掌握相关的知识点和技巧。

本书主要面向高职高专院校，也适用于同等学力的职业教育和继续教育，同时也可作为具有一定计算机基础知识的人员的自学读物。

图书在版编目（CIP）数据

中文 Flash CS4 案例教程/陶雪琴，蒋腾旭，章立主编.
北京：中国铁道出版社，2009.11
全国高等职业院校计算机教育规划教材

ISBN 978-7-113-10688-1

Ⅰ．中⋯　Ⅱ．①陶⋯②蒋⋯③章⋯　Ⅲ．动画－设计－图形软件，Flash CS4－高等学校：技术学校－教材　Ⅳ．TP391.41

中国版本图书馆 CIP 数据核字（2009）第 201045 号

书　　名：中文 Flash CS4 案例教程	
作　　者：陶雪琴　蒋腾旭　章　立　主编	

策划编辑：秦绪好　孟　欣	
责任编辑：秦绪好	编辑部电话：（010）63560056
编辑助理：张国成	
封面设计：付　巍	封面制作：李　路
版式设计：于　洋	责任印制：李　佳

出版发行：中国铁道出版社（北京市宣武区右安门西街 8 号　　邮政编码：100054）	
印　　刷：三河市华丰印刷厂	
版　　次：2010 年 3 月第 1 版　　　2010 年 3 月第 1 次印刷	
开　　本：787mm×1092mm　1/16　印张：16.5　字数：405 千	
印　　数：4 000 册	
书　　号：ISBN 978-7-113-10688-1/TP • 3611	
定　　价：26.00 元	

国家社会科学基金(教育学科)"十一五"规划课题研究成果

全国高等职业院校计算机教育规划教材

国家社会科学基金（教育学科）"十一五"规划课题"以就业为导向的职业教育教学理论与实践研究"（课题批准号 BJA060049）在取得理论研究成果的基础上，选取了高等职业教育十个专业类开展实践研究，高职高专计算机类专业就是其中之一。

本课题研究发现，高等职业教育在专业教育上担负着帮助学生构建专业理论知识体系、专业技术框架体系和职业活动逻辑体系的任务，而这三个体系的构建需要通过专业教材体系和专业教材内部结构得以实现，即学生的心理结构来自于教材的体系和结构。为此，这套高职高专计算机类专业系列教材，依据不同教材在其构建知识、技术、活动三个体系中的作用，采用了不同的教材内部结构设计和编写体例。

承担专业理论知识体系构建任务的教材，强调专业理论知识体系的完整性与系统性，不强调专业理论知识的深度和难度；追求的是学生对专业理论知识整体框架的把握，不追求学生只掌握某些局部内容，而求其深度和难度。

承担专业技术框架体系构建任务的教材，注重让学生了解这种技术的产生与演变过程，培养学生的技术创新意识；注重让学生把握这种技术的整体框架，培养学生对新技术的学习能力；注重让学生在技术应用过程中掌握这种技术的操作，培养学生的技术应用能力；注重让学生区别同种用途的其他技术的特点，培养学生职业活动过程中的技术比较与选择能力。

承担职业活动体系构建任务的教材，依据不同职业活动对所从事人特质的要求，分别采用了过程驱动、情景驱动、效果驱动的方式，形成了"做学"合一的各种的教材结构与体例，诸如项目结构、案例结构等。过程驱动培养所从事人的程序逻辑思维；情景驱动培养所从事人的情景敏感特质；效果驱动培养所从事人的发散思维。

本套教材无论从课程标准的开发、教材体系的建立、教材内容的筛选、教材结构的设计还是教材素材的选择，都得到了信息技术产业专家的大力支持，他们在信息技术行业职业资格标准和各类技术在我国广泛应用的过程中，提出了十分有益的建议。另外，国内知名职业教育专家和一百多所高职高专院校参与了本课题的研究，他们对高职高专信息技术类的人才培养提出了宝贵意见，对高职高专计算机类专业教学提供了丰富的素材和鲜活的教学经验。

这套教材是我国高职高专教育近年来从只注重学生单一职业活动逻辑体系构建，向专业理论知识体系、技术框架体系和职业活动逻辑体系三个体系构建的转变的有益尝试，也是国家社会科学研究基金课题"以就业为导向的职业教育教学理论与实践研究"研究成果的具体应用之一。

如本套教材有不足之处，敬请各位专家、老师和广大同学不吝赐教。希望通过本套教材的出版，为我国高等职业教育和信息技术产业的发展做出贡献。

2009 年 8 月

前 言

FOREWORD

21 世纪的多媒体平台不但能提供声、像、图、文并茂的信息，而且还能提供电子商务、电子政务、电子公务、电子医务、电子教务等多种服务。信息产业的发展已经经历了 3 次浪潮，即以硬件为核心的浪潮、以软件为核心的浪潮和以网络为核心的浪潮，因此下一次浪潮应是信息采集、处理和传播的浪潮，也就是以多媒体信息为核心的多种信息服务崛起的浪潮。

Flash 是一款不折不扣的跨媒体、跨行业的软件，用它设计的网络广告、制作的 Flash 网站、MTV、卡通片、游戏等不仅在网络领域里迅速传播，而且，用它设计的迷你电影、广告、音乐 MTV 纷纷走进手机、无线通信、电视、电影和音乐唱片等领域。对于大众，它带来的是一种视觉和理念的冲击；对于商家，带来的是方便的宣传和交互能力；对于未来，将带来的是更大的希望……

Flash CS4 是美国 Adobe 公司在 2008 年推出的一款世界主流多媒体网络交互动画工具软件。用 Flash 制作的矢量动画，尺寸小、表现力强、互动性好，十分便于在网络上进行传输、播放和下载。Flash 与 Dreamweaver、Fireworks 并称为 Dream Team，网页设计者使用它可以创作出既漂亮又可以改变尺寸的导航界面，具有丰富的交互功能和完美的声音输出，现已成为主流的网络交互动画工具软件。

本书共分为 8 章：第 1 章和第 2 章介绍了 Flash CS4 的基本功能，可使读者对 Flash CS4 有一个全面的认识，为后面学习 Flash CS4 打下一个良好的基础；第 3 章～第 7 章详细介绍了 Flash CS4 的基本绘图技巧，在熟练掌握对象的编辑操作后，从动画入门开始，逐步提高动画制作难度，到最后制作出精彩的动画作品。其中，第 6 章和第 7 章详细讲述了 ActionScript 的编程环境、编程原理和语法体系，利用语言独特的语法和功能，拓展 Flash CS4 的表现空间；第 8 章详细讲解了一个教学课件从策划制作到影片发布的设计过程，对 Flash CS4 软件的操作方法和技巧进行了总结。书中部分案例所需素材及效果文件可在 http://edu.tqbooks.net 下载。

本书在编写过程中力求做到内容精练、系统、循序渐进，并采用了大量图片，操作步骤详细，方便教师教学和读者自学，使读者可以轻松掌握本书的内容。

本书由陶雪琴老师担任第一主编，第 1 章、第 2 章和第 8 章由李微老师和章立老师编写；第 3 章和第 4 章由蒋腾旭老师和陶雪琴老师编写；第 5 章由陈燕老师和胡素娟老师编写；第 6 章和第 7 章由许敏老师和刘国兰老师编写。

由于时间仓促及作者的水平和经验有限，书中难免存在不完善和疏漏之处，诚请读者批评指正。

编 者
2009 年 12 月

目 录

第1章

中文 Flash CS4 案例教程

Flash CS4 概述

本章主要介绍 Flash CS4 的基本功能，中文版 Flash CS4 软件的安装与启动，以及文档的基本操作和管理。学习本章后，读者将对 Flash CS4 有全面的了解，这对以后制作和编辑动画很有帮助。

学习目标	☑ 了解 Flash CS4 的发展及应用
	☑ 了解 Flash CS4 新增加的功能
	☑ 安装与启动中文版 Flash CS4
	☑ 掌握实施 Flash CS4 文档的基本操作
	☑ 掌握创建和管理 Flash 项目

1.1　认识 Flash CS4

Flash 是美国 Adobe 公司推出的世界主流多媒体网络交互动画工具软件。该软件的优势在于基于矢量动画的制作，并且生成的交互式动画更适合网络传播。从 1996 年 Macromedia 公司发布 Flash 1.0 开始，到现在使用的最新版本 Adobe Flash CS4 Professional，Flash 的发展令人瞩目。

1.1.1　Flash 的发展及应用

1. Flash 的发展

Flash 是在 1995 年乔纳森·盖伊（Jonathan Gay）开发的 Future Splash Animator 版本的基础上发展起来的，也就是现在 Flash 的前身。随后 Flash 不断发展，增加了许多新功能。

1996 年 11 月，Future Splash Animator 卖给了 Macromedia 公司，Macromedia 将其重新命名为 Macromedia Flash 1.0。1997 年，Flash 2.0 版本发行。这时的 Flash 已经被人们所关注，得到良好的反响。

1998 年，Macromedia 公司推出了 Flash 3.0，Flash 被应用于互联网，并在其中逐渐加入了 Director 的一些先进功能。Flash 获得了巨大的成功，很快成为网络的宠儿。这些早期版本都使用 Shockwave 播放器进行播放。

1999 年 6 月 Flash 推出 4.0 版本，开始拥有自己专用的播放器，称为 Flash Player。不过为了保持向下相容性，Flash 制作的动画仍然沿用了原有的扩展名：SWF（Shockwave Flash）。另外，增强了对音频（如 MP3）的支持等。

2000 年 8 月，Macromedia 公司推出了 Flash 5.0，支持的播放器为 Flash Player 5。Flash 5.0 中的 ActionScript 开始了对 XML 和 SmartClip（智能影片剪辑）的支持。

2002 年 3 月，新版本 Flash 6.0 再次给用户带来惊喜，改名为 Flash MX，并推出了 ActionScript 2.0。Flash MX 开始支持对外部 JPG 和 MP3 的调入，增加了更多的内建对象，提供了对 HTML 文本的更精确控制和 SetInterval 超频帧的概念。同时播放器升级为 Flash Player 6，改进了 SWF 文件的压缩技术。

2003 年 8 月，Flash MX 2004（7.0 版本）发布，开始了对 Flash 本身制作软件的控制并实现了插件开放。播放器升级为 Flash Player 7，提高了运行性能。

2005 年，Macromedia 公司发布了最后一个版本 Flash 8.0，它包括两种产品，分别是 Flash Basic 8 和 Flash Professional 8，支持的播放器为 Flash Player 8。Flash 8.0 改进了动作脚本面板，增加了滤镜和混合模式，并且增强了支持视频的功能。

随后 Adobe 公司耗资 34 亿美元并购了 Macromedia 公司。2007 年，Adobe 公司发布了并购后的第一个版本 Adobe Flash CS3（9.0 版本），支持的播放器为 Flash Player 9。Flash CS3 的用户界面与 Adobe 产品风格趋于统一化，支持其他 Adobe 软件，增加了新的绘图功能，并且支持 ActionScript 2.0 和 ActionScript 3.0 两种编程语言，增加了将动画转换为 ActionScript 和代码错误导航等功能。

目前，Flash 的最新版本是 2008 年 9 月发布的 Adobe Flash CS4 Professional（10.0 版本），支持的播放器为 Flash Player 10。Flash CS4 增加了许多新的功能，如全新的补间动画理念、崭新的"动画编辑器面板"、基于物体的内插动画模式、神奇的 3D 转换特效、Deco 和骨骼工具等。

2. Flash 的应用

Flash 的应用领域很广泛，主要包括以下方面：

（1）广告宣传片：可以制作各类广告、宣传以及产品演示等。

（2）游戏制作：利用 ActionScript 语句编制程序，再配合 Flash 强大的交互功能来制作一些游戏，例如在线游戏等。

（3）多媒体课件：制作教学课件或教学软件，现在已经被越来越多的教师和学生使用。

（4）网站建设：用 Flash 制作网页或开发网站。

（5）网络动画：由于 Flash 作品容易在网络上传播，常用来制作网页动画、MTV 或电子贺卡等。

（6）手机动画：Flash 对矢量图、声音和视频等有良好的支持，因而用 Flash 制作手机动画目前非常流行。

1.1.2 Flash CS4 的新增功能

与之前的版本相比，Flash CS4 提供了以下新功能：

（1）全新的 Adobe Creative Suite 界面：新的界面借助直观的面板停靠和弹出式行为，简化了用户在所有 Adobe Creative Suite 版本中与工具的交互，提高了工作效率。

（2）基于对象的动画：使用基于对象的动画可以对个别动画属性实现全面控制，它将补间动画直接应用于对象而不是关键帧，从而精确控制每个单独的动画属性，并使用贝赛尔手柄轻松更改运动路径。基于对象的动画可以大大简化 Flash 的设计过程。

（3）动画编辑器：使用动画编辑器可以对关键帧的参数进行细致控制，这些参数包括旋转、大小、缩放、位置和滤镜等；还可以使用关键帧编辑器借助曲线以图形化方式控制缓动。

（4）动画预设：动画预设是借助可应用于任何对象的预建动画来启动项目。用户可以从数十种预设中进行选择，也可以创建并保存自己的预设，与他人共享以节省动画创作时间。

（5）3D 转换：使用 3D 变形工具可以在 X、Y 和 Z 轴上进行动画处理，能够在 3D 空间内对 2D 对象进行动画处理。3D 变形包括旋转工具和平移工具，在局部或全局进行旋转，可以将对象相对于对象本身或舞台旋转。

（6）使用骨骼工具进行反向运动：使用一系列链接对象创建类似于链的动画效果，或使用全新的骨骼工具扭曲单个形状。

（7）使用 Deco 工具进行装饰性绘画：Deco 工具能够将任何元件转变为即时设计工具，通过各种方式来应用元件。例如，可以将一个或多个元件与 Deco 对称工具一起使用创建类似于万花筒的效果并应用填充，使用刷子工具或喷涂刷在定义区域随机喷涂元件。

（8）针对 Adobe AIR 进行创作：Adobe AIR 是一个新的跨操作系统的平台，通过它可以利用本地桌面资源和数据来提供更具个性、更具吸引力的体验。

（9）增强的元数据（XMP）支持：利用新的 XMP 面板，用户可以方便而快速地对其 SWF 内容分配元数据标签，改善组织方式并支持对 SWF 文件进行快速查找和检索，增强了协作和移动体验。

（10）支持 H.264：新增的 H.264 支持，借助 Adobe Media Encoder 编码使 Adobe Flash Player 运行时可以识别任何格式，能够呈现最高品质的视频，并提供了比以前更多的控制。

（11）其他的改进功能：垂直显示属性检查器，利用宽屏提供更多的舞台空间；运行时用户能够轻松应用自定义滤镜和效果实时表现创意；添加了新的字体菜单；"库"面板中加入了搜索和排序等功能；利用新的项目面板，更轻松地处理多文件项目；文件发布设置进一步完善，提高了质量的性能；通过社区帮助，使用户了解最新的 Adobe 产品和技术等。

1.2　中文版 Flash CS4 的安装

俗话说"工欲善其事，必先利其器"。用户要想成功地安装和运行 Flash CS4 软件，必须知道安装该软件时所需的计算机配置，检查配置达到要求后，才能按照安装提示进行操作。

1.2.1　安装 Flash CS4 的系统要求

由于安装 Flash CS4 的计算机配置要求要高于其他版本，在安装 Flash CS4 应用程序之前，要注意该软件对计算机软、硬件系统的要求。

（1）Windows 环境下的配置要求建议如下：

① Intel Pentium 4、Centrino 以及更高频率的处理器；

② Windows XP、Windows Vista 以及更高版本的操作系统；

③ 1GB 的内存；

④ 2GB 的可用硬盘空间；

⑤ 分辨率 1024×768 像素（推荐 1280×800 像素），16 位以上显卡；

⑥ DVD-ROM 驱动器；

⑦ 需要 QuickTime 7 软件实现多媒体功能；

⑧ 宽带 Internet 连接实现在线服务。

（2）Macintosh 环境下的配置要求建议如下：

① PowerPC G4 或 G5 或 Multicore Intel 处理器；

② Macintosn OS X v10.4.8–10.5 版本；

③ 1GB 的内存；

④ 2GB 的可用硬盘空间；

⑤ 分辨率 1024×768 像素（推荐 1280×800 像素），16 位以上显卡；

⑥ DVD–ROM 驱动器；

⑦ 需要 QuickTime 7 软件实现多媒体功能；

⑧ 宽带 Internet 连接实现在线服务。

1.2.2　安装中文版 Flash CS4

中文版 Adobe Flash CS4 Professional 的安装过程是在安装向导的提示下进行的，下面一起了解它的安装过程。

首先将中文版 Adobe Flash CS4 Professional 的安装光盘插入 CD-ROM 驱动器中，或从网站下载中文版 Flash CS4 的安装程序。双击安装图标█，系统会自动运行安装程序，弹出 Adobe Flash CS4 安装程序的“正在初始化”对话框，这个过程需要几十秒到几分钟的时间，如图 1-2-1 所示。

图 1-2-1　“正在初始化”对话框

安装程序初始化完成后弹出安装 Adobe Flash CS4 的欢迎对话框，如图 1-2-2 所示。在对话框中，选择“我有 Adobe Flash CS4 的序列号”选项，在文本框中输入序列号，或者选择“我想安装并使用 Adobe Flash CS4 的试用版”选项，运行 30 天的试用模式，然后单击“下一步”按钮。

进入 Adobe Flash CS4 安装的许可协议对话框，如图 1-2-3 所示。阅读“Adobe 软件许可协议”后单击“接受”按钮。

图 1-2-2　欢迎对话框

图 1-2-3　许可协议对话框

　　进入 Adobe Flash CS4 的安装选项对话框，如图 1-2-4 所示。在"安装语言"下拉列表框中选择简体中文。如果用户要自定义安装路径，可以单击"更改"按钮，选择所要保存文件夹的目标路径，然后单击"安装"按钮。

　　随后弹出 Adobe Flash CS4 的安装进度对话框，如图 1-2-5 所示。进度条显示正在安装的整体进度和光盘进度，这个过程需要几分钟到几十分钟。

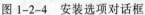

图 1-2-4　安装选项对话框　　　　　　　　图 1-2-5　安装进度对话框

　　安装完成后，弹出完成安装对话框，如图 1-2-6 所示。最后单击"退出"按钮，中文版 Flash CS4 程序全部安装完成。

　　在"Adobe 产品激活"对话框中，用户可以输入一个序列号来激活 Flash CS4 程序，也可以选择"我想试用此产品"单选按钮，运行 30 天的试用模式，单击"下一步"按钮启动 Adobe Flash CS4 Professional，如图 1-2-7 所示。

> 　　提示：如何卸载 Flash CS4 软件？
>
> 　　若要将安装在 Windows 系统中的 Flash CS4 软件卸载，可以单击"开始"→"控制面板"命令，打开"控制面板"窗口，单击"添加或删除程序"图标，在弹出的"添加或删除程序"对话框中选择要卸载的 Flash CS4 软件，最后单击"删除"按钮即可。

图 1-2-6　完成安装对话框　　　　　　　　图 1-2-7　Adobe 产品激活对话框

1.2.3　中文版 Flash CS4 的启动及退出

　　下面通过两种方法来学习如何运行 Flash CS4 软件，运行程序后，还要了解如何退出该应用程序。

1. 启动中文版 Flash CS4 程序

（1）从"开始"菜单启动：安装完成中文版 Flash CS4 软件后，它会自动在"开始"菜单中创建一个子菜单。我们可以直接打开"开始"菜单，在"所有程序"中选择所安装的 Flash CS4 组件的位置，然后执行 Adobe Flash CS4 Professional 命令，就会弹出启动程序界面，如图 1-2-8 所示。

图 1-2-8　中文版 Flash CS4 的启动程序界面

启动程序界面显示完成后，就会打开中文版 Flash CS4 的操作窗口，即默认的窗口选项，如图 1-2-9 所示。

（2）用桌面快捷方式快捷启动：如果要多次应用 Flash CS4 程序，为了减少操作上的麻烦，可以在桌面上添加 Flash CS4 的快捷方式图标。或者将 Flash CS4 快捷方式图标拖入到快速启动栏中，直接单击即可运行该程序。

图 1-2-9　中文版 Flash CS4 的操作窗口

2. 退出中文版 Flash CS4 程序

在窗口中单击"文件"→"退出"命令，或者按快捷键【Ctrl+Q】，或者单击标题栏右侧的"关闭"按钮，都可以退出中文版 Flash CS4 应用程序。

1.3　中文版 Flash CS4 的创作环境

用户进入创作环境后，弄清楚界面中各个组成部分的作用和位置，就可以在创作时准确地选择所需要的工具、面板和命令。下面将详细介绍 Flash CS4 创作环境的组成及其功能。

1.3.1　欢迎屏幕

通常启动中文版 Flash CS4 程序，或者关闭所有 Flash 文档时，都会自动弹出 Adobe Flash CS4 Professional 的欢迎界面，如图 1-3-1 所示。

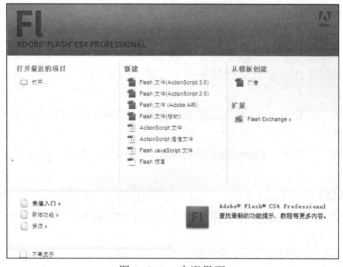

图 1-3-1　欢迎界面

Flash CS4 的欢迎界面分为 4 个部分，各项功能介绍如下：

（1）"打开最近的项目"栏：该栏可以查看和打开最近使用过的 Flash 项目，单击"打开"按钮，就会弹出"打开"对话框，从中选择要打开的 Flash 文档。

（2）"新建"栏：该栏列出了 Flash CS4 创建项目的类型，包括 Flash 文件（ActionScript 3.0）、Flash 文件（ActionScript 2.0）、Flash 文件（Adobe AIR）、Flash 文件（移动）、ActionScript 文件、ActionScript 通信文件、Flash JavaScript 文件、Flash 项目。单击任意项目，可快速创建一个相应项目的 Flash 文档，进入相应配置的工作界面。

（3）"从模板创建"栏：该栏列出了 Flash CS4 提供的常用模板类型，单击任意一个模板，即可以利用该模板创建 Flash 文档。

（4）"帮助"栏：位于欢迎界面的下端，单击其中的选项，可以学习 Flash CS4 快速入门教程和新增功能，了解 Flash 文档资源，并可以登录 Adobe.com 网站浏览相关的学习信息。

> **提示**：如果选中了欢迎屏幕底端的"不再显示"复选框，则下次启动 Flash CS4 或关闭所有 Flash 文档时，就不会再显示此对话框，而是直接进入中文版 Flash CS4 的工作界面。

1.3.2 预设工作区

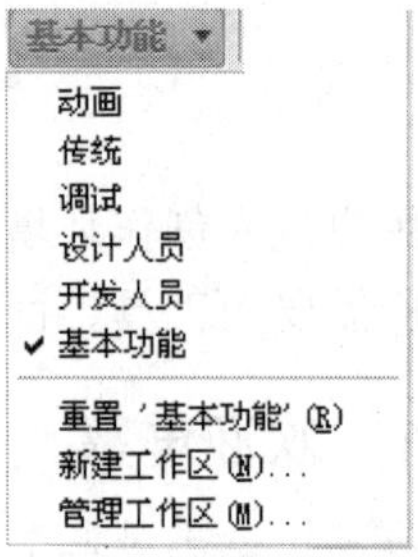

Flash CS4 有 6 种工作区，用户可以单击"工作区预设"调板中的 **基本功能 ▼**，在弹出的菜单中选择需要的工作区模式，默认的预设为"基本功能"工作区，如图 1-3-2 所示。

图 1-3-2 工作区预设调板

1. 预设工作区的类型

（1）"动画"工作区：此工作区中主要集中放置动画制作的相关面板，特别适合动画制作的爱好者。

（2）"传统"工作区：这是大家熟悉的之前 Flash 版本中所用的工作区样式。采用该种模式，可以方便习惯使用以前样式的用户。

（3）"调试"工作区：能够检查和测试动画或影片效果，调试脚本语句，对整个播放过程进行调整。

（4）"设计人员"工作区：此工作区主要是方便专业的设计人员进行动画对象的设计和编辑等操作。

（5）"开发人员"工作区：对于开发大型项目或高级编程的开发人员而言，选择"开发人员"可以方便个人操作。

（6）"基本功能"工作区：Flash CS4 默认的预设工作区，具有 Adobe 化的界面风格，适合一般的 Flash 用户。

2. 自定义工作区

用户可以根据个人的喜好和工作需要来设计个性化的工作区。下面通过一个操作实例，说明如何对工作区进行管理。

操作：设计个性化的工作区——My work。

首先单击"工作区预设"调板，在下拉列表框中选择"新建工作区"命令，在弹出的"新建工作区"对话框中输入名称"My work"，如图 1-3-3 所示。单击"确定"按钮进入"My work"默认的工作区，然后用户就可以根据需要调整一些面板和命令（其中关于面板的详细内容见 1.3.4 节），以方便个人的操作。

如果要修改"My work"工作区，单击"管理工作区"命令，弹出"管理工作区"对话框，在对话框中选中"My work"，就可以进行重命名操作，或者删除"My work"工作区操作，如图 1-3-4 所示。

如果要恢复"My work"最初的默认工作区，单击"重置'My work'"命令选项即可完成操作。

图 1-3-3 "新建工作区"对话框

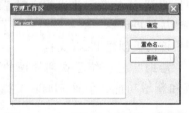

图 1-3-4 "管理工作区"对话框

1.3.3 中文版 Flash CS4 的工作界面

这里主要介绍"基本功能"工作区的操作界面，主要包括标题栏、菜单栏、时间轴面板、工具箱、文档选项卡、舞台和工作区、属性检查器和浮动面板组等，如图 1-3-5 所示。

　　我们可以看到 Flash CS4 的工作界面与 Premiere 或 After Effects 的界面相似，更加趋向于 Adobe 风格。全新的界面布局和人性化的设计使操作者更加得心应手。

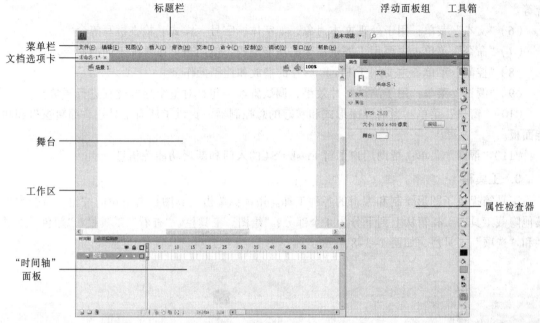

图 1-3-5　"基本功能"工作界面

1. 标题栏

　　标题栏中左侧图标 **FI** 是控制按钮，能够移动、最大化、最小化和关闭窗口；在中间的工作区预设调板中的 **基本功能 ▼** 菜单可以选择需要的工作界面；在搜索栏 ⟨ρ⟩ 中可输入要查找的内容，可以方便地搜索到官方网站上的帮助信息。

　　标题栏的右侧有 3 个控制按钮，分别是将 Flash CS4 最小化显示的"最小化"按钮 ▬ 、可以将程序窗口最大化显示的"最大化"按钮 ▢ 、可以退出 Flash CS4 应用程序的"关闭"按钮 ✕ 。标题栏如图 1-3-6 所示。

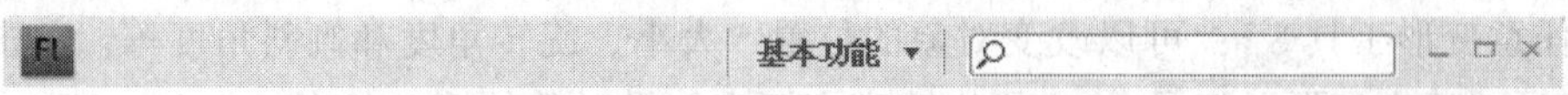

图 1-3-6　标题栏

2. 菜单栏

　　标题栏下面就是菜单栏，如图 1-3-7 所示。Flash CS4 的菜单栏共有 11 组菜单，可以完成各种文档和对象的编辑操作。

文件(F)　编辑(E)　视图(V)　插入(I)　修改(M)　文本(T)　命令(C)　控制(O)　调试(D)　窗口(W)　帮助(H)

图 1-3-7　菜单栏

各组菜单功能介绍如下：

　　（1）"文件"菜单：用于对文档进行操作和管理，如新建、打开、保存、关闭、导入、导出、发布和页面设置等。

　　（2）"编辑"菜单：主要用于进行动画制作过程中的一些基本编辑操作。

　　（3）"视图"菜单：用于控制屏幕显示，如缩放、显示标尺等辅助功能。

（4）"插入"菜单：用于插入对象，如插入元件、图层、帧和场景等。

（5）"修改"菜单：用于修改动画中各种对象的属性，如位图、元件、时间轴、形状和组合等。

（6）"文本"菜单：用于处理文本对象，如字体、字号、样式、检查拼写等命令。

（7）"命令"菜单：主要用于提供命令的功能集成，使用户可以添加不同的命令。

（8）"控制"菜单：主要用于 Flash 影片的播放和控制操作。

（9）"调试"菜单：用于测试影片效果，调试脚本语句，对整个播放过程进行调整。

（10）"窗口"菜单：当前界面形式和状态的总控制器，提供了所有工具栏、编辑窗口和功能面板。

（11）"帮助"菜单：帮助用户了解 Flash CS4 的入门和新增功能等信息。

3. 工具箱

工具箱提供了图形绘制和编辑的各种工具。用鼠标单击工具图标右下角的按钮，将会弹出其他隐藏工具。工具箱从上到下分为 4 个部分："绘图"工具栏、"查看"工具栏、"颜色"工具栏和"选项"工具栏，如图 1-3-8 所示。

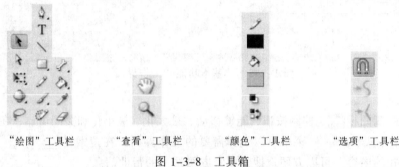

　　　"绘图"工具栏　　　　"查看"工具栏　　　　"颜色"工具栏　　　　"选项"工具栏

图 1-3-8　工具箱

（1）"绘图"工具栏中各按钮的名称和功能介绍如下：

① 选择工具 ：选择舞台中的对象，进行移动、改变对象大小和形状等。

② 部分选取工具 ：选择并加工矢量图形，增加和删除曲线节点和改变图形形状等。

③ 任意变形工具 ：可以改变对象的位置、大小、旋转角度和倾斜角度等。单击三角按钮可以选择"填充变形"工具 ，用来改变有渐变效果对象的填充状态。

④ 3D 旋转工具 ：使影片剪辑实例沿着 Z 轴进行旋转，并可以添加 3D 透视效果。单击三角按钮选择"3D 平移"工具 ，该工具使影片剪辑实例沿着 Z 轴进行移动，同样可以添加 3D 透视效果。

⑤ 套索工具 ：用来选择不规则区域或多个对象。

⑥ 钢笔工具 ：使用贝赛尔曲线方式绘制曲线图形。

⑦ 文本工具 ：用来输入和编辑文字。

⑧ 线条工具 ：用来绘制各种长度、粗细、形状、颜色和角度的矢量直线。

⑨ 矩形工具 ：用来绘制长方形轮廓线或有填充的矢量矩形。单击三角按钮可以选择"椭圆工具" ，绘制椭圆图形。另外，使用"多角星形"工具可以绘制多边形和多角星形轮廓，或有填充的矢量多边形和多角星形。

⑩ 铅笔工具 ：用来绘制任意形状的矢量曲线图形。

⑪ 刷子工具 ⚲：可绘制任意形状和粗细的矢量曲线图。单击三角按钮可以选择"喷涂刷工具" ⚱，它类似于粒子喷射器，将库中的任何元件作为图案，随机地创建插图。

⑫ Deco 工具 ⚲：用于装饰性绘图，将库中的元件作为图案，进行藤蔓式、网格和对称刷子 3 种样式的填充。

⑬ 骨骼工具 ⚲：用于为动画角色添加骨骼，好比人的骨骼，当一个部件移动时，另一个部件会被牵动。

⑭ 颜料桶工具 ⚲：用来对矢量图形填充色彩。单击三角按钮可以选择"墨水瓶工具" ⚲，用来改变线条的颜色、粗细和形状。

⑮ 滴管工具 ⚲：将舞台中选中对象的某些属性赋予相应的面板。

⑯ 橡皮擦工具 ⚲：擦除舞台中的图形或打碎后的图像和文字等对象。

（2）"查看"工具栏中各按钮的名称和功能介绍如下：

① 手形工具 ⚲：通过拖动鼠标，在舞台中可移动编辑画面的观察位置。

② 缩放工具 ⚲：改变舞台工作区和其中对象的显示比例。

（3）"颜色"工具栏中各按钮的名称和功能介绍如下：

① "笔触颜色"按钮 ⚲：用来给线条选择填充颜色。

② "填充颜色"按钮 ⚲：用来给图形填充颜色。

③ "黑白"按钮 ⚲：可以使笔触颜色和填充色恢复到默认值，笔触颜色为黑色，填充色为白色。

④ "交换颜色"按钮 ⚲：可以使笔触颜色和填充色互换颜色。

（4）"选项"工具栏中的按钮会随着用户选用工具的改变而改变，大多数工具都有自己相应的属性设置。

4．"时间轴"面板

"时间轴"面板用于组织和控制文档内容在一定时间内播放的层数和帧数。"时间轴"面板可分为左右两个部分：层控制窗口和时间轴，如图 1-3-9 所示。

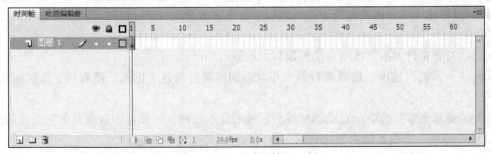

图 1-3-9 "时间轴"面板

单击"时间轴"的标题栏，可以折叠"时间轴"面板，如图 1-3-10 所示。

图 1-3-10 折叠的"时间轴"面板

5．舞台和工作区

动画内容编辑的整个区域称为场景，用户可以在整个场景内绘制和编辑动画。场景中间白色（也可设置为其他颜色）的矩形区域称为舞台，好比演员演戏的舞台一样。在舞台中可以绘制图形和输入文字，编辑图形、文字等对象。舞台就是创建动画的区域，并且最终播放的影片也只显示舞台中的内容。舞台与工作区如图 1-3-11 所示。

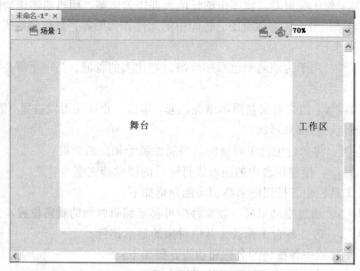

图 1-3-11　舞台与工作区

　　舞台之外的灰色区域称为工作区，在播放 SWF 文件时不显示工作区中的内容。在实际的动画制作过程中，我们往往在工作区中进行一些辅助性的操作，如存储图形或其他对象等。

　　（1）移动舞台：在舞台上制作或编辑对象，特别是画面内容超出屏幕窗口可以显示的面积时，用户可以单击工具箱中的"手形工具" 来拖动鼠标，可以看到整个舞台随着鼠标的拖动而移动。当然用户也可以用鼠标拖动舞台窗口右侧和下侧的滚动条。

　　（2）缩放舞台：利用"缩放工具" 可以改变舞台显示比例。单击工具箱中的"缩放工具" ，则选项栏中出现 和 两个按钮。其中单击 可将画面放大，单击 可将画面缩小。

　　在舞台上方编辑栏的右边有一个可以改变舞台显示比例的下拉列表框 100% ，单击该列表框，可以输入百分比或选择下拉列表框中的选项从而改变显示比例。其中各选项的作用介绍如下：

　　① "符合窗口大小"选项：按照窗口大小显示舞台。

　　② "显示帧"选项：按照舞台的大小自动调整舞台的显示比例，使舞台工作区能完全显示出来。

　　③ "显示全部"选项：自动调整舞台区域的显示比例，将舞台中所有对象完全显示出来。

　　④ "100%"以及其他百分比选项：舞台按照选定的比例来显示。

6. 常用面板

　　在 Flash CS4 的"基本功能"工作区中，"属性检查器"和"库"面板是默认显示在窗口右侧的。"属性检查器"和"库"面板的介绍如下：

　　（1）属性检查器：当选中舞台或时间轴中的对象时，"属性检查器"就会显示该对象的常用属性，并允许用户对属性进行修改。当然对象不同，"属性检查器"的内容也不同。当用户没有选择对象时，则显示动画文档的属性和发布情况，如图 1-3-12 所示。

　　（2）"库"面板："库"面板用来组织、编辑和管理动画中所使用的元素。当建立元件时，"库"面板就会显示该元件的属性，并可以进行修改，如图 1-3-13 所示。

图 1-3-12　"属性检查器"面板

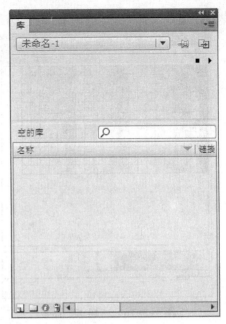

图 1-3-13　"库"面板

除了工作区默认显示的面板以外，我们再列举其他一些常用面板。

（1）"对齐"面板："对齐"面板的作用是对多个对象进行操作，控制各个对象的对齐方式、分布方式、匹配大小和间隔等。单击"窗口"→"对齐"命令（快捷键【Ctrl+K】），打开"对齐"面板，如图 1-3-14 所示。

（2）"颜色"面板："颜色"面板的作用是给图形或线条填充颜色，可以设置颜色的 RGB 值和填充类型等。单击"窗口"→"颜色"命令（快捷键【Shift+F9】），打开"颜色"面板，如图 1-3-15 所示。

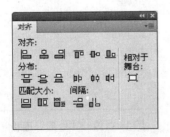

图 1-3-14　"对齐"面板

图 1-3-15　"颜色"面板

（3）"样本"面板："样本"面板用于选择一种填充颜色，并能够对各种颜色样本进行复制、删除和添加等编辑操作。单击"窗口"→"样本"命令（快捷键【Ctrl+F9】），打开"样本"面板，如图 1-3-16 所示。

（4）"信息"面板："信息"面板可以精确调整选取对象的宽度、高度和位置。单击"窗口"→"信息"命令（快捷键【Ctrl+I】），打开"信息"面板，如图 1-3-17 所示。

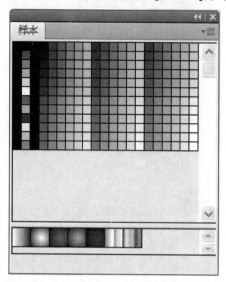

图 1-3-16　"样本"面板

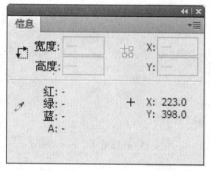

图 1-3-17　"信息"面板

（5）"场景"面板：Flash 动画中的场景类似于电影和电视中的场景，是 Flash 的重要单位。"场景"面板用于对场景的管理，包括场景的新建、复制、删除等。单击"窗口"→"其他面板"→"场景"命令（快捷键【Shift+F2】），打开"场景"面板，如图 1-3-18 所示。

（6）"变形"面板："变形"面板是对选取的对象进行各种变形操作，包括缩放、旋转、倾斜、3D 旋转和 3D 中心点的设置，还可以将变形的对象进行复制操作等。单击"窗口"→"变形"命令（快捷键【Ctrl+T】），打开"变形"面板，如图 1-3-19 所示。

图 1-3-18　"场景"面板

图 1-3-19　"变形"面板

（7）"动作"面板："动作"面板主要用于编辑各种脚本语句。单击"窗口"→"动作"命令（快捷键【F9】），打开"动作"面板，如图 1-3-20 所示。

（8）"动画编辑器"面板：利用"动画编辑器"面板，可以查看和编辑所有补间属性及其关键帧属性，并且提供了向补间添加精度和详细信息的工具。"动画编辑器"面板如图 1-3-21 所示。

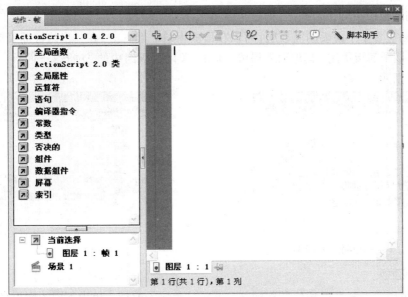

图 1-3-20　"动作"面板

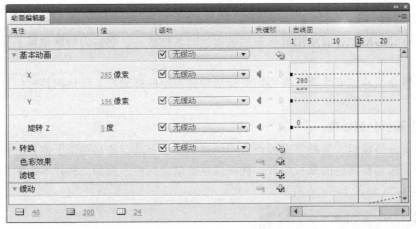

图 1-3-21　"动画编辑器"面板

1.3.4　Flash 面板的管理

在 Flash CS4 中可以随意打开和移动面板，关闭面板组中不需要的子面板、将面板折叠为图标，以及组合和拆分面板组等操作。

1. 打开和关闭面板

对于工作区中没有显示或者关闭后的面板，可以单击"窗口"菜单中的相应命令，将其打开。

如果不想在工作区中显示这些面板，可以单击面板右侧的 区 按钮或者右上角的面板菜单图标 ，关闭该面板。也可以在面板标题栏上右击，弹出快捷菜单，选择"关闭"命令，面板就会立即从界面上消失，如图 1-3-22 所示。

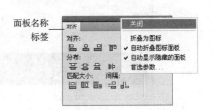

图 1-3-22　关闭面板

2. 关闭面板组中的子面板

如果是拥有多个子面板的面板组,可以在面板标题栏上右击,在弹出的快捷菜单中选择"关闭"命令,将该子面板关闭,其他面板保留。例如,关闭面板组中的"对齐"子面板,如图 1-3-23 和图 1-3-24 所示。

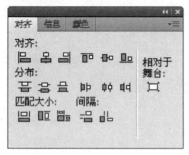

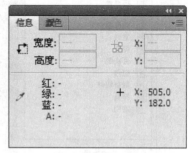

图 1-3-23　关闭前　　　　　　　　　　图 1-3-24　关闭后

3. 切换面板

在面板组中单击某个面板的名称标签,即可显示该子面板。单击不同的面板名称标签可以实现面板的切换。

4. 移动面板

如果要移动面板,可以使用鼠标拖动该面板的名称标签,然后向目标位置上移动,释放鼠标即可。

如果要移动面板组或堆叠,需要用鼠标拖动面板组的标题栏,然后向目标位置上移动,释放鼠标即可。

5. 组合和拆分面板组

组合和拆分面板组,是指将面板组重新调整,例如移动或添加某个子面板。使用鼠标选中某个子面板,拖动到其他的面板位置,就可以重新组合面板。例如,将样本面板添加到面板组中,如图 1-3-25 和图 1-3-26 所示。

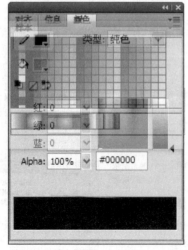

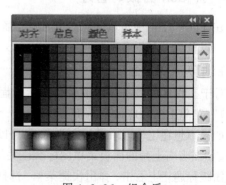

图 1-3-25　组合过程　　　　　　　　　　图 1-3-26　组合后

6. 将面板折叠为图标以及展开

单击面板组右侧的"折叠为图标"按钮 ◄◄，可以将展开的面板收缩为图标；如果单击面板右侧的"展开为图标"按钮 ▶，可以将折叠为图标的面板都展开，如图 1-3-27 和图 1-3-28 所示。

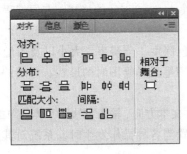

图 1-3-27 折叠前

图 1-3-28 折叠后

1.3.5 中文版 Flash CS4 的环境设置

通过前面的介绍，用户已全面了解了 Flash CS4 的工作界面。为了更好地操作 Flash CS4，我们可以对它的参数进行设置，设计自己个性化的操作环境。

1. 首选参数设置

单击"编辑"→"首选参数"命令（快捷键【Ctrl+U】），弹出"首选参数"对话框，如图 1-3-29 所示。直接选中对话框左侧的类别，然后在右侧就会出现相应的选项，可随时进行设置。

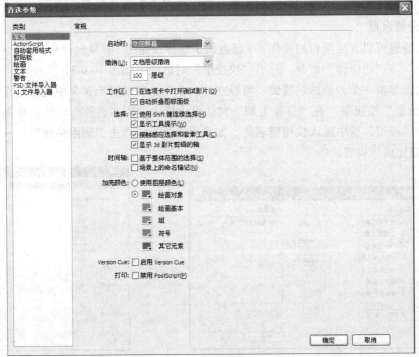

图 1-3-29 "首选参数"对话框

"首选参数"对话框的类别有 9 种，各项作用简单介绍如下：

（1）常规：主要用于设置 Flash CS4 的普通操作环境。可以设置启动及撤销时的状态，对象进行选择的样式，还可以为图层、绘画对象、符号或其他元素使用加亮颜色等。

（2）ActionScript：在该选项中可以设置 ActionScript 的字体、样式、语法颜色，以及打开和保存时的编码样式，并且可以对 ActionScript 2.0 和 ActionScript 3.0 分别进行具体的路径设置。

（3）自动套用格式：在复选框勾选命令，可以设置 ActionScript 的格式，方便编程者能够使用设置完成的自动格式。

（4）剪贴板：在剪贴板选项中可以设置位图的颜色深度、分辨率、大小以及质量等。

（5）绘画：主要用于绘图工具的设置，可以选择钢笔工具绘图时的形状、曲线的平滑度及精确度等。

（6）文本：主要设置文本的选项，包括字体的样式、文本方向、输入方法和字体菜单的样式等。

（7）警告：可以在复选框中勾选选项，详细地设置当各种操作发生时，系统对其产生的提示或警告。

（8）PSD 文件导入器：用于选择 Photoshop 文件导入器的设置，如导入 Photoshop 图像图层、文本图层和形状图层以及发布设置等。

（9）AI 文件导入器：用于选择 Illustrator 文件导入器的设置，如常规设置、文本以及路径导入的设置等。

2．自定义工具

单击"编辑"→"自定义工具面板"命令，弹出"自定义工具面板"对话框，如图 1-3-30 所示。在对话框左边的"可用工具"列表框中选择某个工具，通过单击"增加"或"删除"按钮可以添加或删除工具。单击"恢复默认值"按钮可以返回默认状态。

3．快捷键设置

使用快捷键可以方便用户的操作，系统提供了很多快捷键，并且允许用户自己设置快捷键。单击"编辑"→"快捷键"命令，弹出"快捷键"对话框，如图 1-3-31 所示。

如果要设置某一个命令的快捷键，可以在"命令"选项的弹出菜单中选择这个命令，单击"直接复制设置"按钮 🔳，在"直接复制"对话框中输入"副本名称"，然后单击"添加快捷键" ➕ ，在"按键"框中输入快捷键名称，如果要删除可以单击"删除快捷键" ➖ ，最后单击"确定"按钮完成该设置。

图 1-3-30　"自定义工具面板"对话框

图 1-3-31　"快捷键"对话框

提示：一般情况下不要随便更改系统默认的参数设置。

1.4　中文版 Flash CS4 的文档操作

熟练掌握文档的基本操作，对于学习 Flash CS4 有着重要的作用。通过学习本节，将会使读者对 Flash CS4 软件有更深的认识和了解。

1.4.1　Flash 文档的基本操作

Flash 中的文档操作包括：创建新文档、打开指定的文档、保存编辑后的文档、关闭文档以及设置文档属性等。

1. 创建 Flash 文档

启动 Flash CS4 后，要新建一个 Flash 文档，可以在欢迎界面中的"新建"选项中选择一种文档类型，或者单击"文件"→"新建"命令，弹出"新建文档"对话框，在"常规"选项卡中选择"Flash 文件（Action Script 3.0）"选项，单击"确定"按钮，即可新建一个文档，如图 1-4-1 所示。

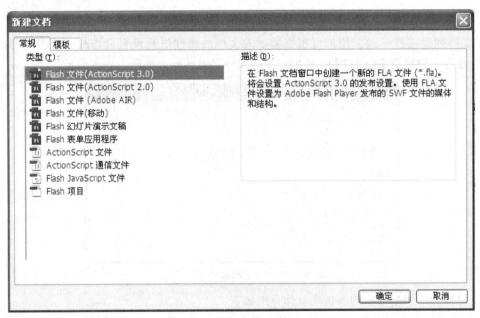

图 1-4-1　"新建文档"对话框

> **提示**：从模板创建文档
> 单击"文件"→"新建"命令，弹出"新建文档"对话框，从"常规"选项卡中的"类型"列表框选择自带的标准模板，也可以选择保存的模板，然后单击"确定"按钮。有兴趣的用户可以动手试一试！

2. 打开 Flash 文档

单击"文件"→"打开"命令（快捷键【Ctrl+O】），弹出"打开"对话框，如图 1-4-2 所示。选择扩展名为 fla 的 Flash 文档，单击"打开"按钮，即可打开该程序并进行编辑、修改或调试。

图 1-4-2 "打开"对话框

3. 设置文档属性

当文档创建或打开后，用户可根据需要对文档的属性进行设置或修改。单击"修改"→"文档"命令（快捷键【Ctrl+J】），弹出"文档属性"对话框，如图 1-4-3 所示。

图 1-4-3 "文档属性"对话框

"文档属性"对话框中的各选项具体介绍如下：

（1）尺寸：用来设置舞台的大小，默认值为 550×400 像素，可直接在"宽"和"高"文本框中输入数值。其中，舞台最大可设置为 2 880×2 880 像素，最小为 1×1 像素。

（2）匹配：若要将舞台大小设置为最大可用打印区域，可以选择"打印机"单选按钮；若要将舞台大小设为内容四周的空间都相等，可选择"内容"单选按钮；如果要将舞台大小设置为默认大小（550×400 像素），可选择"默认"单选按钮。

（3）背景颜色：用于设置文档的背景色，默认值为白色。也可以单击该按钮，弹出"颜色"面板，选择其他颜色。

（4）帧频：用来设置影片播放的速度，默认值 24 帧/秒（fps），也可根据需要来设置。

（5）标尺单位：用来选择舞台上沿与侧沿的标尺的单位，默认值为"像素"。可以在下拉列表框中选择英寸、点、像素、厘米和毫米等。

　　如果要恢复到默认设置，可单击"设为默认值"按钮，设置完毕后，单击"确定"按钮，即可完成设置，并退出该对话框。

4. 保存 Flash 文档

　　（1）保存新文档：如果所需保存的文档是首次保存，单击"文件"→"保存"命令（快捷键【Ctrl+S】），在弹出的"另存为"对话框中指定保存位置，在"文件名"文本框中输入文件名称，并选择"保存类型"为 Flash CS4 文档，默认扩展名为.fla。最后单击"保存"按钮，如图 1-4-4 所示。

> 　　**提示**：细心的用户是否发现，当 Flash 文档正在编辑或修改时（未保存时），文档名称标签的右上角就会显示一个 "*" 符号，保存完毕后这个 "*" 符号立即消失。它是保存的提示，一定要关注这个 "*" 符号。

　　（2）保存已经存在的文档：如果要再次保存修改后的文档，可以单击"文件"→"保存"命令或者"文件"→"全部保存"命令，在弹出的"另存为"对话框中进行保存设置，修改后的文档就会替换原有的文档。

　　如果要保留原有的文档，同时也要保存修改后的文档，可以单击"文件"→"另存为"命令，在弹出的"另存为"对话框中给文档重新命名，最后单击"保存"按钮完成操作。

　　（3）压缩保存文档：有时由于制作的文档较大，为了节省空间或便于传输或文件转移，可以单击"文件"→"保存并压缩"命令，在弹出的"另存为"对话框中进行设置。

　　（4）将文档保存为模板：如果要将文档作为模板，可以单击"文件"→"另存为模板"命令，在"另存为模板"对话框的"名称"文本框中输入模板的名称，在"类别"下拉列表框中选择一种类别，以便于创建新类别。可以在"描述"文本框中输入模板说明，然后单击"确定"按钮即可。"另存为模板"对话框如图 1-4-5 所示。

图 1-4-4　"另存为"对话框

图 1-4-5　"另存为模板"对话框

> 　　**提示**：注意保存！
> 　　在计算机的操作过程中，特别是初学者，一定要养成随时保存文件的好习惯，防止因突然断电、死机等原因导致文件丢失，造成巨大的损失。

5. 关闭 Flash 文档

单击"文件"→"关闭"命令或者直接单击 Flash 文档名称标签右侧的"关闭"按钮 ✕ , .弹出一个提示对话框（见图 1-4-6），询问是否对新文档或已经修改过的文档进行保存，用户可以根据实际情况选择所需的操作。如果文档在关闭之前已经保存过，就可以直接关闭，不会出现提示对话框。

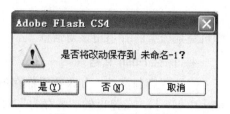

图 1-4-6　提示对话框

1.4.2　创建和管理 Flash 项目

Flash 的项目可以将多个相关的文件组织在一起，用来创建复杂的应用程序，包括任何 Flash 或其他文件类型。因而，用户可以利用 Flash 项目来管理某个项目中的多个文档。

1. 创建项目

单击"窗口"→"其他面板"→"项目"命令，可以打开"项目"面板，如图 1-4-7 所示。下面通过一个操作实例，说明如何创建一个 Flash 项目。

操作：创建项目——产品宣传。

首先在"项目"面板中的"项目"下拉菜单中选择"新建项目"命令，如图 1-4-8 所示。

图 1-4-7　"项目"面板

图 1-4-8　新建项目

紧接着弹出"创建新项目"对话框，在对话框的"项目名称"文本框中输入名称"产品宣传"；在"根文件夹"文本框中输入保存位置"file:///E\cpxc/"，也可以单击右侧的根文件夹图标选择具体路径，将该项目保存在 E 盘下的文件夹"cpxc"中；选择 ActionScript 版本为 ActionScript 2.0。设置完毕然后单击"创建项目"按钮完成操作，如图 1-4-9 所示。

2. 管理项目

创建完项目之后，可以向项目添加新文件和文件夹。默认情况下，"项目"面板只显示 Flash 文档类型（FLA、SWF、SWC、AS、JSFL、ASC、MXML、TXT、XML）。

如果要在项目中新建文件夹，可以单击"项目"面板底端的"新建文件夹"按钮 📁，弹出"创建文件夹"对话框，输入名称，然后单击"创建文件夹"按钮，如图 1-4-10 所示。

如果要在项目中创建文件，可以单击"新建文件"按钮 📄，弹出"创建文件"对话框，输入文件名，选择文件类型（仅限文件）。如果选择"创建文件后打开"复选框，可在 Flash 中打开新文件，最后单击"创建文件"按钮，如图 1-4-11 所示。

图 1-4-9　"创建新项目"对话框

图 1-4-10　"创建文件夹"对话框

如果要创建 ActionScript 类，可以单击"创建类"按钮，弹出"创建类"对话框，输入类的名称，最后单击"创建类"按钮，如图 1-4-12 所示。

图 1-4-11　"创建文件"对话框要

图 1-4-12　"创建类"对话框

如果要删除文件或文件夹，可以选择不需要的文件或文件夹，单击"项目"面板底端的"删除"按钮即可。

> **提示：** 如果已存在自己指定的名称的文件或文件夹，则将显示一个对话框，提醒用户指定的文件或文件夹已存在。

小　结

本章主要讲述了 Flash CS4 的创作环境及其参数设置、文档的基本操作以及项目的相关内容，使用户能够真正地了解并使用 Flash CS4。

学习软件需要热情和耐心，更需要动手实践。相信勤加练习，你一定会有所作为的！

课 后 实 训

1. 简述 Flash CS4 的操作界面是由哪几部分组成的。
2. Flash CS4 中有哪些新增加的功能？你比较喜欢的是哪几种？
3. 简述 Flash CS4 中文档保存的方法。
4. 新建一个 Flash 文档，保存并命名为"第一个动画作品"。
5. 对照书中介绍，自己动手安装中文版 Flash CS4。
6. 在 Flash CS4 中新建一个"个人 MTV"项目。

第 2 章

Flash CS4 基础知识

本章介绍了 Flash CS4 中对象的基本操作，库、元件和实例的运用，制作动画时场景和时间轴的使用，动画的测试、导出，以及 Flash 影片的发布设置等，使用户从整体上了解 Flash 动画，熟悉 Flash 动画的制作流程。

学习目标

☑ 熟练掌握舞台中对象的基本操作
☑ 掌握 Flash 动画测试、导出以及影片的发布设置
☑ 理解库、元件、实例的运用
☑ 理解场景和时间轴的使用

2.1 【案例 1】欢迎学习 Flash CS4

案例效果

"欢迎学习 Flash CS4"播放画面如图 2-1-1 所示。本案例演示的是在一幅背景图片上，蓝色的文字"欢迎学习 Flash CS4"沿着波形路线左右来回移动。通过本节内容的学习，进一步了解 Flash CS4 的创作环境，掌握 Flash 对象和文档的基本操作，以及 Flash 动画的播放方法。

（a）画面一　　　　　　　（b）画面二

图 2-1-1　"欢迎学习 Flash CS4"效果图

设计步骤

（1）打开 Flash CS4 程序，单击"文件"→"新建"命令，新建一个 Flash（ActionScript 2.0）文档。

（2）单击"修改"→"文档"命令，在弹出的"文档属性"对话框中设置舞台大小为 450×300 像素，背景颜色为白色，如图 2-1-2 所示。

（3）选择图层 1 的第 1 帧，单击"文件"→"导入"→"导入到舞台"命令，弹出如图 2-1-3 所示的"导入"对话框，选择图片 hy.jpg，单击"打开"按钮，将图片导入到舞台中。

图 2-1-2　"文档属性"对话框

图 2-1-3　"导入"对话框

（4）选择导入的图片 hy.jpg，单击"窗口"→"信息"命令，弹出"信息"面板，精确调整图片的大小和位置，遮盖舞台。"信息"面板如图 2-1-4 所示。

（5）单击"时间轴"面板的层控制窗口底端的"新建图层"按钮，在"图层 1"的上方新建图层 2。

（6）单击图层 2 的第 1 帧，选择工具箱中的"文本工具" T，设置"属性检查器"，如图 2-1-5 所示。

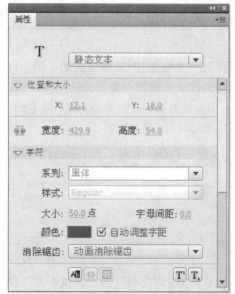

图 2-1-4　"信息"面板

图 2-1-5　静态文本"属性检查器"

（7）设置文本属性后，在舞台中输入文字"欢迎学习 Flash CS4"，文字效果如图 2-1-6 所示。

欢迎学习Flash CS4

图 2-1-6　输入的文字

（8）选择文字"欢迎学习 Flash CS4"，单击"窗口"→"动画预设"命令，打开"动画预设"面板，选择"默认预设"文件夹中的"波形"动画，如图 2-1-7 所示。单击"应用"按钮，弹出提示对话框，单击"是"按钮完成动画预设，如图 2-1-8 所示。

图 2-1-7　"动画预设"面板

图 2-1-8　提示对话框

（9）添加"波形"动画预设后，文字上面出现绿色小点组成的曲线，如图 2-1-9 所示。

欢迎学习Flash CS4

图 2-1-9　添加"波形"动画预设

同时"图层 2"时间轴延长到了第 70 帧，并且在第 35 帧、第 70 帧上都出现一个黑色的菱形标记，代表关键帧。单击关键帧可以用鼠标拖动文字精确调整位置。

（10）单击图层 1 的第 70 帧，按【F5】键插入帧，延长播放时间。最终完成的"时间轴"面板如图 2-1-10 所示。

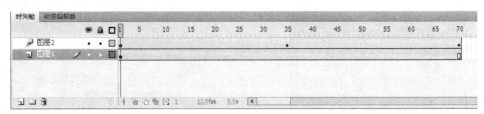

图 2-1-10　"时间轴"面板

（11）单击"控制"→"测试影片"命令或者按【Ctrl+Enter】组合键，在播放窗口内播放并测试动画。

（12）单击"文件"→"保存"命令或者按【Ctrl+S】组合键，弹出"另存为"对话框，指定保存位置并命名为"欢迎学习 Flash CS4"，默认扩展名为.fla。

相关知识

1. 选择对象

单击工具箱中的"选择工具" ▶ 可以进行选取对象。

（1）选取一个对象：只需用"选择工具"直接单击该对象即可。

（2）选取多个对象：按住【Shift】键的同时，依次单击各个对象。或者用鼠标拖出一个矩形框，这样可以同时框选多个对象。

2. 移动对象

用工具箱中的"选择工具" ▶ 先选择对象，然后用鼠标拖动对象到指定位置，释放鼠标即可。也可在选择对象后，使用方向键进行移动。

3. 复制与删除对象

用工具箱中的"选择工具" ▶ 选择对象，单击"编辑"→"复制"命令（快捷键【Ctrl+C】），再单击"编辑"→"粘贴到中心位置"命令（快捷键【Ctrl+V】），或单击"编辑"→"直接复制"命令（快捷键 Ctrl+D）。

如果要删除整个对象，用"选择工具" ▶ 选择对象，单击"编辑"→"剪切"/"清除"命令或按【Delete】键进行删除。

如果要删除对象的某一部分，可以用"橡皮擦工具" ▱ 进行擦除，也可用"选择工具" ▶ 或"套索工具" ◯ 将对象选中，按【Delete】键进行删除。

4. 将对象变形

选中对象后，单击工具箱中的"任意变形工具"按钮 ▦，此时对象四周显示 8 个变形手柄，用鼠标拖动变形手柄，可以将对象缩放、移动、旋转、倾斜和扭曲等。

图 2-1-11　"缩放和旋转"对话框

（1）缩放与旋转对象：单击"修改"→"变形"→"缩放和旋转"命令，弹出"缩放和旋转"对话框，如图 2-1-11 所示。在"缩放"和"旋转"文本框中输入数值，将对象精确缩放和旋转。

（2）扭曲对象：单击"修改"→"变形"→"扭曲"命令，对象四周出现变形手柄，将指针放到某个变形手柄上然后拖动，即可扭曲对象。

（3）用"封套"修改对象：单击"修改"→"变形"→"封套"命令，对象的边框出现一个"封套"，可以通过调整它的点和切线手柄编辑封套形状。"封套"功能只能修改形状对象。

5. 对象组合与分离

对象组合是将一些图形组成组群后，作为一个整体对象进行操作。组合后的对象具有层次性，移动时不会使对象发生变形。在与其他对象重叠放置后不会影响其他对象，也不会被其他对象覆盖。

对象组合的操作：单击工具箱中的"选择工具" ▶ 选择将要组合的对象，然后单击"修改"→"组合"命令（快捷键【Ctrl+G】）。

对象分离是将一个组合的对象分开，是"组合"的逆操作。分离后的对象可以单个进行选取和编辑。

对象分离的操作：单击工具箱中的"选择工具" ▶ 选择将要分离的对象，然后单击"修改"→"取消组合"命令（快捷键【Ctrl+Shift+G】）。

6. 锁定对象

在舞台中制作完某对象后，为了编辑同一舞台上的其他对象而不改变该对象，这时有必要将该对象锁定。先将对象进行组合，然后选中该对象，单击"修改"→"排列"→"锁定"命令，即可将对象锁住。该功能只能锁定组合的对象。

7. "信息"面板精确调整对象

单击"窗口"→"信息"命令，弹出"信息"面板，如图 2-1-12 所示。

图 2-1-12 　"信息"面板

利用"信息"面板可以精确调整对象的大小和位置，各部分功能介绍如下：

（1）"信息"面板中的"宽度"和"高度"文本框内可以输入对象的宽度和高度值（单位为像素）。改变文本框内的数值后，再按【Enter】键，可以改变选中对象的大小。

（2）"信息"面板中的"X"和"Y"文本框中可以输入选中对象的坐标值（单位为像素）。改变文本框内的数值后，再按【Enter】键，可以改变选中对象的位置。若单击"注册/变形点"按钮，则会显示变形点坐标。按钮的右下方会变成一个圆圈，表示已显示注册点坐标。

（3）"信息"面板左下角给出了线和图形等对象当前（即鼠标指针指示处）颜色的红、绿、蓝和 Alpha（透明度）的值。右下角指示当前鼠标指针位置的坐标值，随着鼠标指针的移动，鼠标坐标值也会随之改变。

8. 动画的播放与测试

播放与测试 Flash 动画，有以下几种方法。

（1）使用"控制器"面板播放：单击"窗口"→"工具栏"→"控制器"命令，弹出如图 2-1-13 所示的"控制器"面板。

图 2-1-13 　"控制器"面板

单击该面板中的"播放"按钮，可以在舞台工作区中播放动画；单击"停止"按钮，可以使正在播放的动画停止播放；单击"转到第一帧"按钮，可以使播放头回到第 1 帧；单击"转到最后一帧"按钮，可以使播放头回到最后一帧；单击"后退一帧"按钮，可以使播放头后退一帧；单击"前进一帧"按钮，可使播放头前进一帧。

（2）单击"控制"→"播放"命令或按【Enter】键，即可在舞台窗口中播放该动画。单击"控制"→"停止"命令或再次按下【Enter】键，即可使舞台窗口中播放的动画暂停播放。再单击"控制"→"播放"命令或按【Enter】键，又可以从暂停处继续播放。对于有影片剪辑实例的动画，采用这种播放方式不能够播放影片剪辑实例。

（3）单击"控制"→"测试影片"命令或按【Ctrl+Enter】组合键，可以在播放窗口内播放动画。单击播放窗口右上角的按钮，即可关闭播放窗口。这种方法可循环依次播放各场景。

（4）单击"控制"→"测试场景"命令，可循环播放当前场景中的动画。

（5）使用 Adobe Flash Player 10 播放器：该播放器是一个独立的应用程序，名字是FlashPlayer.exe，使用它可以播放.swf 格式的文件。安装完成 Flash CS4 后，可以在 Adobe\Adobe Flash CS4\Players 目录下找到它。双击 FlashPlayer.exe 文件，即可调出 Adobe Flash Player 10 播放器。

9. 预览模式

为了加速显示过程或改善显示效果，可以单击"视图"→"预览模式"命令，在"预览模式"子菜单中选择有关图形质量的选项，如图 2-1-14 所示。

（1）轮廓：单击"视图"→"预览模式"→"轮廓"命令，在播放时，只显示场景中所有对象的轮廓，而不显示其填充的内容，因此可加快显示的速度。

轮廓(U)	Ctrl+Alt+Shift+O
高速显示(S)	Ctrl+Alt+Shift+F
消除锯齿(N)	Ctrl+Alt+Shift+A
• 消除文字锯齿(T)	Ctrl+Alt+Shift+T
整个(F)	

图 2-1-14　"预览模式"子菜单

（2）高速显示：单击"视图"→"预览模式"→"高速显示"命令，在播放时，关闭"消除锯齿"功能，显示所有对象的轮廓和填充内容，显示的速度较快。这是默认的状态。

（3）消除锯齿：单击"视图"→"预览模式"→"消除锯齿"命令，可使显示的线条、图形和位图看起来平滑一些，它比"高速显示"要慢，但显示质量要好。"消除锯齿"功能在提供 16 位或 24 位颜色的显卡上处理效果最好。在 16 色或 256 色模式下，黑色线条比较平滑，但是颜色的显示在快速模式下可能会更好。

（4）消除文字锯齿：单击"视图"→"预览模式"→"消除文字锯齿"命令，可使显示的文字的边缘更平滑，使显示质量更好一些。此命令处理较大的字体时效果最好，如果文本数量太多，则速度会减慢。这是最常用的工作模式。

（5）整个：单击"视图"→"预览模式"→"整个"命令，可完全呈现舞台上的所有内容。此设置可能会降低显示速度。

案例拓展

【案例拓展1】改变背景

1. 案例效果

"改变背景"播放画面如图 2-1-15 所示。本实例对案例 1"欢迎学习 Flash CS4"进行修改，播放时蓝色的文字"欢迎学习 Flash CS4"仍然沿着波形路线左右来回移动，同时背景图片由大逐渐缩小，出现另一幅背景画面。

（a）画面一　　　　　　　　　（b）画面二

图 2-1-15　"改变背景"的效果图

2. 设计步骤

（1）打开 Flash CS4 程序，单击"文件"→"打开"命令，将前面制作的案例 1"欢迎学习 Flash CS4"文档打开。

（2）单击"文件"→"另存为"命令，弹出"另存为"对话框，保存文档并重新命名为"改变背景"。

（3）单击图层 1 的第 70 帧，按【F6】键插入关键帧。然后在第 1～70 帧之间的任意帧上右击，选择"创建传统补间"选项，时间轴此时变成淡紫色，并且出现一条带箭头的直线。

（4）选择第 70 帧中的背景图片 hy.jpg，单击"修改"→"变形"→"缩放和旋转"命令，弹出"缩放和旋转"对话框，如图 2-1-16 所示。在"缩放"文本框中输入"5%"。缩小后的图片效果如图 2-1-17 所示。

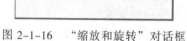

图 2-1-16　"缩放和旋转"对话框

图 2-1-17　缩小的图片

（5）新建图层 3，在该图层上按住鼠标左键不放，拖动图层 3 到图层 1 的下方释放鼠标，将图层 3 置于最底层。

（6）选择第 1 帧，导入图片 bj.jpg 到舞台，并用"信息"面板调整图片大小与舞台相同。然后单击第 70 帧，按【F5】键插入帧，延长动画播放显示时间。图层 2 的时间轴不作修改，完成后的时间轴如图 2-1-18 所示。

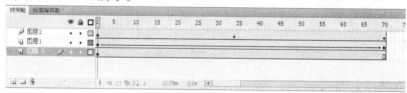

图 2-1-18　完成的时间轴

（7）单击"控制"→"测试影片"命令或者按【Ctrl+Enter】组合键，播放并测试动画。

（8）单击"文件"→"保存"命令，保存文档"改变背景.fla"。

2.2　【案例 2】平移动画

案例效果

"平移动画"播放画面如图 2-2-1 所示。本案例演示两个图形（心形和五边形）分别从两端向中间移动，然后重叠的过程。通过本节内容的学习，可以熟练掌握辅助工具（如标尺、网格和辅助线等）的使用、对象贴紧功能，以及图层的基本知识。

（a）画面一

（b）画面二

图 2-2-1　"平移动画"效果图

设计步骤

（1）打开 Flash CS4 程序，单击"文件"→"新建"命令，新建一个 Flash 文档。

（2）单击"修改"→"文档"命令，弹出"文档属性"对话框，设置舞台大小为 450×250 像素，背景颜色为粉红色（#FFCCCC）。

（3）单击"视图"→"网格"→"显示网格"命令，舞台出现灰色网格。单击"视图"→"标尺"命令，舞台工作区的上边和左边会出现水平标尺和垂直标尺。

（4）单击"视图"→"辅助线"→"显示辅助线"命令，将鼠标移动到水平或垂直标尺上，按住并拖动鼠标到需要的位置后松开，舞台中会出现绿色的辅助线，如图 2-2-2 所示。

（5）双击图层名称 图层 1，输入图层名称"心形"。选择第 1 帧，用椭圆工具在舞台的左端画一个椭圆，对齐网格和辅助线。在"属性检查器"中设置"无笔触颜色"，填充颜色为"红色"（#FF0000），如图 2-2-3 所示。

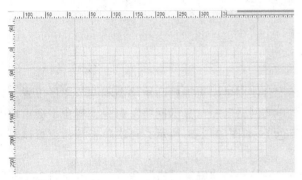

图 2-2-2　显示标尺和辅助线　　　　　　　图 2-2-3　椭圆工具的"属性"面板

（6）按【Ctrl+D】组合键直接复制一个椭圆，将两个椭圆对齐辅助线，如图 2-2-4 所示。选择"部分选取工具" ，单击椭圆图形，图形周围出现控制点，用鼠标按住底端的控制点向下拖动，这样就可以制作一个心形图形，如图 2-2-5 所示。最后单击"修改"→"组合"命令，将该图形组合。

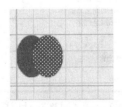

图 2-2-4　两个椭圆　　　　　　　　　　图 2-2-5　向下拖动控制点

（7）单击"心形"图层的第 20 帧，按【F6】键插入关键帧，将图形移到舞台的中间位置，然后在第 1～20 帧之间的任意帧上右击，创建"传统补间动画"。

（8）新建图层 2，命名为"五边形"。选择"多角星形工具" ，在"属性检查器"中设置"无笔触颜色"，填充颜色为"黄色"，然后绘制一个五边形，放置在舞台的右端并对齐辅助线。

（9）单击"五边形"图层的第 20 帧，按【F6】键插入关键帧，将图形移到舞台的中间位置与"心形"图形重叠，然后在第 1～20 帧之间的任意帧上创建"传统补间动画"。

（10）新建图层 3，命名为"文字"。选择"文本工具" ，设置字体为黑体，加粗显示，字体颜色为绿色。选择"文字"图层的第 1 帧，在舞台中输入文字，如图 2-2-6 所示。

图 2-2-6　输入的文字

（11）依次单击各个图层的第 30 帧，按【F5】键插入帧，延长动画的显示时间，"时间轴"面板如图 2-2-7 所示。

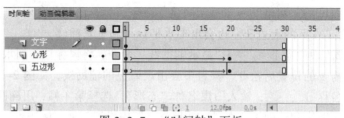

图 2-2-7　"时间轴"面板

（12）按【Ctrl+Enter】组合键，播放并测试动画。

（13）单击"文件"→"保存"命令，保存文档，将其命名为"平移动画"。

相关知识

1. 网格

网格经常与标尺结合使用，这两种工具配合使用可以更加精确地绘图和调节图形位置，另外网格还具有自动吸附功能。单击"视图"→"网格"→"显示网格"命令，舞台中会出现由一系列灰色直线构成的网格（默认颜色为灰色），如图 2-2-8 所示，再次单击该命令可以取消网格。

如果要修改网格，可以单击"视图"→"网格"→"编辑网格"命令，弹出如图 2-2-9 所示的"网格"对话框，可以编辑网格的颜色、网格线间距、确定是否显示网格线、是否对齐网格线和设置移动对象时贴紧网格线的精确度等。

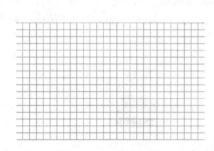

图 2-2-8　显示网格

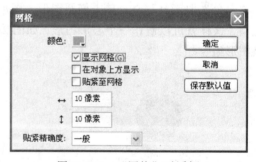

图 2-2-9　"网格"对话框

2. 标尺

利用标尺可以大致估计舞台中对象的大小和位置，有利于整个动画的布局和统筹。单击"视图"→"标尺"命令，舞台工作区的上沿和左沿就会出现水平标尺和垂直标尺。其中，水平标尺以 X 轴右方向坐标为正，垂直标尺以 Y 轴下方坐标为正。

3. 辅助线

如果要添加辅助线，可以单击"视图"→"辅助线"→"显示辅助线"命令，然后将鼠标指针移动到水平或垂直标尺上，按住并拖动鼠标指针到需要的位置后松开即可，如图 2-2-10 所示。再次单击该命令可以隐藏辅助线。

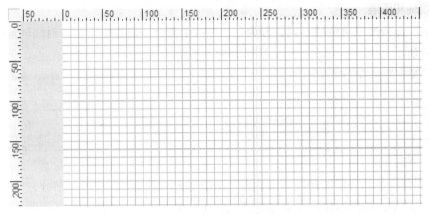

图 2-2-10　显示辅助线

　　单击"视图"→"辅助线"→"锁定辅助线"命令，辅助线就会固定在锁定的位置，不能再移动，再次单击该命令可以将锁定的辅助线解锁。

　　单击"视图"→"辅助线"→"编辑辅助线"命令，弹出"辅助线"对话框，如图 2-2-11 所示，用户可以在对话框中修改辅助线颜色和相关属性。

　　如果要删除辅助线，可以单击"视图"→"辅助线"→"清除辅助线"命令，或者拖动辅助线到标尺上松开鼠标，辅助线自动消失。

4. 贴紧对象

　　要将各个对象彼此自动对齐，可以使用"贴紧"功能。Flash CS4 提供了 5 种在舞台上对齐对象的方法。单击"视图"→"贴紧"命令，打开"贴紧"子菜单，如图 2-2-12 所示。

图 2-2-11　"辅助线"对话框

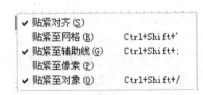

图 2-2-12　"贴紧"子菜单

　　（1）贴紧对齐：按照指定的贴紧对齐容差（对象与其他对象之间或对象与舞台边缘之间的预设边界）来对齐对象。

　　（2）贴紧至网格：在创建、调整和移动对象时，可以使对象自动与网格线对齐。

　　（3）贴紧至辅助线：在创建、调整和移动对象时，可以使对象自动与辅助线对齐。

　　（4）贴紧至像素：可以在舞台上将对象直接与单独的像素或像素的线条贴紧。当视图缩放比例设置为 400%或更高的时候，会出现一个像素网格。该像素网格代表将出现单个像素。当创建或移动一个对象时，它会被限定到该像素网格内。

　　（5）贴紧至对象：在创建、调整和移动对象时，可以将对象沿着其他对象的边缘直接与它们贴紧。

如果要设置多种编辑贴紧方式，可以单击"视图"→"贴紧"→"编辑贴紧方式"命令，弹出"编辑贴紧方式"对话框，如图 2-2-13 所示。

5. 时间轴和图层

"时间轴"面板按照功能的不同，分为左、右两个部分：层控制窗格和时间轴窗格两部分，如图 2-2-14 所示。

图 2-2-13　"编辑贴紧方式"对话框　　　　　　图 2-2-14　时间轴

在层控制窗格中，图层的使用非常重要。图层是"时间轴"面板的一部分，每个 Flash 动画都包含多个图层。图层就像一张透明的薄纸，在上面可以添加图形和文字，然后将这些薄纸组合在一起，就达到了最终的效果。

图层的基本操作包括新建、重命名、复制、粘贴等，分别介绍如下：

（1）新建图层：单击层控制窗格左下角的"新建图层"按钮，或者单击"插入"→"时间轴"→"图层"命令，可以建立一个新图层。

（2）重命名图层：双击"图层名称"处，然后输入修改后的图层名称。

（3）隐藏图层：若要隐藏所有图层，单击"显示或隐藏所有图层"按钮即可，再次单击该按钮则显示所有图层。

若要隐藏某一个图层，可以单击该图层后面对应的小黑点，小黑点变成标记，表示该图层处于隐藏状态。再次单击该标记，图层中的内容就会显示。

（4）锁定图层：为了防止误修改某一层中的对象，可以将该图层锁定。若要锁定所有图层，单击层控制窗格中的"锁定或解除锁定所有图层"按钮。再次单击该按钮，则所有图层解除锁定。

若要锁定某一个图层，可以单击该图层后面对应的小黑点，小黑点变成一个锁图标，表示该图层处于锁定状态；再次单击该图标按钮将可以解除锁定。

（5）复制图层：复制图层是把某一图层中的所有内容复制到另一图层中。选择要复制图层中的所有帧，单击"编辑"→"时间轴"→"复制帧"命令或单击右键快捷菜单中的"复制帧"命令，然后选择另一图层的粘贴位置，单击"编辑"→"时间轴"→"粘贴帧"命令或单击右键快捷菜单的中"粘贴帧"命令即可完成操作。

（6）删除图层：如果要删除动画中的图层，可以选择该图层，然后单击层控制窗格左下角的"删除"按钮即可。

（7）改变图层叠放顺序：一个动画中可以有多个图层，图层的顺序决定了图层中对象在舞台上的叠放顺序。如果要改变图层的顺序，用鼠标拖动该图层到指定位置，释放鼠标即可。

（8）新建图层文件夹：为了方便操作，可以将多个图层放在某一个文件夹中。单击层控制窗格左下角的"新建文件夹"按钮，或者单击"插入"→"时间轴"→"图层文件夹"命令，可以建立一个文件夹。

案例拓展

【案例拓展 2】移动棋子

1. 案例效果

"移动棋子"播放画面如图 2-2-15 所示。本案例主要模拟象棋棋盘中棋子"象走田"的移动过程。

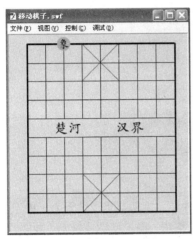 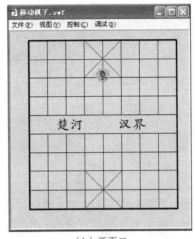

（a）画面一　　　　　　　　　　　　（b）画面二

图 2-2-15　　"移动棋子"效果图

2. 设计步骤

（1）打开 Flash CS4 程序，新建一个 Flash 文档。

（2）单击"修改"→"文档"命令，弹出"文档属性"对话框，设置舞台大小为 350×380 像素，背景颜色设置为浅褐色（#CCCC99）。

（3）单击"视图"→"标尺"命令和"视图"→"网格"→"显示网格"命令，舞台中出现标尺和灰色网格。单击"视图"→"网格"→"编辑网格"命令，在弹出"网格"对话框中将网格线颜色设为"白色"，如图 2-2-16 所示。

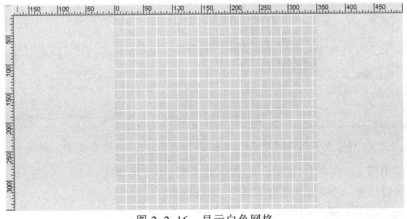

图 2-2-16　显示白色网格

（4）将图层 1 重新命名为"棋盘"。选择第 1 帧，用"矩形工具" ，对齐舞台的网格线，绘制一个矩形框，作为棋盘的边框。矩形框的"属性检查器"设置如图 2-2-17 所示。

图 2-2-17　矩形框的"属性检查器"

（5）选择"线条工具" ，在"属性检查器"中将"笔触高度"设置为 1 像素。按住【Shift】键的同时，分别绘制水平和垂直直线，作为棋盘的格子。图形绘制完成后，单击"修改"→"组合"命令将棋盘的边框和格子组合。

（6）选择"文本工具" ，"属性检查器"设置如图 2-2-18 所示，在舞台中输入文字"楚河"和"汉界"，并将文字移动到棋盘的中间位置。制作完成的棋盘图形如图 2-2-19 所示。

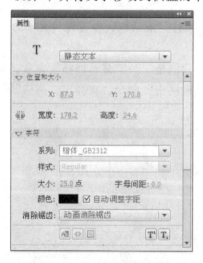

图 2-2-18　文本属性设置

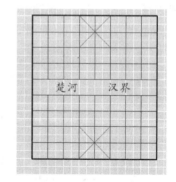

图 2-2-19　棋盘图形

（7）新建图层 2，命名为"棋子"。选择第 1 帧，单击"椭圆工具" 在"属性检查器"中设置"无笔触填充"，填充颜色为"棕色"（#FF9900），绘制棋子。

（8）单击"棋子"图层的第 15 帧，按【F5】键插入帧，然后在第 1～15 帧之间的任意帧上右击，选择"创建补间动画"命令，此时可见时间轴变为淡蓝色。

（9）用鼠标单击第 15 帧，将棋子拖至田字格的对角处。可以看到第 15 帧上出现一个黑色的菱形标志，同时在棋子运动路线的头尾两端之间出现一条带有很多小点的紫色线段，如图 2-2-20 所示。

（10）依次单击两个图层的第 20 帧，按【F5】键插入帧，延长动画的显示时间，时间轴如图 2-2-21 所示。

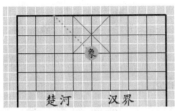

图 2-2-20　完成的"时间轴"

图 2-2-21　完成的"时间轴"

（11）按【Ctrl+Enter】组合键，播放并测试动画。

（12）单击"文件"→"保存"命令，保存文档为"移动棋子"。

2.3　【案例 3】旋转文字

案例效果

"旋转文字"播放画面如图 2-3-1 所示。本案例演示 3 个不停旋转的"Flash"文字。通过本节内容的学习，可以熟练掌握库的使用方法，了解元件和实例的相关知识，并能够运用元件来创建简单的动画。

（a）画面一

（b）画面二

图 2-3-1　"旋转文字"效果图

设计步骤

（1）打开 Flash CS4 程序，新建一个 Flash 文件。

（2）单击"修改"→"文档"命令，设置舞台大小为 450×300 像素，背景颜色为灰色。

（3）单击"插入"→"新建元件"命令，弹出"创建新元件"对话框，在名称框中输入"文字"，类型选择"影片剪辑"，如图 2-3-2 所示。单击"确定"按钮，进入影片剪辑的编辑模式。

（4）在影片剪辑的编辑模式下，单击图层 1 的第 1 帧中，用文本工具在舞台中输入文字"Flash"，并对齐中心点"+"。在"属性检查器"中设置字符系列为"Broadway BT"，大小为 50 点，颜色为蓝色。文字如图 2-3-3 所示。

图 2-3-2 "创建新元件"对话框

图 2-3-3 "文字"元件

（5）单击第 20 帧按【F5】键，在第 1～20 帧之间任意帧上右击，在弹出的快捷菜单中选择"创建补间动画"命令。选中第 20 帧，用"任意变形工具"将"文字"元件以中心点进行翻转，如图 2-3-4 所示。此时时间轴变成淡蓝色，并且第 20 帧中出现一个菱形黑点，代表关键帧。

图 2-3-4 翻转后的元件

（6）单击 Flash CS4 窗口左上角的"场景"按钮 ，切换到场景 1 中。单击"窗口"→"库"命令，打开"库"面板，如图 2-3-5 所示。单击元件"文字"，按住鼠标左键将其拖入舞台，然后释放鼠标。按此方法分别拖入 3 个"文字"元件到舞台中。

（7）选择一个影片剪辑元件实例，在"属性检查器"中设置样式为"色调"，如图 2-3-6 所示，改变元件的颜色。

图 2-3-5 "库"面板

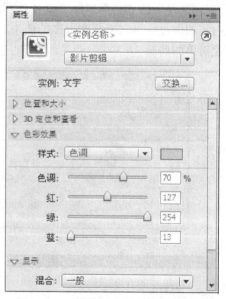

图 2-3-6 修改一个元件实例的属性

（8）选择另一个影片剪辑元件实例，在"属性检查器"中设置元件的大小和样式，如图 2-3-7 所示。

（9）设置完成后，将 3 个影片剪辑排列在舞台中，如图 2-3-8 所示。

（10）按【Ctrl+Enter】组合键，播放并测试动画。

（11）单击"文件"→"保存"命令，保存文档并命名为"旋转文字"。

图 2-3-7　修改另一个实例的属性

图 2-3-8　舞台中的文字

相关知识

1. 库

库主要用来组织、编辑和管理动画中所使用的符号。"库"就好比一个仓库，其中存储了用户创建的元件和多种素材，包括图形、声音和视频剪辑等。用户可以从"库"中查看并使用这些元素。另外，Flash CS4 中还自带公用库，单击"窗口"→"公用库"命令可以打开公用库，其中包含了"声音"库、"按钮"库和"类"库。

单击"窗口"→"库"命令（快捷键【Ctrl+L】），打开"库"面板，如图 2-3-9 所示。

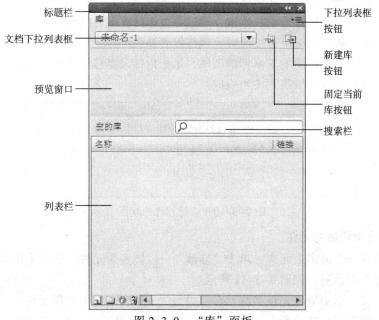

图 2-3-9　"库"面板

选择库中一个元素，即可在"库"面板的预览窗口中看到元素的形状。如果要了解元件的动画效果和声音效果，可以单击"库"面板中的播放按钮进行观看。

"库"面板的基本操作介绍如下：

（1）新建元件：单击"库"面板底端的"新建元件"按钮，弹出"创建新元件"对话框。新元件的创建见本节知识点"4.创建新元件"。

（2）创建文件夹：单击按钮，可以在"库"面板中创建一个新文件夹。默认文件名为"未命名文件夹 1"。双击该文件名称可以重新命名。

（3）修改元件的属性：选中"库"面板中的一个元件，单击"属性"按钮，弹出"元件属性"对话框，更改选中元件的属性。

（4）删除元素：单击"删除"按钮，可删除"库"面板中选中的元素。

2. 元件的类型

元件是指创建一次即可多次重复使用的图形、按钮、影片剪辑或文本。元件包括 3 种类型：图形、影片剪辑和按钮。

（1）图形元件：用于静态图像或创建连接到主时间轴的可重复使用的动画片断。图形元件与主时间轴同步运行。图形元件不具有交互性，也不能添加滤镜、声音和设置混合模式。

（2）影片剪辑元件：用于创建可重复使用的动画片断。影片剪辑拥有各自独立于主时间轴的多帧时间轴。影片剪辑包括交互控制控件、声音、图形以及其他影片剪辑实例。可以将影片剪辑放在按钮元件的时间轴内，创建动画按钮。

（3）按钮元件：可以创建用于响应鼠标单击、滑过或其他动作的交互式按钮。可以定义与各种按钮状态关联的图形，然后将动作指定给按钮实例。"按钮"元件包括 4 种不同状态的关键帧操作，如图 2-3-10 所示。

- "弹起"帧：表示鼠标不在按钮上时，该按钮的外观。
- "指针"帧：表示鼠标移动、单击、滑过等操作时该按钮的外观。
- "按下"帧：表示鼠标单击按钮时，该按钮的外观。
- "点击"帧：定义按钮响应鼠标的范围，鼠标指针只要移动到这一范围，或者在这一范围内单击鼠标，就可以得到按钮响应。

图 2-3-10　按钮元件的状态

3. 将已有元素转换为元件

在舞台中选择一个或多个元素，单击"修改"→"转换为元件"命令（快捷键【F8】），弹出"转换为元件"对话框，如图 2-3-11 所示。

在"名称"文本框中输入元件名称，在"类型"下拉列表框中选择元件的类型。单击右侧的注册网格可以放置元件的注册点。单击"文件夹"选项可以选择元件的存放路径，默认为"库根目录"。最后单击"确定"按钮，该元件自动添加到"库"中，并且舞台中的对象此时变成了该元件的一个实例。

图 2-3-11　"转换为元件"对话框

元件转换完成后，单击"编辑"→"编辑元件"命令，可以在元件编辑模式下进行编辑；或者单击"编辑"→"在当前位置编辑"命令，在舞台中编辑该元件。

4. 创建新元件

单击"插入"→"新建元件"（快捷键【Ctrl+F8】）命令，弹出"创建新元件"对话框，如图 2-3-12 所示，设置元件类型并输入名称，最后单击"确定"按钮，直接切换到元件编辑模式。在元件编辑模式下，元件的名称将出现在舞台左上角，并由一个"十"字光标指示该元件的注册点。

图 2-3-12　"创建新元件"对话框

5. 复制元件

复制元件的方法有两种：

（1）使用库面板复制元件：选择"库"面板内的某个元件并右击，在弹出的快捷菜单中选择"直接复制"命令，此时弹出"直接复制元件"的对话框，如图 2-3-13 所示。在该对话框可以输入名称并选择元件类型，以及在"库"中存放的路径，最后单击"确定"按钮，"库"面板中就会出现一个复制的新元件。

图 2-3-13　"直接复制元件"对话框 1

（2）选择实例复制元件：选择舞台内的一个元件实例，单击"修改"→"元件"→"直接复制元件"命令，即可弹出"直接复制元件"对话框，如图 2-3-14 所示。在对话框中直接输入元件名称，单击"确定"按钮就可以复制元件。

6. 实例

实例是指位于舞台上或嵌套在另一个元件内的元件副本。每个元件实例都各自拥有独立于该元件的属性，可以调整实例的颜色、大小以及功能。

（1）图形元件实例：如果要修改图形元件实例的属性，可以选择一个图形元件实例，打开"属性检查器"，设置图形元件实例的位置、大小、色彩效果和循环播放等，如图 2-3-15 所示。

如果要将该实例替换为其他的实例，可以单击"属性检查器"右侧的"交换"按钮，弹出"交换元件"对话框，选择要替换的一种元件，最后单击"确定"按钮即可。

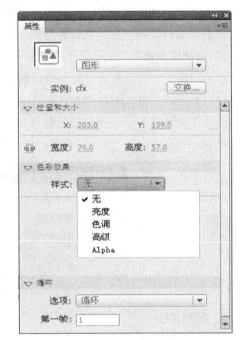

图 2-3-14　"直接复制元件"对话框 2　　　　图 2-3-15　图形元件实例"属性检查器"

其中，在"色彩效果"的"样式"下拉列表中有 5 种选项，说明如下：

① 无：表示不进行实例颜色的设置。

② 亮度：用于调整图像的相对亮度和暗度，拖动三角形滑块，或输入（–100%～100%）的数值，均可调整实例的亮度。

③ 色调：选择"色调"样式后，出现如图 2-3-16 所示的选项。如果要调整色调，拖动滑块或输入数值（0%～100%）。若要改变颜色，可以在红、绿、蓝框中输入数据，也可以从"颜色选择器"中选择一种颜色。

④ 高级：选择"高级"选项后，会弹出如图 2-3-17 所示的选项，可以调节实例的红色、绿色、蓝色和透明度值。该面板有两个区域，百分数区域可在（0%～100%）范围内调整，数值区域可在（–255～+255）范围内调整。最终的效果将由两个区域中的数据共同决定。修改后每种颜色分值或透明度的值等于修改前的值乘以左边框中的百分比，再加上右边框中的数值。

⑤ Alpha（透明度）：用于调节实例的透明程度。用鼠标拖动滑块或在文本框中输入数值，可以改变实例的透明度。

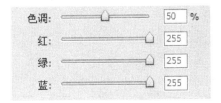

图 2-3-16 "色调"选项

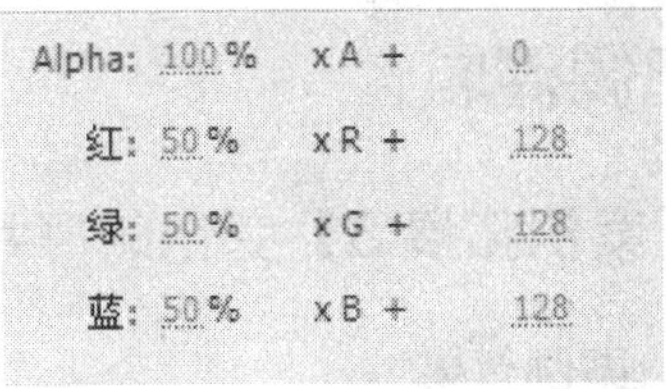

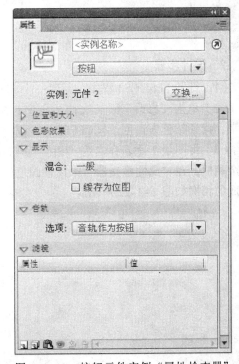

图 2-3-17 "高级"选项

另外,"循环"下拉列表框中有 3 个选项,说明如下:

① 循环:表示按照当前实例占用的帧数来循环包含在该实例内的所有动画序列。

② 播放一次:从指定帧开始播放动画序列直到动画结束,然后停止。

③ 单帧:用于显示指定的动画序列的一帧。

(2)影片剪辑元件实例:如果要修改影片剪辑元件实例的属性,可以选择一个影片剪辑元件实例,打开"属性检查器",如图 2-3-18 所示。

在"实例名称"文本框中输入名称,可以为实例命名,并调整实例的大小、位置和颜色等。另外与图形元件实例"属性"面板不同的是,影片剪辑元件实例可以添加滤镜、设置 3D 定位并进行查看,还可以设置混合模式,并能够对鼠标事件作出响应,具有交互作用。

(3)按钮元件实例:如果要修改按钮元件实例的属性,可以选择一个按钮元件实例,打开"属性检查器",如图 2-3-19 所示。

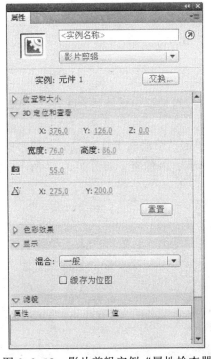

图 2-3-18 影片剪辑实例"属性检查器"

图 2-3-19 按钮元件实例"属性检查器"

可以在"实例名称"文本框中为实例命名,并调整实例的大小、位置和颜色等。按钮元件实例同样可以添加滤镜和音轨选项,也可以设置混合模式。

案例拓展

【案例拓展 3】变化的照片

1. 案例效果

"变化的照片"播放画面如图 2-3-20 所示。本案例主要模拟相册中照片的变化，一张照片逐渐消失，另一张照片渐渐显示出来。

（a）画面一   （b）画面二

图 2-3-20   "变化的照片"效果图

2. 设计步骤

（1）打开 Flash CS4 程序，新建一个 Flash 文档。

（2）单击"修改"→"文档"命令，在"文档属性"对话框中设置舞台大小为 300×350 像素，背景颜色为青色（#CCFFFF）。

（3）将图层 1 重新命名为"相框"。选择第 1 帧，单击"喷涂刷工具" ，在舞台中喷涂一个相框。在"属性检查器"中设置画笔的宽度和高度均为 20 像素，如图 2-3-21 所示。喷涂完成的相框如图 2-3-22 所示。

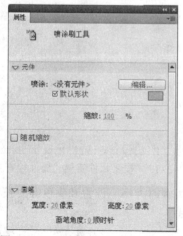

图 2-3-21   喷涂刷工具的属性设置   图 2-3-22   相框

（4）单击"文件"→"导入"→"导入到库"命令，在"导入"对话框中选择照片"26.jpg"和"27.jpg"导入到库中。

（5）新建图层 2 命名为"照片 1"。选择第 1 帧，打开"库"面板，将照片"26.jpg"拖入到舞台中。用"任意变形工具" 调整照片大小与相框相同。然后单击"修改"→"转换为元件"命令，选择元件类型为"图形"，名称为"照片 1"。"转换为元件"对话框如图 2-3-23 所示。

（6）在"照片 1"的第 45 帧处按【F6】键，然后在第 1～45 帧之间的任意帧上右击，创建"传统补间动画"。选择第 1 帧的"照片 1"元件实例，在"属性检查器"中设置实例的透明度为 0%，如图 2-3-24 所示。

图 2-3-23　"转换为元件"对话框　　　　图 2-3-24　设置实例"照片 1"

（7）新建图层 3 命名为"照片 2"。选择第 1 帧，从"库"面板拖入照片"27.jpg"到舞台中，调整照片大小与相框相同。然后将该照片转换为"图形"元件，命名为"照片 2"。

（8）单击"照片 2"的第 30 帧，按【F6】键插入关键帧，在"属性检查器"中设置实例的透明度为 0%。然后在第 1～30 帧之间任意帧创建"传统补间动画"。

（9）将"相框"图层拖至最上层，完成的时间轴如图 2-3-25 所示。

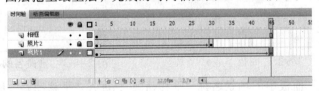

图 2-3-25　完成的"时间轴"

（10）按【Ctrl+Enter】组合键，播放并测试动画。

（11）按【Ctrl+S】组合键保存 Flash 文档，命名为"变化的照片"。

2.4　【案例 4】多场景动画

案例效果

"多场景动画"播放画面如图 2-4-1 所示。本实例将所学的案例 1"欢迎学习 Flash CS4"、案例 2"平移动画"和案例 3"旋转文字"分别制作在一个动画的 3 个场景中，用来演示多场景动画的播放。学习本节内容，可以制作出多个场景的动画，掌握 Flash 动画导出与影片发布设置。

（a）场景一

（b）场景二

（c）场景三

图 2-4-1　"多场景动画"效果图

设计步骤

（1）打开 Flash CS4 程序，新建一个 Flash 文档。

（2）单击"修改"→"文档"命令，弹出"文档属性"对话框，设置舞台大小为 450×300 像素，背景颜色为灰色。

（3）在场景 1 中制作动画"欢迎学习 Flash CS4"，具体制作过程见"【案例 1】欢迎学习 Flash CS4"。

（4）单击"窗口"→"其他面板"→"场景"命令，弹出"场景"面板。两次单击"添加场景"按钮，新建场景 2 和场景 3，如图 2-4-2 所示。

（5）双击场景名称 场景 1，将场景 1 命名为"欢迎学习 Flash CS4"，场景 2 命名为"平移动画"，场景 3 命名为"旋转文字"。重命名的"场景"面板如图 2-4-3 所示。

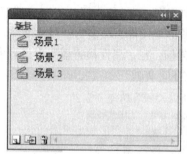

图 2-4-2　"场景"面板

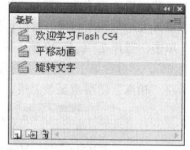

图 2-4-3　重命名的"场景"面板

（6）单击"场景"面板中的场景名称"平移动画"，进入"平移动画"场景的编辑区。该动画的具体制作过程见"【案例 2】平移动画"。

（7）单击"场景"面板中的场景"旋转文字"，进入"旋转文字"场景的编辑区。动画的具体制作过程见"【案例 3】平移动画"。

（8）另外，在场景"旋转文字"中添加文字"谢谢观看"。用文本工具在舞台中输入文字"谢谢观看"，设置"属性检查器"中的字符系列为"楷体_GB2312"，大小为 45 点，颜色为黄色，如图 2-4-4 所示。

（9）在"旋转文字"场景中，单击第 40 帧后按【F5】键，延长该场景的播放时间。

（10）按【Ctrl+Enter】组合键，播放并测试影片。

（11）单击"文件"→"保存"命令，文件命名为"多场景动画"。

图 2-4-4　设置文本的"属性检查器"

相关知识

1. 增加场景和切换场景

一个 Flash 动画可以有多个场景，每个场景都是一个完整的动画。在制作的过程中，我们经常要增加场景和切换场景。

（1）增加场景：单击"插入"→"场景"命令，可以增加一个场景并进入场景的编辑区，同时时间轴的左上角出现当前场景的名称。

（2）切换场景：单击时间轴右上角的"编辑场景"按钮 ，在弹出的菜单中选择场景的名称，可以进入要切换的场景。

2. "场景"面板

动画场景是通过"场景"面板进行管理。利用它可以进行场景的添加、删除、重命名，切换场景，调换场景顺序等操作。单击"窗口"→"其他面板"→"场景"命令，可打开"场景"面板，如图 2-4-5 所示。

（1）添加场景：单击"场景"面板左下角的"添加场景"按钮 可以添加一个新场景。

（2）重制场景：单击"场景"面板左下角的"重制场景"按钮 可以复制一个场景，默认名称为"场景 1 副本"。

（3）删除场景：单击"场景"面板左下角的"删除场景"按钮 可以将不需要的场景删除。

图 2-4-5　"场景"面板

（4）重命名场景：只要直接在场景名称 场景 1 上双击鼠标，就会在场景名称上出现名称输入框，然后在名称输入框中输入新的名称即可。

（5）更改场景顺序：一般在 Flash 中会自动按顺序播放场景，如果需要调换动画场景的播放顺序，只需用鼠标拖动该场景名称到目标位置上释放鼠标即可。

3．影片的导出

单击"文件"→"导出"→"导出图像"/"导出影片"命令，可以导出多种类型的文件。

（1）导出图像：用于导出静态图形，可以将当前帧内容或当前所选图像导出为一种静止图像格式或单帧 Flash player 影片。

单击"文件"→"导出"→"导出图像"命令，弹出"导出图像"对话框。利用该对话框，可将动画当前帧保存成为".swf"、".jpg"、".gif"、".bmp"等格式的图像文件。

（2）导出影片：用于导出动态作品，可以将 Flash 动画导出为 Flash 影片，而且可以为影片中的每一帧都创建一个带有编号的图像文件，还可以将影片中的声音导出为.wav 文件。

单击"文件"→"导出"→"导出影片"命令，弹出"导出影片"对话框。利用该对话框可将动画保存为视频文件或图像序列文件，还可以导出动画中的声音。

4．影片的发布设置

由于 Flash 动画可以导出为多种格式，为了避免每次导出都要设置，可以单击"文件"→"发布设置"命令，弹出"发布设置"对话框，如图 2-4-6 所示。

图 2-4-6　"发布设置"对话框

发布文件的类型包括：Flash、HTML、GIF 图像、JPEG 图像、PNG 图像、Windows 放映文件、Macintosh 放映文件。影片发布设置中默认的是 SWF 和 HTML 两种格式。

如果要选择发布格式，可以在"类型"选项组中选择发布文件的格式；在"文件"文本框中输入文件名称；单击"选择发布目标"按钮 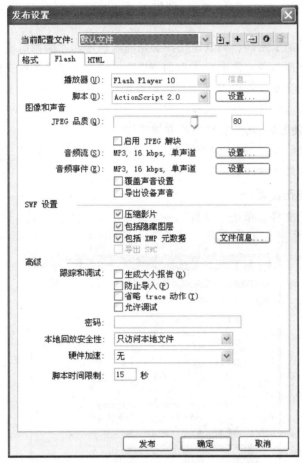 选择文件保存的目标路径；单击"确定"按钮可以保存设置。最后单击"发布"按钮，Flash 就会自动执行发布作品，并能一次性地导出选定的多种格式。

5. SWF 文件的发布设置

若要发布为 Flash 的 SWF 文件，单击"文件"→"发布设置"命令,在"发布设置"对话框中选择"Flash"选项卡，如图 2-4-7 所示。

图 2-4-7　Flash 文件"发布设置"对话框

"Flash 选项卡"中各选项的作用介绍如下：

（1）播放器：用于选择 Flash 的播放器，Flash CS4 功能都能在针对低于 Flash Player 10 的已发布的 SWF 文件中起作用。

（2）脚本：用来选择 ActionScript 的版本。如果创建了类，可以单击"设置"按钮来选择类文件的相对类路径。该路径不同于"首选参数"默认目录中的路径。

（3）JPEG 品质：通过拖动滑块或输入一个数值来控制位图压缩。图像品质越高，生成文件越大；反之，图像品质越低，生成文件越小。值为 100 时图像品质最佳，压缩比最小。

（4）音频流：可以为 SWF 文件中的所有声音流或事件声音设置采样率和压缩,通过单击"设置"按钮进行具体选择。

（5）音频事件：若要覆盖在属性检查器的"声音"部分中为个别声音指定的设置，可以选择"覆盖声音设置"复选框；若要导出适合于设备（包括移动设备）的声音而不是原始库声音，可以选择"导出设备声音"复选框。

（6）SWF 设置：可以压缩影片，导出 Flash 文档中所有隐藏的图层，在"文件信息"对话框中导出输入的所有元数据。

（7）跟踪和调试：可以选择生成一个报告，防止其他人导入 SWF 文件并将其转换回 FLA 文件。可以省略 trace 动作，不显示在"输出"面板中。能够激活调试器并允许远程调试 Flash SWF 文件。

（8）密码：如果添加了密码，则其他用户必须输入该密码才能调试或导入 SWF 文件。

（9）本地回放安全性：若只需要已发布的 SWF 文件与本地系统的文件和资源交互，而不与网络上的文件和资源交互，可以选择"只访问本地文件"选项；若只需要已发布的 SWF 文件与网络上的文件和资源交互，可以选择"只访问网络"选项。

（10）硬件加速：使 SWF 文件能够用硬件加速。

（11）脚本时间限制：在"脚本时间限制"文本框中输入一个数值，可以设置脚本在 SWF 文件中执行时可占用的最大时间量。

6. HTML 文件的发布设置

若要发布为 HTML 文件，单击"文件"→"发布设置"命令，在"发布设置"对话框中选择"HTML"选项卡，如图 2-4-8 所示。

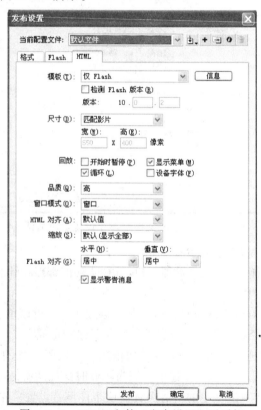

图 2-4-8　HTML 文件"发布设置"对话框

"HTML 选项卡"中各选项的作用介绍如下：

（1）模板：若要显示 HTML 设置并选择要使用的已安装模板，可以在"模板"下拉列表框中选择"HTML"选项，单击"信息"按钮会显示所选择模板的信息。

（2）尺寸：包括 3 个选项，"匹配影片"是默认使用 SWF 文件的大小；"像素"可以输入宽度和高度；"百分比"指定 SWF 文件所占浏览器窗口的百分比。

（3）回放：可以控制 SWF 文件的回放和功能。

（4）品质：用于处理时间和外观之间的平衡。

（5）窗口模式："不透明窗口"是将 Flash 内容的背景设为不透明，并遮蔽该内容下面的所有内容，使 HTML 内容显示在该内容的上方或上面。"透明窗口"会将 Flash 内容的背景设为透明，使 HTML 内容显示在该内容的上方和下方。

（6）HTML 对齐：该选项用于在浏览器窗口中定位 SWF 文件窗口。

（7）缩放：调整文档在指定区域内的宽度和高度。

（8）Flash 对齐：用于设置在应用程序窗口中放置 Flash 内容水平与垂直的方式。

7. GIF 文件的发布设置

若要发布为 GIF 格式的文件，单击"文件"→"发布设置"命令，在"发布设置"对话框中选择"GIF"选项卡，根据需要进行设置。

8. PNG 文件的发布设置

若要发布为 PNG 格式的文件，单击"文件"→"发布设置"命令，在"发布设置"对话框中选择"PNG"选项卡，根据需要进行设置。

9. JPEG 文件的发布设置

若要发布为 JPEG 格式的文件，单击"文件"→"发布设置"命令，在"发布设置"对话框中选择"JPEG"选项卡，根据需要进行设置。

10. 影片发布和预览

Flash CS4 提供了作品发布的功能，可以同时导出多种格式的动画作品，如 GIF、JPEG、PNG 和 QuickTime 等。

（1）发布：单击"文件"→"发布"命令，可按照选定的格式发布文件，并存放在相同的文件夹中。它与单击"发布设置"对话框中的"发布"按钮的作用一样。

（2）发布预览：进行发布设置后，单击"文件"→"发布预览"命令，可以预览 Flash 或 HTML 格式的播放效果，默认的发布预览为 HTML 格式。

案例拓展

【案例拓展 4】作品导出与发布

1. 案例效果

对案例 4 "多场景动画"影片进行导出和发布，文件保存为"作品发布"。操作要求如下：

（1）导出"平移动画"场景的第 15 帧的图像，格式为 JPEG 图像。

（2）将【案例 4】"多场景动画"发布为 SWF 文件和 Windows 放映文件，并命名为"作品发布"。

2. 设计步骤

（1）打开 Flash CS4 程序，单击"文件"→"打开"命令，将前面制作的案例 4"多场景动画.fla"文档打开。

（2）选择"场景"面板中的"平移动画"场景，将时间轴的播放头移到第 15 帧上。单击"文件"→"导出"→"导出影片"命令，弹出"导出图像"对话框，选择保存类型为"JPEG 图像"，命名为"导出第 15 帧图像"，如图 2-4-9 所示。

单击"保存"按钮，弹出"导出 JPEG"对话框，单击"确定"按钮完成导出图像操作，如图 2-4-10 所示。

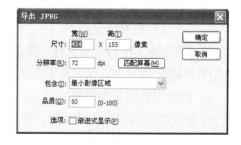

图 2-4-9 "导出图像"对话框　　　　图 2-4-10 "导出 JPEG"对话框

（3）单击"文件"→"发布设置"命令，弹出"发布设置"对话框，在"类型"选项组中选择"Flash(.swf)"、"Windows 放映文件（.exe）"两种格式；文件命名为"作品发布"，单击右侧的"选择发布目标"按钮 📁 设置保存路径。单击"发布"按钮，等发布设置完成后单击"确定"按钮。

小　　结

本章通过制作 4 个案例和 4 个进阶案例，详细讲述了 Flash 动画的制作过程，介绍了场景和时间轴的使用，库、元件和实例的运用，以及 Flash 影片的发布与测试。学习本章后，用户能够自己制作简单的 Flash 动画，并为后面的深入学习作好铺垫。

课 后 实 训

1. 说出播放影片有哪几种方法。
2. 说一说如何在"库"面板中新建图形元件。
3. 修改 2.1 节中进阶案例 1"改变背景"，将文字"欢迎学习 Flash CS4"由小变大，再由有所指大变小，同时背景交替出现。保存修改后的文档并命名为"改变背景的修改"，实例效果如图 2-5-1 所示。
4. 制作一个小球来回移动的动画，命名为"小球运动"，实例效果如图 2-5-2 所示。

图 2-5-1　"改变背景的修改"效果图

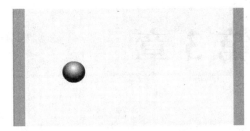

图 2-5-2　"小球运动"效果图

5. 制作两个球体撞击四周的动画，并命名"两个小球运动"，实例效果如图 2-5-3 所示。

6. 制作文字在镜面上不停跳动的动画，并命名为"跳跃的文字"，实例效果如图 2-5-4 所示。

图 2-5-3　"两个小球运动"效果图

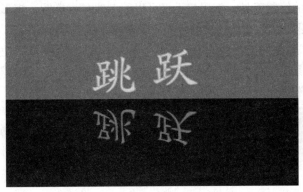

图 2-5-4　"跳跃的文字"效果图

7. 将影片"跳跃的文字"进行发布，发布为"HTML"和"Windows 放映文件"两种格式。

第 3 章

Flash CS4 基础应用

Flash CS4 提供了"线条工具"、"钢笔工具"、"椭圆工具"、"基本椭圆工具"、"矩形工具"、"基本矩形工具"、"多角星形工具"、"任意变形工具"、"铅笔工具"和"刷子工具"等基本图形的绘制工具，使用户不仅可以绘制线条、椭圆、矩形和多角星形图形，还可以绘制任意形状的图形。对于已经绘制好的图形对象，用户可以使用"墨水瓶工具"、"颜料桶工具"、"Deco 工具"、"喷涂刷工具"、"填充变形工具"、"滴管工具"、"颜色"面板和"样本"面板等工具填充或调整颜色。在 Flash CS4 文档中，用户还可以使用"选择"工具、"部分选取"工具和"套索"工具选择、编辑文档中的对象。

学习目标	☑ 掌握绘画工具的使用、辅助选项和属性的设置
	☑ 学会对象的选取、排列、对齐等编辑操作

3.1 【案例5】吹泡泡

案例效果

"吹泡泡"画面效果如图 3-1-1 所示。在一幅大自然背景图像上有一家人正在吹泡泡，一些大小不一的透明泡泡分布在画面的四周。通过本节内容的学习，基本掌握"颜色"面板、"颜料桶工具"、"渐变变形工具"、"套索工具"的使用，以及多个对象的排列、对齐等技巧。

图 3-1-1　"吹泡泡"效果图

设计步骤

（1）新建一个 Flash 文档，在属性面板里设置舞台工作区的宽度为 550 像素、高度为 400 像素，背景色为白色。

（2）新建一个图层，命名为"背景"。单击"文件"→"导入"→"导入到舞台"命令，通过弹出的"导入"对话框，给舞台工作区导入背景图片"天空.jpg"，利用"任意变形工具" ⊞ 调整图片适合舞台工作区大小。

（3）新建一个图层，命名为"人物"。单击"文件"→"导入"→"导入到舞台"命令，向舞台工作区中导入人物图片"吹泡泡.jpg"，利用"任意变形工具" ⊞ 调整图片大小覆盖整个舞台工作区。

（4）在"人物"图层的上方添加一个"气泡"图层，单击"插入"→"新建元件"命令，弹出"创建新元件"对话框，创建一个气泡图形元件，对话框设置如图 3-1-2 所示。

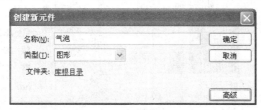

图 3-1-2　"创建新元件"对话框

（5）单击"确定"按钮，进入气泡图形元件的编辑界面。单击"窗口"→"颜色"命令（或者按快捷键【Shift+F9】），调出"颜色"面板。选择图层 1 的第 1 帧，单击工具箱中的"椭圆工具"，在"颜色"面板中，设置笔触的颜色为无颜色，设置填充的类型为"纯色"，颜色为绿色（#79BFF2），Alpha 值为 52%，如图 3-1-3 所示，按住【Shift】键在舞台工作区中画一个正圆。

（6）单击时间轴左下角的"插入图层"按钮 ⊞，在图层 1 的上方增加图层 2，在"颜色"面板中设置填充的类型为"放射状"，颜色为白色（#FFFFFF）到无色（Alpha 值为 0%）过渡，在舞台工作区画一个有亮度的圆，利用工具箱中的"渐变变形工具" ⊞，调整亮点的大小和形状，放置在绿色透明气泡的右下角，如图 3-1-4 所示。

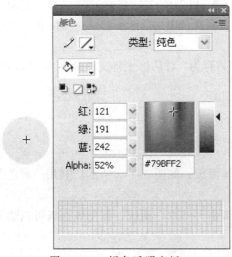

图 3-1-3　绿色透明底板

图 3-1-4　右下角亮点设置

（7）单击时间轴左下角的"插入图层"按钮 ，在图层 2 的上方增加图层 3，在"颜色"面板中设置填充的类型为"放射状"， 颜色为无色（Alpha 值为 0%）到白色的过渡，在舞台工作区画一个有亮度的圆，利用工具箱中的"渐变变形工具" ，通过渐变变形工具的大小控制柄调整亮点的形状成白色的月牙环形，放置在绿色透明气泡的左上角，如图 3-1-5 所示。

（8）单击时间轴左下角的"插入图层"按钮 ，在图层 3 的上方增加图层 4，在"颜色"面板中设置填充的类型为"放射状"，颜色为白色到无色（Alpha 值为 0%）的过渡，在舞台工作区画一个有亮度的圆，利用工具箱中的"渐变变形工具" ，调整亮点的大小和形状，放置在绿色透明气泡的右下角，如图 3-1-6 所示。

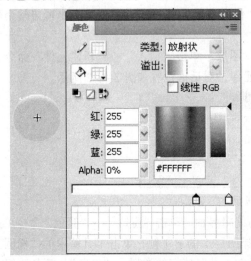
图 3-1-5　左上角亮点设置

图 3-1-6　右下角亮点设置

（9）最后，将四个图层的内容全部显示出来，一个晶莹剔透的气泡就绘制好了，如图 3-1-7 所示。

（10）单击"场景 1"，退回到场景编辑区，单击"窗口"→"库"命令，调出"库"面板。将绘制好的气泡元件连续从库中拖放到"泡泡"图层中，利用工具箱中的"任意变形工具" 和"选择"工具 ，调整气泡元件的大小和位置，将它们摆放到舞台中合适的位置，效果如图 3-1-1 所示。

图 3-1-7　绘制好的气泡元件

（11）单击"文件"→"保存"命令，在弹出的"另存为"对话框中将文件命名为"吹泡泡"，单击"保存"按钮。

相关知识

1."颜色"面板

单击"窗口"→"颜色"命令，可调出"颜色"面板，如图 3-1-8 所示。利用"颜色"面板可以设置笔触颜色和填充颜色。

（1）"笔触颜色"按钮 ：单击该按钮可以调出"样本"面板，利用该面板可以给笔触设置颜色。

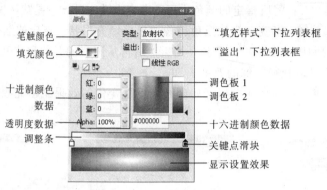

图 3-1-8 "颜色"面板

（2）"填充颜色"按钮 ：单击该按钮可以调出"样本"面板，利用该面板可以给填充区域设置颜色。

（3）按钮组 ：从左到右 3 个按钮的功能分别是设置笔触颜色为黑色，填充颜色为白色；取消颜色；笔触颜色与填充颜色互换。

（4）"填充样式"下拉列表框：有"无"、"纯色"、"线性"、"放射状"、"位图" 5 种样式，选择不同的填充样式，填充的效果将发生相应的变化。

① "无"填充样式：删除填充。

② "纯色"填充样式：提供一种纯正的填充单色，可以通过调色板、调出样本面板或者输入"红"、"绿"、"蓝"文本框中的十进制数等方式设置颜色，其"颜色"面板如图 3-1-9 所示。

③ "线性"填充样式：产生一种沿线性轨迹变化的颜色渐变效果，其"颜色"面板如图 3-1-10 所示。

④ "放射状"填充样式：产生从一个中心焦点出发沿环形轨迹变化的颜色渐变效果，其"颜色"面板如图 3-1-8 所示。

对于"线性"和"放射状"两种填充样式，可以通过设置调整条和关键点滑块来设计颜色渐变效果。

- 移动关键点：所谓关键点就是确定颜色渐变时起始点、终止点以及颜色发生改变的转折点。用鼠标拖动调整条下边的滑块 ，通过改变关键点的位置，从而改变颜色渐变的状况。

- 改变关键点的颜色：单击选中调整条下边的关键点处的滑块，再单击 按钮，在弹出的"样本"面板中选中某种颜色，即可改变关键点的颜色。

- 增加关键点：在调整条下边要加入关键点处单击一下，可增加一个新的滑块，即增加一个关键点（增加的关键点最多不能超过 15 个）。用鼠标水平拖动关键点滑块，可以调整关键点滑块的位置。

- 删除关键点：用鼠标向下拖动关键点滑块，即可删除关键点滑块。

- "位图"填充样式：表示用可选的位图图像平铺所选的填充区域。第一次选择位图填充样式时，将弹出"导入到库"对话框，选择要导入的位图，在"颜色"面板下方的文本框里会显示相应位图的缩小图像。再次要填充位图时，单击"颜色"面板上的"导入"按钮，可以导入多幅位图图像，如图 3-1-11 所示。

（5）"溢出"下拉列表框：选择不同的溢出模式，可以控制超出线性或放射状渐变限制的颜色。溢出模式有 3 种：

① 扩展模式 ：将所指定的颜色应用于渐变末端之外，它是默认模式。

② 镜像模式 ：渐变颜色以反射镜像效果来填充形状。指定的渐变色从渐变的开始到结束，再以相反的顺序从渐变的结束到开始，然后再从渐变的开始到结束，直到填充完毕。采用这种模式填充，可以获得镜像的效果。

③ 重复模式 ：渐变颜色以开始到结束重复变化的效果来填充颜色，直到选定的形状填充完毕为止。

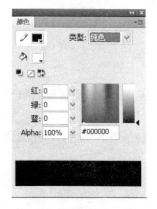  

图 3-1-9 "纯色"填充样式　　　图 3-1-10 "线性"填充样式　　　图 3-1-11 "位图"填充样式

（6）"线性 RGB"复选框 ☐线性RGB：选中该复选框后，可以创建与 SVG（可伸缩的矢量图形）兼容的线性或放射状渐变。

（7）"红"、"绿"、"蓝"文本框：用来设置填充色中红色、绿色和蓝色的浓度。可以通过直接输入数值或拖动文本框右侧的滑块来改变"红"、"绿"、"蓝"文本框中的十进制数，从而达到调整颜色的效果。另外，还可以在调色板下方的文本框中输入十六进制的颜色代码数据，来调整颜色。两种方式效果是一样的。

（8）两个调色板（颜色选择区域）：调角板也称"颜色选择器"。利用这两个调色板可以给笔触和填充设置颜色。通常，先在调色板 1 中单击，粗略选择一种颜色，再在调色板 2 中拖动指针，选择不同饱和度的颜色。

（9）Alpha 文本框：可以在 Alpha 文本框中输入百分数，以调整颜色（纯色和渐变色）的透明度。如果 Alpha 值为 0%，则创建的填充完全透明；如果 Alpha 值为 100%，则创建的填充完全不透明。

2. 颜料桶工具

"颜料桶工具"在工具箱中的图标是 ，作用是使用颜色填充封闭区域。无论是空白区域还是已有颜色的区域，用它都可以填充。填充时可以使用单色、渐变色和位图图像。

设置好新的填充属性，单击工具箱中的"颜料桶工具" ，此时鼠标指针呈 状，再单击舞台工作区中需要被填充的图形，即可更改原有图形的填充。

单击工具箱中的"颜料桶工具"后，"选项"栏会出现两个选项。

（1）"空隙大小"下拉列表框：对没有空隙和有不同大小空隙的图形进行填充。"颜料桶工具"的间隙选项有 4 项。

① 不封闭空隙 ：选中此项表明只有区域完全闭合时才能填充颜色。

② 封闭小空隙 ⊙ ：选中此项表明当区域存在小间隙时可以自动封闭，并填充有小间隙的区域。

③ 封闭中等空隙 ◐ ：选中此项表明当区域存在中等间隙时可自动封闭，并填充有中等间隙的区域。

④ 封闭大空隙 ● ：选中此项表明当区域存在大间隙时可自动封闭，并填充有大间隙的区域。

（2）"锁定填充"按钮 ：该按钮弹起时，为非锁定填充模式；该按钮按下时，即进入锁定填充模式。在非锁定填充模式下，用刷子绘制一条灰度渐变的线条，设置渐变色的关键点滑块颜色映射到线条上，两条线条在显示时，无论长短都是左边浅右边深。而在锁定填充模式下，关键点滚动条映射到背景上，就好像背景已经涂上了渐变色，但是被盖上了一层东西，因而看不到背景色，这时用画笔画一条线，就好像剥去这层覆盖物，显示出背景的颜色。

3．渐变变形工具

"渐变变形工具"在工具箱中的图标是 ，可以对位图或有渐变效果的填充图形进行填充效果的改变。

单击"渐变变形工具" ，用鼠标选中填充图形的内部，即可在填充图形上出现一些圆形、方形和三角形形状的控制柄，如图 3-1-12 所示。用鼠标拖动这些控制柄，可以调整填充的填充状态。调整焦点，可以改变放射状渐变的焦点；调整中心点，可以改变渐变的中心点；调整宽度，可以改变渐变的宽度；调整大小，可以改变渐变的大小；调整旋转，可以改变渐变的旋转角度。

（1）改变线性填充：在"颜色"面板中，选择填充的样式为线性填充，对图形进行线性填充。单击"渐变变形工具"，线性填充图形上会出现 2 个控制柄和 1 个中心标记，如图 3-1-13 所示。用鼠标拖动这些控制柄，可以调整线性填充的渐变效果。

（2）改变放射状填充：在"颜色"面板中，选择填充的样式为放射状填充，对图形进行放射状填充。单击"渐变变形工具"，放射状填充图形上会出现 4 个控制柄和 1 个中心标记，如图 3-1-13 所示。用鼠标拖动这些控制柄，可以调整放射状填充的渐变效果。

（3）改变位图填充：在"颜色"面板中，选择填充的样式为位图填充，对图形进行位图填充。单击"渐变变形工具"，位图填充中会出现 7 个控制柄和 1 个中心标记，如图 3-1-14 所示。用鼠标拖动控制柄，可以调整位图填充的渐变效果。

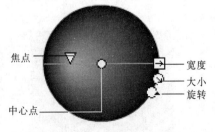

焦点　宽度　大小　旋转　中心点

图 3-1-12　放射状填充调整

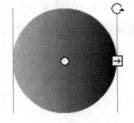

图 3-1-13　线性填充调整

图 3-1-14　位图填充调整

4．Deco 工具

"Deco 工具"在工具箱中的图标是 ，它是 Flash CS4 新增的工具，使用"Deco 工具"可以快速创建类似万花筒的效果并应用于填充图形。另外，"Deco 工具"还有将任何元件转变为即时设计工具的特点。

单击工具箱中的"Deco 工具"，调出"Deco 工具"的属性面板，如图 3-1-15 所示，在属性面板中可以对图形的填充效果进行详细设置。在设置过程中，选择不同的填充样式，对应的"高级选项"设置是不一样的。

Deco 工具是图案装饰性工具，它分为 3 种模式：

（1）藤蔓式填充：填充的样式是由叶和花组成的藤蔓效果，默认状态下的属性面板如图 3-1-15 所示。在舞台工作区中绘制一个无填充的圆环，在圆环内单击一下，可得到默认的藤蔓样式效果，如图 3-1-16 所示。

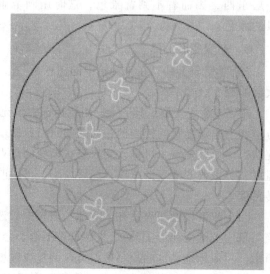

图 3-1-15　"Deco 工具"属性面板　　　　　图 3-1-16　默认的藤蔓填充效果

学习者还可以根据自己的喜好设计藤蔓的效果，前提是库面板中必须要有相应的代表叶子和花的图形元件。

在舞台工作区中绘制一个无填充的圆环，在"Deco 工具"的属性面板中单击叶和花右侧的"编辑"按钮，弹出"交换元件"对话框（见图 3-1-17），分别选择相应的叶和花元件，并且在"高级选项"选项组中，分别设置好"分支角度"、"图案缩放"和"段长度"3 个选项。在圆环内单击一下，就可得到如图 3-1-18 所示的藤蔓自定义效果。

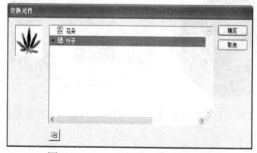

图 3-1-17　"交换元件"对话框

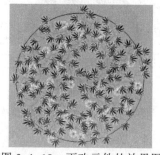

图 3-1-18　更改元件的效果图

　　在藤蔓填充过程中，如果需要提前停止藤蔓的蔓延，只要在蔓延的藤蔓图像上单击一下就可以了；如果在藤蔓蔓延的过程中，单击了新的空白处，将结束原来的藤蔓蔓延而在单击处重新开始。

　　藤蔓蔓延的方式还可以做成动画效果，选中属性面板中的"动画图案"单选按钮，设置"帧步数"为 1（即每 1 帧会产生 1 个关键帧），在舞台工作区中单击一下，藤蔓蔓延开始，当藤蔓蔓延差不多时，在蔓延的藤蔓图像上再次单击一下，结束蔓延。这时时间轴上将自动产生一幅逐帧动画。

　　（2）网格填充：填充的样式是由填充物组成很规律的网格状，默认状态下的属性面板如图 3-1-19 所示，在舞台工作区中绘制一个无填充的圆环，在圆环内单击一下，可得到默认的网格填充效果，如图 3-1-20 所示。

　　同样，用户还可以根据自己的喜好设计网格的效果，前提是"库"面板中必须要有相应的代表填充物的图形元件。

　　在舞台工作区中绘制一个无填充的圆环，在"Deco 工具"的属性面板中单击填充右侧的"编辑"按钮，在弹出的"交换元件"对话框中选择填充元件，并且在"高级选项"选项组中，分别设置好"水平间距"、"垂直间距"和"图案缩放" 3 个选项。在圆环内单击一下，就可得到图 3-1-21 所示的效果图。

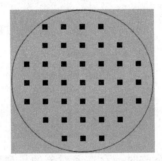
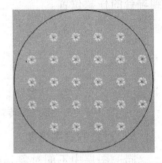

图 3-1-19　网格填充属性面板　　图 3-1-20　默认的网格填充效果　　图 3-1-21　更改元件的效果图

　　（3）对称刷子：一种对模块进行对称绘制的方法，就是在创建左侧图案时自动在右侧形成相应的镜像图案。

　　对称刷子的属性面板如图 3-1-22 所示，学习者可以根据自己的喜好选择一种笔刷的模型（"库"面板中必须要有模块的图形元件），只要在属性面板中单击模块右侧的"编辑"按钮，在弹出的"交换元件"对话框中选择自己喜欢的模块元件就可以了。

　　属性面板的"高级选项"选项组中有笔刷的 4 种对称方式：

　　① 跨线反射：对称方式是通过舞台工作区中间的中轴线进行对称处理，效果如图 3-1-23 所示。将鼠标指针移至中轴线上方的圆柄处，拖动鼠标，使对称图形以中轴线下方的圆柄为圆心进行 360° 的旋转；将鼠标指针移至中轴线下方的圆柄处，拖动鼠标可以将对称图形移到舞台的任意位置。

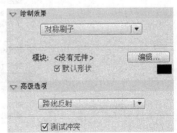

图 3-1-22　对称刷子的属性面板

② 跨点反射：对称方式通过舞台工作区中间的圆心进行对称处理，效果如图 3-1-24 所示。将鼠标指针移至圆心处，拖动鼠标，可以将对称图形移到舞台的任意位置。

图 3-1-23　跨线反射效果图　　　　　　　　图 3-1-24　跨点反射效果图

③ 绕点旋转：对称方式通过舞台工作区中的两个轴线进行对称处理，效果如图 3-1-25 所示。将鼠标指针移至左边轴线上方的圆柄处，拖动鼠标，使对称图形以轴线下方的圆柄为圆心进行 360° 的旋转；将鼠标指针移至轴线下方的圆柄处，拖动鼠标可以将对称图形移到舞台的任意位置；将鼠标指针移至右边轴线上方的圆柄处，拖动鼠标，通过改变两个轴线之间的夹角大小，进一步改变对称图形的数量多少。

④ 网格平移：对称方式通过舞台工作区中的坐标轴进行对称处理，效果如图 3-1-26 所示。将鼠标指针移至纵坐标上方的圆柄处，拖动鼠标，可以改变纵向上图形数量的多少，还可以使对称图形以坐标轴中心的圆柄为圆心进行 360° 的旋转；将鼠标指针移至横坐标上方的圆柄处，拖动鼠标，可以改变横向上图形数量的多少，还可以通过改变两个轴线之间的夹角大小，进一步改变对称图形的数量多少；将鼠标移至坐标轴中心的圆柄处，拖动鼠标，可以将对称图形移到舞台的任意位置。

图 3-1-25　绕点旋转效果图　　　　　　　　图 3-1-26　网格平移效果图

5. 对象的排列调整

同一图层中不同对象互相叠放时，存在着对象的排列顺序（即前后顺序）。对象的排列顺序是可以改变的。选中其中一个对象，单击"修改"→"排列"命令，在弹出的下级子菜单选择一种排列方式，如图 3-1-27 所示，即可以改变对象的前后次序。

图 3-1-27　"排列"菜单

6. 对象的对齐调整

同一图层中多个对象可以通过某种方式对齐。对多个对象进行对齐时，应先选中参与对齐的所有对象，单击"修改"→"对齐"命令，在弹出的下级子菜单选择一种对齐方式，如图 3-1-28 所示。或者单击"窗口"→"对齐"命令，调出"对齐"面板，如图 3-1-29 所示。单击"对齐"面板中的相应按钮，即可改变对象的对齐方式。

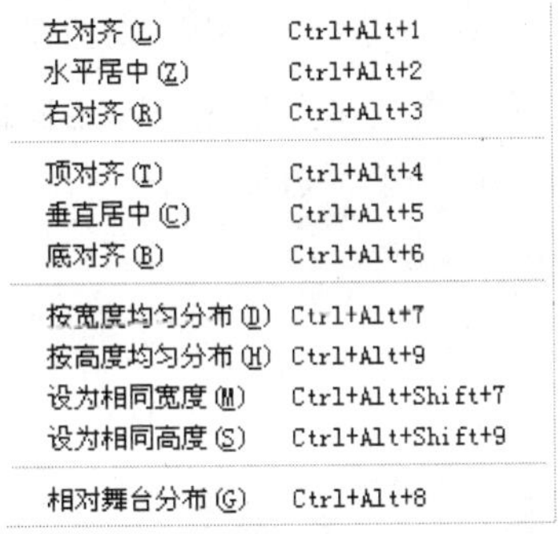

```
左对齐(L)          Ctrl+Alt+1
水平居中(Z)        Ctrl+Alt+2
右对齐(R)          Ctrl+Alt+3

顶对齐(T)          Ctrl+Alt+4
垂直居中(C)        Ctrl+Alt+5
底对齐(B)          Ctrl+Alt+6

按宽度均匀分布(D)  Ctrl+Alt+7
按高度均匀分布(H)  Ctrl+Alt+9
设为相同宽度(M)    Ctrl+Alt+Shift+7
设为相同高度(S)    Ctrl+Alt+Shift+9

相对舞台分布(G)    Ctrl+Alt+8
```

图 3-1-28　"对齐"子菜单

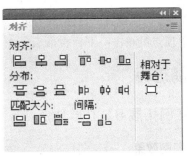

图 3-1-29　"对齐"面板

"对齐"面板中各组按钮的作用如下：

（1）"对齐"栏：在水平方向（左边的 3 个按钮）可以选择左对齐、水平中齐和右对齐。在垂直方向（右边的 3 个按钮）可以选择上对齐、垂直中齐和底对齐。

（2）"分布"栏：在水平方向（左边的 3 个按钮）或垂直方向（右边的 3 个按钮），可以选择以中心为准或以边界为准的对齐分布。

（3）"匹配大小"栏：可以选择使对象的高度相等、宽度相等或高度与宽度都相等。

（4）"间隔"栏：等间距控制，在水平方向或垂直方向等间距分布排列。

（5）"相对于舞台"栏：选中该按钮后，对象以整个舞台为标准，进行对齐；否则以对象所在区域为标准，进行对齐。

7. 套索工具

"套索工具"在工具箱中的图标是 ，可以在舞台中选择不规则区域内的多个对象（对象必须是矢量图形、经过分离的位图图像、打碎的文字等）。

单击"套索工具" ，在舞台工作区内拖动鼠标，就会沿鼠标运动轨迹产生一条不规则的黑线，释放鼠标后，被围在圈内的对象即被选中，可以对选中的对象进行操作。"套索工具"选项栏中有 3 个按钮，如图 3-1-30 所示。

（1）"魔术棒"按钮 ：单击该按钮后，将鼠标指针移到对象的某种颜色处，当鼠标指针呈 状时，单击一下，即可将该颜色和与该颜色相近的颜色图形选中。可以对选中的颜色图形进行移动、删除等编辑操作，在单击的同时按住【Shift】键，则可以在保留原来选区的情况下，创建新的选区。

（2）"魔术棒设置"按钮 ：单击该按钮后，弹出"魔术棒设置"对话框，如图 3-1-31 所示，利用该对话框可以设置魔术棒工具的属性。

- "阈值"文本框：可以输入 0～200 之间的整数，输入的数值越大，魔术棒选取时的容差范围也越大。
- "平滑"下拉列表框：有"像素"、"粗略"、"一般"、"平滑"4 个选项，对阈值进行进一步补充。

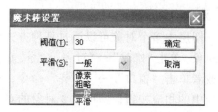

图 3-1-30　"套索工具"的选项栏　　　　　图 3-1-31　"魔术棒设置"对话框

（3）"多边形模式"按钮 ：单击该按钮后，可以形成封闭的多边形区域。用鼠标在多边形的各个顶点处单击一下，在最后一个顶点处双击，即可画出一个多边形。

案例拓展

【案例拓展5】心形项链

1. 案例效果

"心形项链"画面效果如图 3-1-32 所示。在黑色的背景上，一颗颗晶莹的珍珠用黄色的细绳串好，摆放成心状。

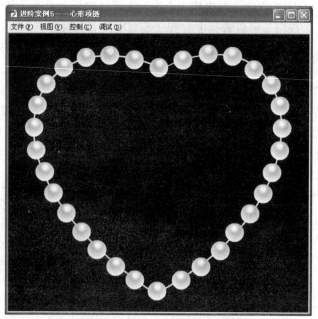

图 3-1-32　"心形项链"效果图

2. 设计步骤

（1）新建一个 Flash 文档，在属性面板里设置舞台工作区的宽度为 550 像素、高度为 500 像素，背景色为黑色。

（2）新建一个图层 1，命名为"项链线"。单击工具箱中的"椭圆工具" ，在舞台工作区绘制一个黄色、线粗为 3 的没有填充色的正圆形轮廓图形,利用工具箱中的"橡皮擦工具" ，将圆形顶端和底端各擦一个小口（方便调整形状），选中工具箱中的"选择工具" ，调整图形的形状呈心形，效果如图 3-1-33 所示。

（3）新建一个图层 2，命名为"项链"。单击"插入"→"新建元件"命令，弹出"创建新元件"对话框，创建一个珍珠图形元件，单击"确定"按钮，进入珍珠图形元件的编辑界面。

（4）在珍珠图形元件的编辑区，选择图层 1 的第 1 帧，单击工具箱中的"椭圆工具" 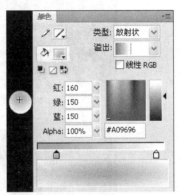，在舞台中绘制一个没有边框的正圆。单击"窗口"→"颜色"命令，调出"颜色"面板，设置填充样式为放射状，颜色为黑紫色（#A09696）到淡橙色（#F5F0D8）的渐变，给圆形添加填充色，利用工具箱中的"渐变变形工具" ，调整珍珠底色效果，如图 3-1-34 所示。

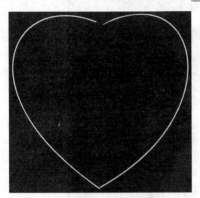

图 3-1-33　项链线　　　　　　　　　　　图 3-1-34　珍珠的底色

（5）在珍珠图形元件的编辑区，单击时间轴左下角的"插入图层"按钮，在图层 1 的上方增加图层 2，选择图层 2 的第 1 帧，单击工具箱中的"椭圆工具" ，在舞台中绘制一个没有边框的正圆。单击"窗口"→"颜色"命令，调出"颜色"面板，设置填充样式为放射状，颜色为白色（#FFFFFF）到透明色（#F4F1CC）的渐变，给圆形添加填充色，利用工具箱中的"渐变变形工具" ，调整珍珠中的亮点效果，如图 3-1-35 所示，最后珍珠的效果如图 3-1-36所示。

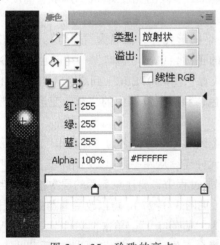

图 3-1-35　珍珠的亮点　　　　　　　　　图 3-1-36　珍珠效果

（6）单击"场景 1"，退回到场景编辑区，单击"窗口"→"库"命令，弹出"库"面板。将绘制好的珍珠连续从库中拖放到"珍珠"图层中，利用工具箱中的"选择工具" ，将它们等距离摆放到绘制好的项链线上，最后效果如图 3-1-32 所示。

（7）单击"文件"→"保存"命令，将文件命名为"心形项链"。

【案例拓展 6】青葡萄

1. 案例效果

"青葡萄"画面效果如图 3-1-37 所示。在葡萄藤的背景图片上，有两串青葡萄，葡萄的立体感很强，在葡萄枝和葡萄叶的衬托下，青葡萄显得非常逼真。

图 3-1-37 "青葡萄"效果图

2. 设计步骤

（1）新建一个 Flash 文档，在属性面板里设置舞台工作区的宽度为 500 像素、高度为 370 像素，背景色为绿色。

（2）单击"插入"→"新建元件"命令，创建一个图形元件，命名为"葡萄"。利用工具箱中的"椭圆工具" ，在舞台中绘制一个没有边框的正圆，单击"窗口"→"颜色"命令，调出"颜色"面板，设置填充样式为放射状，颜色为淡青色（#D0FEBC）到绿色（#BBD61F）再到深绿色（#7E9230）的渐变效果，给圆形添加填充色，利用工具箱中的"渐变变形工具" ，调整葡萄的亮点效果，如图 3-1-38 所示。

（3）单击"插入"→"新建元件"命令，创建一个图形元件，命名为"葡萄串"。在图形元件的编辑区中，将图层 1 命名为"葡萄"，用鼠标将葡萄元件连续从库中拖出，利用"选择工具" ，将它们摆放呈一串葡萄，效果如图 3-1-39 所示。在摆放过程中，要注意葡萄的层次排列，当葡萄一个个叠放在一起时，通过"修改"→"排列"命令（见图 3-1-27），可以改变葡萄的层次排列。

（4）在"葡萄"图层下面新建一个图层 2，命名为"葡萄叶 1"。单击"文件"→"导入"→"导入到舞台"命令，通过弹出的"导入"对话框，给舞台工作区导入葡萄叶图片（葡萄叶 1.jpg），单击"修改"→"分离"命令，将葡萄叶 1 图片打碎。

（5）单击工具箱中的"套索工具" ，选择工具箱下方的"魔术棒工具" ，用鼠标在葡萄叶四周的背景处单击，选中背景图像，按【Delete】键，删除选中的背景。然后，用"魔术棒工具" 删除其他的背景图像，效果如图 3-1-40 所示。

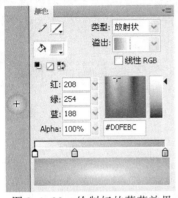

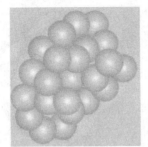

图 3-1-38　绘制好的葡萄效果　　图 3-1-39　摆放好的一串葡萄　　图 3-1-40　除去背景的葡萄叶

（6）在"葡萄叶 1"图层下面新建一个图层 3，命名为"葡萄枝"。给舞台工作区导入葡萄枝图片（葡萄枝.jpg），利用"魔术棒工具" 和"橡皮擦工具" ⌀ 除去多余的画面，效果如图 3-1-41 所示。

（7）用同样的方法，再建立一个除去背景的葡萄叶 2 的图层 4，效果如图 3-1-42 所示。

（8）利用工具箱中的"任意变形工具" 和"选择工具" ▶，调整葡萄串、葡萄叶、葡萄枝的大小和位置到合适状态，如图 3-1-43 所示。

图 3-1-41　除去背景的葡萄枝　　图 3-1-42　除去背景的葡萄叶　　图 3-1-43　一串青葡萄的效果图

（9）退回到场景 1，将图层 1，命名为"葡萄架"，单击"文件"→"导入"→"导入到舞台"命令，通过弹出的"导入"对话框，给舞台工作区导入葡萄架图片（葡萄架.jpg），通过"任意变形工具" 调整图片适合舞台的大小。

（10）新建一个图层 2，命名为"葡萄"。将"葡萄"元件连续两次拖入到舞台中，利用"任意变形工具" ，调整元件的形状、大小和位置，最后效果如图 3-1-37 所示。

（11）单击"文件"→"保存"命令，在弹出"另存为"对话框，将文件命名为"青葡萄"，单击"保存"按钮。

3.2　【案例 6】黑白小球

案例效果

"黑白小球"的画面如图 3-2-1 所示。在橙色背景上有一个黑白相间的小球，在小球的左上部有光照的亮点。通过本节内容的学习，将熟练掌握对象的变形调整、对象的形状调整、合并对象等技巧。

图 3-2-1　"黑白小球"效果图

设计步骤

（1）新建一个 Flash 文档，设置舞台工作区的宽度为 250 像素、高度为 250 像素，背景色为橙色，单击"视图"→"网格"→"显示网格"命令，在舞台工作区内显示网格。

（2）新建一个图层 1，命名为"球体"。单击工具箱中的"椭圆工具" ，在"属性"面板中，设置笔触的颜色为黑色，笔触高度为 2 像素，笔触的样式为实线形，无填充色。在舞台工作区中绘制一个没有填充色的正圆。

（3）单击"窗口"→"变形"命令，弹出"变形"面板，选择面板中的"取消约束"按钮 ，在"宽度"文本框中输入 33.3%，如图 3-2-2 所示。单击面板右下角的"复制图标"按钮 ，可以复制两份水平方向缩小为原图 33.3%的椭圆图形。

（4）用同样的方法，在"宽度"文本框中输入 66.6%，复制两份水平方向缩小为原图 66.6%的椭圆图形。效果如图 3-2-3 所示。

（5）选中缩小为原图 33.3%的椭圆，单击"修改"→"变形"→"顺时针旋转 90 度"命令，将椭圆旋转 90°。同样的，将缩小为原图 66.6%的椭圆也旋转 90°。

（6）将旋转 90°的两个椭圆和没有旋转的两个椭圆都移到正圆内，摆放效果如图 3-2-4 所示。

图 3-2-2　33.3%的椭圆设置

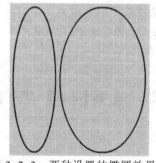

图 3-2-3　两种设置的椭圆效果图

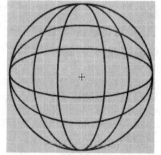

图 3-2-4　椭圆的摆放效果

（7）单击工具箱中的"颜料桶工具" ，在小球轮廓线划分的区域内填充黑白相间的颜色，效果如图 3-2-5 所示。

（8）新建一个图层 2，命名为"亮点"。打开"颜色"面板，设置笔触的颜色为无，填充的样式为放射状，填充的颜色从左到右分别为白色（#FFFFFF，Alpha：100%）、透明色（#DDDDDD，Alpha 为 38%）、无色（#FFFFFF，Alpha 为 0%），"颜色"面板设置如图 3-2-6 所示。绘制一个和黑白小球一样大小的正圆，填充的效果如图 3-2-6 所示。

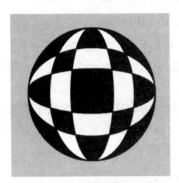

图 3-2-5　填充黑白色的小球

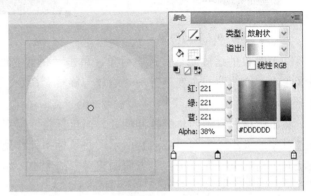

图 3-2-6　有亮点的透明圆形和颜色设置

（9）将有亮点的圆形放置在已绘制好的黑白小球上方，最后的效果如图 3-2-1 所示。

（10）单击"文件"→"保存"命令，在弹出的"另存为"对话框中将文件命名为"黑白小球"，单击"保存"按钮。

相关知识

1. 对象的变形调整

选中对象，单击"修改"→"变形"命令，弹出变形的下级子菜单，如图 3-2-7 所示。利用该菜单，可对选中的对象进行各种变形操作。或者，单击工具箱中的"任意变形工具" ，选择工具箱下方的选项，如图 3-2-8 所示，可以对选中的对象进行封套、缩放、旋转与倾斜、扭曲等变形操作。

图 3-2-7　变形子菜单

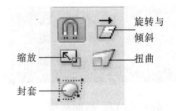

图 3-2-8　"任意变形工具"选项栏

（1）对象旋转与倾斜调整：选中对象，单击任意变形工具选项栏中的"旋转与倾斜"按钮 ，或者单击"修改"→"变形"→"旋转与倾斜"命令，此时，选中的对象四周会出现 8 个黑色方形控制柄，中间有一个圆形的中心标记。

将鼠标指针移到四周的控制柄处，当鼠标指针呈旋转的单箭头状时 ，拖动鼠标可围绕中心标记 旋转对象，如图 3-2-9 所示。将鼠标指针移到四边的控制柄处，当鼠标指针呈两个平行的单箭头状时 ，拖动鼠标可使对象倾斜，如图 3-2-10 所示。

 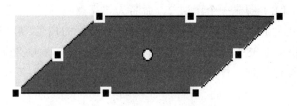

图 3-2-9 旋转对象   图 3-2-10 倾斜对象

（2）对象的缩放调整：选中对象，单击"任意变形工具"选项栏中的"缩放"按钮 ，或者单击"修改"→"变形"→"缩放与旋转"命令，此时，选中的对象四周会出现 8 个黑色方形控制柄。

将鼠标指针移到四角的控制柄处，当鼠标指针呈双箭头状时，拖动鼠标即可按原缩放尺寸调整对象的大小，如图 3-2-11 所示。将鼠标指针移到四边的控制柄处，当鼠标指针变成双箭头状时，拖动鼠标即可在一个方向调整对象的大小，如图 3-2-12 所示。

图 3-2-11 等比例缩放对象   图 3-2-12 单方向缩放对象

（3）对象的扭曲调整：选中对象，单击"任意变形工具"选项栏中的"扭曲"按钮 ，或者单击"修改"→"变形"→"扭曲"命令，此时，选中的对象四周会出现 8 个黑色方形控制柄。

将鼠标指针移到四周的控制柄处，当鼠标指针呈白色箭头状时，拖动鼠标可使对象扭曲，如图 3-2-13 所示。按住【Shift】键，用鼠标拖动四角的控制柄，可以对称地进行扭曲调整（也称透视调整），如图 3-2-14 所示。

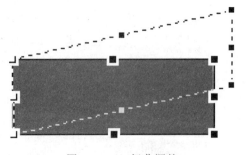 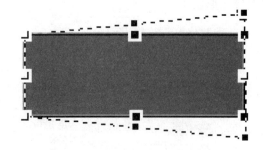

图 3-2-13 扭曲调整   图 3-2-14 透视调整

（4）对象的封套调整：选中对象，单击"任意变形工具"选项栏中的"封套"按钮 ，或者单击"修改"→"变形"→"封套"命令，此时，选中的对象四周会出现 8 个黑色方形控制柄。

将鼠标指针移到四周的控制柄处，当鼠标指针呈白色箭头状时，用鼠标拖动黑色正方形控制柄，如图 3-2-15 所示，或圆形切线控制柄，如图 3-2-16 所示，可以使对象呈封套变化。

图 3-2-15　调整正方形控制柄

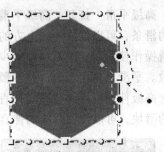

图 3-2-16　调整圆形控制柄

2. "变形"面板

选中对象，单击"窗口"→"变形"命令，弹出"变形"面板，如图 3-2-17 所示。利用"变形"面板可以精确调整对象的缩放、旋转与倾斜。

图 3-2-17　"变形"面板

在宽度 ↔ 右侧输入缩放百分比数，按【Enter】键，即可改变选中对象的水平宽度；在高度 ↕ 右侧输入缩放百分比数，按【Enter】键，即可改变选中对象的垂直宽度。

在设置宽度 ↔ 和高度 ↕ 数据时，如果单击"约束"按钮 ，则会强制对象宽度和高度的数值一样，即保证选中对象的宽高比不变。如果单击"取消约束"按钮 ，则可以分别设置对象宽度和高度的数值。如果单击"重置"按钮 ，则可以对输入的数据进行重新设置。

选中"旋转"单选按钮，在旋转 右侧输入旋转的角度，按【Enter】键，即可按指定的角度将选中的对象旋转。

选中"倾斜"单选按钮，在水平倾斜 右侧输入水平倾斜的角度，在垂直倾斜 右侧输入垂直倾斜的角度，按【Enter】键，即可按指定的角度将选中的对象倾斜。

"3D 旋转"和"3D 中心点"主要是对 3D 对象的 X、Y、Z 轴进行变形设置。

每次单击面板右下角的"重制选区和变形"按钮 ，即可将选中的对象按照"变形"面板的设置创建出一个新的对象。单击面板右下角的"取消变形"按钮 ，可以使选中的对象恢复到变换前的状态。

3. 对象的形状调整

选中对象，单击"修改"→"形状"命令，弹出形状的下级子菜单，如图 3-2-18 所示。利用该菜单，可对选中的对象进行形状改变操作。

图 3-2-18　"形状"子菜单

（1）高级平滑：打开"高级平滑"对话框，如图 3-2-19 所示，通过输入数值或拖动文本框右侧的滑条，可以设置曲线上方的平滑角度、下方的平滑角度和平滑强度。

平滑操作使曲线变得柔和并减少曲线整体方向上的突起或其他变化，同时还会减少曲线中的线段数。平滑只是相对的，并不影响直线。

（2）高级伸直：打开"高级伸直"对话框，如图 3-2-20 所示，通过输入数值或拖动文本框右侧的滑块，可以设置曲线的伸直强度。

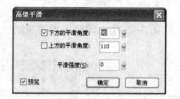

图 3-2-19　"高级平滑"对话框　　　　　图 3-2-20　"高级伸直"对话框

伸直操作可以稍稍拉直已经绘制好的线条和曲线，它不影响已经伸直的线段。

（3）优化：一个线条是由很多"段"组成的，优化曲线就是减少曲线"段"数，即通过一条相对平滑的曲线段代替若干相互连接的小段曲线，从而达到使曲线平滑的目的。

选取要优化的曲线，单击"修改"→"形状"→"优化"命令，弹出"优化曲线"对话框，如图 3-2-21 所示，通过设置即可对选中的曲线优化。

图 3-2-21　"优化曲线"对话框

- "优化强度"文本框：通过输入数值或拖动文本框右侧的滑条，可以设定平滑操作的力度。
- "显示总计消息"复选框：选中该复选框后，在操作完成后会弹出一个 Flash CS4 提示框，该提示框给出了平滑操作的数据。

（4）将线条转换为填充：可以将选中的线条或形状的轮廓线转换为填充物，可使用"颜料桶工具"，改变填充的样式，实现一些特殊效果。

（5）扩展填充：选择一个填充，单击"修改"→"形状"→"扩展填充"命令，弹出"扩展填充"对话框，如图 3-2-22 所示，通过设置可以改变填充的大小。

（6）柔化填充边缘：选择一个填充，单击"修改"→"形状"→"柔化填充边缘"命令，弹出"柔化填充边缘"对话框，如图 3-2-23 所示，通过设置即可柔化填充边缘。

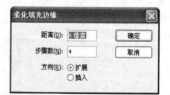

图 3-2-22　"扩展填充"对话框　　　　　图 3-2-23　"柔化填充边缘"对话框

"扩展填充"对话框和"柔化填充边缘"对话框中的"距离"和"步骤数"文本框中输入的数据不可以太大，否则会产生原图形被擦除的效果。

4. 合并对象

选中多个对象，单击"修改"→"合并对象"命令，弹出合并对象的下级子菜单，如图 3-2-24

所示。通过对选中的对象进行合并，来创建新形状。合并对象有 4 种情况：

（1）联合：选中两个或多个形状对象，单击"修改"→"合并对象"→"联合"命令，可以将一个或多个对象合并成为单个形状对象。

（2）交集：选中两个或多个形状对象，单击"修改"→"合并对象"→"交集"命令，可以创建它们的交集（相互重叠部分）的对象。

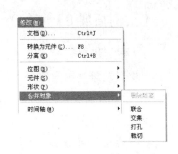

图 3-2-24　"合并对象"菜单

（3）打孔：选中两个或多个形状对象，单击"修改"→"合并对象"→"打孔"命令，可以创建它们的打孔对象。

（4）裁切：选中两个或多个形状对象，单击"修改"→"合并对象"→"裁切"命令，可以创建它们的裁切对象。"裁切"是使用一形状对象的形状来裁切另一个形状对象。

案例拓展

【案例拓展 7】风景魔方

1. 案例效果

"风景魔方"画面效果如图 3-2-25 所示。在浅蓝色的背景上，摆放着一个显示面是风景图画的风景魔方。

2. 设计步骤

（1）新建一个 Flash 文档，设置舞台工作区的宽度为 250 像素、高度为 250 像素，背景色为浅蓝色，单击"视图"→"网格"→"显示网格"命令，在舞台工作区内显示网格。

（2）新建一个图层，命名为"风景魔方"。利用工具箱中的"矩形工具" 和"线条工具" ，在舞台工作区中绘制一个线粗为 1 的没有填充色的正方形轮廓，效果如图 3-2-26 所示。

（3）单击"窗口"→"颜色"命令，弹出"颜色"面板，设置填充样式为位图，通过"导入"按钮，给库里导入风景图片，单击工具箱中的"颜料桶工具" ，给正方形的 3 个面填充 3 幅风景图片。

（4）单击工具箱中的"渐变变形工具" ，通过调整控制柄，使正方形的每一面都填充一幅图片。删除正方形边框，效果如图 3-2-25 所示。

（5）单击"文件"→"保存"命令，在弹出的"另存为"对话框中将文件命名为"风景魔方"，单击"保存"按钮。

图 3-2-25　"风景魔方"效果图

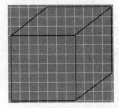

图 3-2-26　正方形轮廓

【案例拓展 8】梦幻光斑

1. 案例效果

"梦幻光斑"画面效果如图 3-2-27 所示。在黑色的背景上，有一个带有梦幻效果的黑白相间的光斑。

2. 设计步骤

（1）新建一个 Flash 文档，设置舞台工作区的宽度为 200 像素、高度为 200 像素，背景色为黑色。

（2）新建一个图层，命名为"光斑"。打开"颜色"面板，设置笔触的颜色为无，填充的样式为放射状，填充的颜色从左到右分别为浅灰色（RGB 值为#CCCCCC，Alpha：90%）、较浅灰色（RGB 值为#999999，Alpha 为 90%）、白色（RGB 值为#FFFFFF，Alpha 为 90%）、黑色（RGB 值为#000000，

图 3-2-27　"梦幻光斑"效果图

Alpha 为 90%）、灰色（RGB 值为#DDDDDD，Alpha 为 90%），"颜色面板"颜色设置如图 3-2-28 所示。单击工具箱中的"椭圆工具" ，按住【Shift】键同时在舞台工作区中绘制一个正圆。

（3）选中绘制的正圆，单击"修改"→"形状"→"柔化填充边缘"命令，弹出"柔化填充边缘"对话框，设置距离为 20px，步骤数为 10，对正圆进行柔化，再将柔化后的正圆进行组合，形成正圆光环。

（4）打开"颜色"面板，设置笔触的颜色为无，填充的样式为线性，填充的颜色从左到右分别为白色（RGB 值为#FFFFFF）、白色（RGB 值为#FFFFFF）、灰色（RGB 值为#333333），"颜色"面板设置如图 3-2-29 所示。单击工具箱中的"矩形工具" ，在舞台工作区中绘制一个轮廓线细长的矩形。

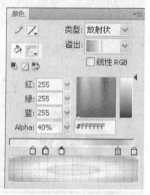

图 3-2-28　圆形颜色设置

图 3-2-29　矩形颜色设置

（5）单击"窗口"→"信息"命令，弹出"信息"面板，利用该面板精确设置矩形的长和宽，选项设置如图 3-2-30 所示。

（6）单击"窗口"→"变形"命令，弹出"变形"面板，如图 3-2-17 所示。选中"旋转"单选按钮，在文本框中输入 90，单击对话框右下角的 按钮，复制一个旋转 90° 的细长矩形。依次再复制旋转 180°、-90°、45°、-45°、135° 和-135° 的细长矩形，然后将这八条矩形线，移到正圆光环上，将正圆光环和矩形线全部组合起来，形成光斑，效果如图 3-2-27 所示。

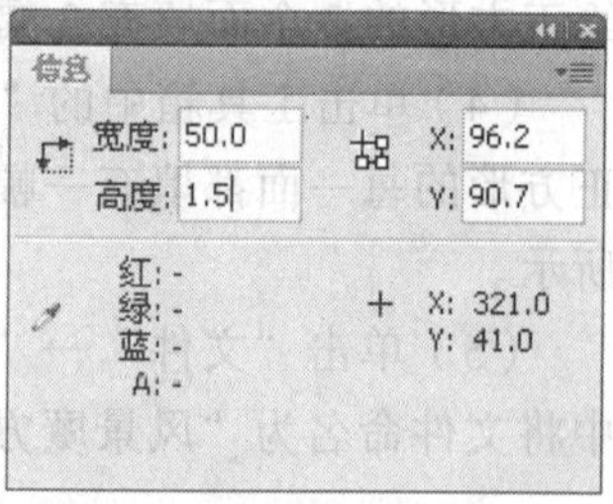

图 3-2-30　"信息"面板

（7）单击"文件"→"保存"命令，在弹出的"另存为"对话框中将文件命名为"梦幻光斑"，单击"保存"按钮。

3.3 【案例 7】花的生长

案例效果

"花的生长"动画播放后的画面如图 3-3-1 所示。在浅灰色背景上，有一盆花正在生长。通过本节内容的学习，将基本掌握"选择工具"、"线条工具"、"铅笔工具"、"刷子工具"、"椭圆工具"、"矩形工具"和"多角星形工具"的使用方法。

图 3-3-1 "花的生长"动画播放画面

设计步骤

（1）新建一个 Flash 文档，设置舞台工作区的大小宽度为 250 像素、高度为 250 像素，背景色设置为浅灰色。

（2）新建一个图层 1，命名为"花盆"。单击工具箱中的"铅笔工具" ✏，在选项栏中，选择铅笔的模式为"墨水"，在舞台工作区绘制一个花盆。单击"修改"→"形状"→"将线条转换为填充"命令，将花盆的线条转化为填充，单击"颜料桶工具" ⬦，将花盆边框填充为黑色，如图 3-3-2 所示，将花盆内部填充为棕色，如图 3-3-3 所示。

图 3-3-2 花盆边框绘制

图 3-3-3 绘制好的花盆

（3）新建一个图层 2，命名为"花"。单击工具箱中的"刷子工具" 🖌，在选项栏中，选择刷子的大小和样式，设置刷子的填充色为绿色，在舞台工作区绘制一个花芽，如图 3-3-1 所示。

（4）用同样的方法，在时间轴第 5、10、15、20、25 帧的位置设置关键帧，绘制出花芽的生长过程。

（5）用同样的方法，在时间轴第 30、35、40 帧的位置设置关键帧，开始绘制花的生长过程。

（6）最后，在第 40 帧的位置，添加函数"stop()"，用来控制动画的播放。

（7）单击"文件"→"保存"命令，在弹出的"另存为"对话框中将文件命名为"花的生长"，单击"保存"按钮。

相关知识

1. 选择工具

"选择工具"在工具箱中的图标是 ▶ ，具有选取对象、移动对象、编辑对象 3 种功能。

（1）选取对象：可选择单个对象和多个对象。

● 选取单个对象时，只需在舞台中单击要编辑的对象即可选中，如果要同时选中对象的边框和填充部分，则可以双击，被选中的对象将被亮点或者被方框包围。

● 选取多个对象时，按住【Shift】键的同时，依次单击所要选取的对象，即可精确地选中要选取的对象，或者按住鼠标左键拖动，将所有待选图形对象全部选中。

（2）移动对象：选中对象，鼠标指针右下角出现一个双向十字箭头，按住鼠标左键，便可将对象在舞台中任意移动，松开鼠标左键，则对象就会被移动到新的位置。

（3）编辑对象：选中对象，将鼠标指针移到线、轮廓线或填充的边缘处，会发现鼠标指针右下角出现一个小弧线（指向线边沿处时）或小直角线（指向线段或折点处时），拖动线，即可看到线的形状发生了变化。当松开鼠标左键后，图形发生了大小与形状的变化。

2. 线条工具

"线条工具"在工具箱中的图标是 ✐ ，用于绘制直线。

单击绘图工具箱中的"线条工具"，在"属性"面板中可以设定线条的形状、粗细、颜色等。"线条工具"的"属性"面板如图 3-3-4 所示。

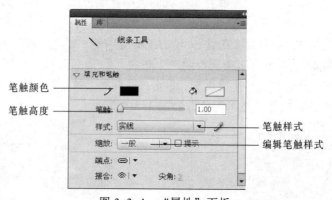

图 3-3-4　"属性"面板

（1）线的颜色和透明度的设置：单击"属性"面板内的"笔触颜色"图标，弹出如图 3-3-5 所示的"颜色"面板，可以确定所画线条的颜色和透明度。

（2）线的粗细设置：在"属性"面板中的"笔触高度"文本框内输入线粗细的数值（数值在 0.1～200 之间，单位为磅），再按【Enter】键。还可以用鼠标拖动水平滚动条上的滑块来改变线的粗细。

（3）线的形状设置：单击"属性"面板内的"样式"下拉列表框右边的箭头按钮，弹出"笔触样式"列表框，如图 3-3-6 所示。单击其中一种样式，即可确定所画线条的形状。

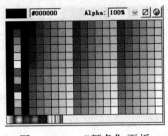

图 3-3-5　"颜色"面板

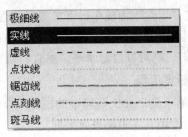

图 3-3-6　"笔触样式"列表框

（4）自定义笔触样式：单击"属性"面板内的"编辑笔触样式"按钮 ✐，弹出"笔触样式"对话框，如图 3-3-7 所示，利用该对话框可以自定义线的样式。

① "类型"下拉列表框：用来选择线的类型，如图 3-3-8 所示。选择不同类型时，其下边会显示出不同的文本框与下拉列表框，利用它们可以修改线条的形状。

图 3-3-7　"笔触样式"对话框

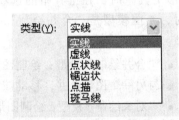

图 3-3-8　"类型"下拉列表框

② "4 倍缩放"复选框：选中该复选框后，会将它上边显示窗口中的线条放大原来的 4 倍，但实际的线条并没有放大。

③ "粗细"下拉列表框：用来输入或选择线条的宽度，数值的范围是 0.1～200 磅。

④ "锐化转角"复选框：选中该复选框后，会使线条的转折明显，此选项对绘制直线无效。

（5）"缩放"下拉列表框：选中该下拉列表框，有 4 种缩放类型，一般、水平、垂直和无，用来设置线的缩放类型。选中"提示"复选框，笔触提示可在全像素下调整直线锚点和曲线锚点，防止出现模糊的垂直或水平线。

（6）"端点"按钮：单击该按钮可以调出一个菜单，如图 3-3-9 所示，用来设置线段（路径）终点的样式。选择"无"选项时，对齐线段终点；选择"圆角"选项时，线段终点为圆形；选择"方型"选项时，线段终点超出线段半个笔触宽度。

（7）"接合"按钮：单击该按钮可以调出一个菜单，如图 3-3-10 所示，用来设置两个线段（路径）的相接方式（尖角、圆角或斜角）。要更改开放或闭合路径中的转角，可选择一条线段，然后选择另一个结合选项。

图 3-3-9　"端点"按钮

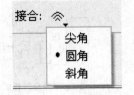

图 3-3-10　"接合"按钮

先在"属性"面板中设置好线条属性，在舞台工作区中拖动鼠标，即可绘制各种长度和角度的直线。如果在拖动鼠标的同时按住键盘上的【Shift】键，则可以绘制水平、垂直、倾斜45°的直线。

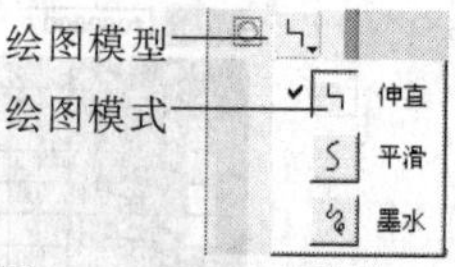

图 3-3-11　"铅笔工具"选项栏

3. 铅笔工具

"铅笔工具"在工具箱中的图标是 ✐，用于绘制线条和形状，绘画的方式与使用真实铅笔大致相同。

单击工具箱中的"铅笔工具"，在"属性"面板中可以设置铅笔的形状、粗细、颜色等。"铅笔工具"的"属性"面板与"直线工具"的"属性"面板相同，设置线条属性的方法与直线工具相同，在这里不再重复介绍了。

单击工具箱中的"铅笔工具"，工具箱的选项栏如图 3-3-11 所示。

（1）绘图模型：Flash CS4 有两种绘图模型：一种是"合并绘制"模型，另一种是"对象绘制"模型。在选择"线条工具"、"钢笔工具"、"铅笔工具"、"刷子工具"、"椭圆工具"、"矩形工具"时，在工具箱的选项栏内都会出现"对象绘制"按钮 ◎，当按钮处于弹起状态时，绘图模型是"合并绘制"模型；当按钮处于按下状态时，绘图模型是"对象绘制"模型。

- "合并绘制"模型：绘制图形时，重叠绘制的图形会自动进行合并。如果选择的图形已与另一个图形合并，移动该图形则会永久改变其下方的图形。
- "对象绘制"模型：绘制图形时，图形四周有一个浅蓝色的矩形框将选中的对象围起来。在该模式下，允许将图形绘制成独立的对象，且在叠加时不会自动合并。分离或重排重叠图形时，也不会改变其外形。

（2）铅笔绘图模式按钮 ↳：单击该按钮，弹出的下拉列表框如图 3-3-11 所示。它对铅笔绘图提供了 3 种模式。

- "伸直"模式：使用这种模式绘制的线条会变得非常工整，无论绘制什么形状的图形，都会自动修正处理，绘制的线条会分段转换成与直线、椭圆、矩形等规矩线条中最接近的线条，如图 3-3-12（a）所示。
- "平滑"模式：使用这种模式绘制的线条会变得更加平滑，有时把该模式下的"铅笔工具"作为手写笔，绘制的线条形象、生动，如图 3-3-12（b）所示。另外，在"属性"面板中还可以对"笔触平滑度"进行设置，在 平滑 50 ▾ 文本框中输入线平滑度的数值，再按【Enter】键。还可以单击文本框右边的箭头按钮，弹出一个垂直的滚动条，用鼠标拖动滚动条上的滑块来改变线条的平滑度。
- "墨水"模式：使用这种模式绘制的线条接近于徒手画出的线条，常用于绘制一些随意的曲线，如图 3-3-12（c）所示。

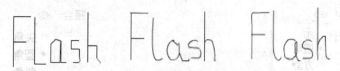

　　（a）"伸直"模式　　　　（b）"平滑"模式　　　　（c）"墨水"模式

图 3-3-12　铅笔绘图的 3 种模式

4. 刷子工具

"刷子工具"在工具箱中的图标是 ，用于绘制线条和形状。

单击工具箱中的"刷子工具"，选项栏内会出现 3 个按钮和 2 个下拉列表框，如图 3-3-13 所示。

（1）"锁定填充"按钮 ：与"颜料桶工具"选项栏中的锁定填充按钮功能一样。

（2）"刷子模式"按钮 ：Flash CS4 给出了 5 种刷子模式，如图 3-3-14 所示。

（3）"刷子大小"下拉列表框 ：Flash CS4 给出了 8 种刷子宽度，可以设置刷子的宽度。

（4）"刷子形状"下拉列表框 ：Flash CS4 给出了 9 种刷子形状，可以设置刷子的形状。

图 3-3-13　"刷子工具"的选项栏　　　　　图 3-3-14　"刷子工具"的 5 种模式

使用"刷子工具"绘制图形的方法与用"铅笔工具"绘制图形的方法基本一样。使用"刷子工具"绘制的图形与使用其他绘图工具绘制的图形虽然都是矢量图形，但它只绘制填充，不绘制线。因而用"刷子工具"绘制的图形，其颜色由填充色或填充图像来决定。

5. 喷涂刷工具

"喷涂刷"工具在工具箱中的图标是 ，它是 Flash CS4 新增的工具，使用"喷涂刷工具"可以随机创建一些非常自然的背景效果。另外，"喷涂刷工具"还可以在定义区域内随机喷涂任何元件。

单击工具箱中的"喷涂刷工具"，调出喷涂刷工具的"属性"面板，如图 3-3-15 所示，在"属性"面板中可以对图形的喷涂效果进行详细设置。

在面板默认状态下，设置好图形的缩放比例和选中"随机缩放"复选框，并且在面板下方设置好画笔的宽度、高度和角度，用"喷涂刷工具"在定义区域内单击或拖动鼠标就可以绘制一些自然的背景效果。

用户还可以根据自己的喜好设计喷涂的效果，前提是"库"面板中必须要有相应的图形元件。在喷涂刷工具的"属性"面板中单击喷涂右侧的"编辑"按钮，弹出"交换元件"对话框，选择相应的喷涂元件，并且分别设置好元件的效果和画笔的样式，面板选项设置如图 3-3-16 所示，在舞台工作区四周拖动鼠标，就可得到图 3-3-16 所示的舞台边框效果图。

图 3-3-15　喷涂刷工具"属性"面板　　　　图 3-3-16　自定义喷涂元件效果

6. 椭圆、矩形、基本椭圆、基本矩形和多角星形工具

（1）用"椭圆工具"绘图：单击工具箱中的"椭圆工具" ，再在舞台工作区中拖动鼠标，即可绘制出一个椭圆。如果在拖动鼠标时，按住【Shift】键，即可绘制出正圆。

在"椭圆工具"的属性面板中，"填充和笔触"菜单设置和"线条工具"的属性面板设置是一样的，这里不再重复叙述了。另外，"椭圆工具"的属性面板还增加了"椭圆选项"菜单，如图 3-3-17 所示，通过拖动水平滑条或者输入角度值，来设置椭圆的开始角度、结束角度和内径角度。

（2）用"矩形工具"绘图：单击工具箱中的"矩形工具" □，再在舞台工作区中拖动鼠标，即可绘制出一个矩形。如果在拖动鼠标时，按住【Shift】键，即可绘制出正方形。

在"矩形工具"的属性面板中，"填充和笔触"菜单设置和"线条工具"的属性面板设置是一样的，这里不再重复叙述了。另外，"矩形工具"的属性面板还增加了"矩形选项"菜单，如图 3-3-18 所示，当约束按钮开启时，则将矩形四个角的边角半径控件锁定为一个控件，通过拖动滑块，统一设置矩形的边角半径；当约束按钮关闭时，则矩形四个角的边角半径可以分开设置，通过输入角度值分别设置矩形四个角的边角半径。

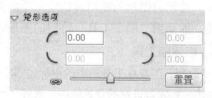

图 3-3-17　"椭圆选项"菜单　　　　　　图 3-3-18　"矩形选项"菜单

（3）用"基本椭圆工具"和"基本矩形工具"绘图：这两种工具和"椭圆工具"、"矩形工具"在设置和运用上基本相一致的。"矩形工具"和"椭圆工具"在绘制好后没有组合的情况下，可以通过"选择工具"对其边框进行变形，而"基本椭圆"和"基本矩形工具"则不具备这种特性，它们始终保持着基本形状不变。

（4）用"多角星形工具"绘图：单击工具箱中的"多角星形工具" ○，单击属性面板中的"工具设置"按钮，弹出"工具设置"对话框，如图 3-3-19 所示。

在"样式"下拉列表框中选择"多边形"或"星形"选项，设置图形样式；在"边数"文本框中输入多边形或星形图形的边数；在"星形顶点大小"文本框中输入星形图形顶点张角大小。在舞台工作区中拖动鼠标，即可绘制出一个多角星形或多边形图形。如果在拖动鼠标同时，按住【Shift】键，即可画出正多角星形或正多边形。

图 3-3-19　"工具设置"对话框

案例拓展

【案例拓展 9】足球

1. 案例效果

"足球"画面效果如图 3-3-20 所示。在一幅草地的背景图片上，摆放着一个足球，足球的光点在右上角，与图片的光线一致。

图 3-3-20　"足球"效果图

2. 设计步骤

（1）新建一个 Flash 文档，设置舞台工作区的宽度为 600 像素、高度为 450 像素，背景色为白色，单击"视图"→"网格"→"显示网格"命令，在舞台工作区内显示网格。

（2）新建一个图层 1，命名为"线框"。单击工具箱中的"多角星形工具" ◻，在"属性"面板里，设置笔触的颜色为黑色，高度为 2 像素，填充为无。单击"属性"面板中的"工具设置"按钮，在弹出的"工具设置"对话框中，设置"样式"为多边形，"边数"为 6 边。设置好"多角星形工具"的属性。

（3）在舞台工作区，按住鼠标左键拖拽出一个六边形，沿着网格摆放。然后，按住【Ctrl】键同时拖动六边形，在舞台工作区内拖拽出多个一样的六边形，摆放的效果如图 3-3-21 所示。

（4）单击工具箱中的"颜料桶工具" ◻，设置填充的颜色为黑色，间隔地在已绘制好的六边形内填充黑色，效果如图 3-3-22 所示。

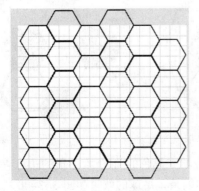

图 3-3-21　在舞台摆放的六边形

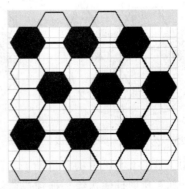

图 3-3-22　填充黑色的六边形

（5）新建一个图层 2，命名为"球体"。单击工具箱中的"椭圆工具" 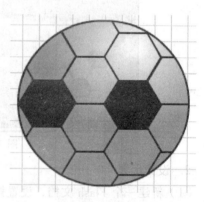，在"属性"面板里，设置笔触的颜色为黑色，高度为 2 像素，填充的样式为放射状，填充的颜色从左到右分别为白色（RGB 值为#FFFFFF，Alpha 为 96%）、白色（RGB 值为#FFFFFF，Alpha 为 100%）、浅灰色（RGB 值为#666666，Alpha 为 96%）。按住【Shift】键，在舞台工作区绘制一个正圆。利用工具箱中的"渐变变形工具" ，调整正圆上的亮点在右上角，颜色的设置和正圆的效果如图 3-3-23 所示。

（6）单击工具箱中的"橡皮擦工具" ，比照绘制好的球体大小，将"线框"图层中多余的线条和填充删除，效果如图 3-3-24 所示。

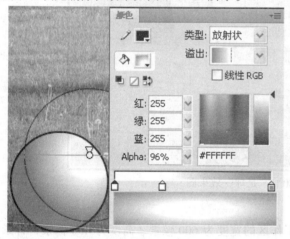

图 3-3-23　设置颜色和绘制的正圆

图 3-3-24　删除多余线条的球体

（7）单击工具箱中的"铅笔工具" ，在"属性"面板中设置笔触的颜色为黑色，高度为 2 像素，给六边形边缘添加线条，如图 3-3-25 所示。

（8）单击工具箱中的"颜料桶工具" ，设置填充的颜色为黑色，在需要填充颜色的六边形内填充黑色，效果如图 3-3-26 所示。

（9）单击工具箱中的"选择工具" ，将不需要填充的六边形边缘线条删除，效果如图 3-3-27 所示。

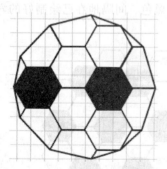 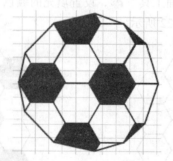 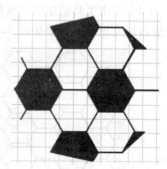

图 3-3-25　为六边形添加边缘线　图 3-3-26　为六边形添加填充色　图 3-3-27　删除六边形多余线条

（10）单击工具箱中的"选择工具" ，选中边缘填充黑色的 4 个六边形的边缘直线，用"选择工具"比照球体边缘，拖拽成曲线。删除多余的线条，足球的效果如图 3-3-20 所示。

（11）新建一个图层，命名为"背景"。单击"文件"→"导入"→"导入到舞台"命令，通过弹出的"导入"对话框，给舞台工作区导入背景图片（草地.bmp），利用"任意变形工具" 调整图片适合舞台工作区大小。

（12）将足球拖放到背景图片的右下角位置，效果如图 3-3-20 所示。

（13）单击"文件"→"保存"命令，在弹出的"另存为"对话框中将文件命名为"足球"，单击"保存"按钮。

【案例拓展 10】城市夜色

1. 案例效果

"城市夜色"画面效果如图 3-3-28 所示。在蓝色的背景下，远处黑色的楼房、黄色的灯光、天空中的星星和月亮，呈现出安静、祥和的气氛。

图 3-3-28　"城市夜色"效果图

2. 设计步骤

（1）新建一个 Flash 文档，设置舞台工作区的宽度为 550 像素、高度为 400 像素，背景色为蓝色。

（2）新建一个图形元件，命名为"楼房"。单击工具箱中的"矩形工具" □，在"属性"面板中，设置填充的颜色为黑色，在舞台工作区中拖动鼠标，绘制出一个黑色矩形。用同样的方法，在绘制好的黑色矩形上方绘制 16 个黄色的矩形，单击"修改"→"组合"命令，将黑色和黄色的矩形组合成一个整体，一栋亮着黄光的黑色楼房绘制好了。

（3）单击"场景 1"，退回到场景编辑区，选择图层 1 的第 1 帧，单击"窗口"→"库"命令，弹出"库"面板。将绘制好的楼房连续从库中拖放到图层 1 中，利用工具箱中的"任意变形工具" ，对绘制好的楼房进行大小缩放，并将其摆放成如图 3-3-28 所示的位置。

（4）单击工具箱中的"多角星形工具" ○，在"属性"面板里，设置笔触的颜色为无，填充色为白色。单击"属性"面板中的"工具设置"按钮，在弹出的"工具设置"对话框中，设置"样式"为星形，"边数"为 5。在舞台工作区上方拖拽出大小不一的星星，利用"选择工具" ▶ 将星星摆放到合适的位置。

（5）单击工具箱中的"椭圆工具" ⬭ ，在舞台右上角绘制一个正圆，用同样的方法，再绘制另一个正圆。利用工具箱中的"选择工具" ▶ ，将两圆相交后，除去右边的圆，则剩下一轮弯月。选中绘制好的弯月，单击"修改"→"形状"→"柔化填充边缘"，弹出"柔化填充边缘"对话框，设置距离为 20px，步骤数为 10，对弯月进行柔化，再将柔化后的弯月进行组合，效果如图 3-3-28 所示。

（6）单击"文件"→"保存"命令，在弹出的"另存为"对话框中将文件命名为"城市夜色"，单击"保存"按钮。

【案例拓展 11】浪漫贺卡

1. 案例效果

"浪漫贺卡"画面效果如图 3-3-29 所示。在黑色的背景上，心形的项链、朦胧的烛光、两颗碰撞的心，烘托出浪漫、温馨的氛围。

图 3-3-29 "浪漫贺卡"效果图

2. 设计步骤

（1）新建一个 Flash 文档，设置舞台工作区的宽度为 550 像素、高度为 400 像素，背景色为黑色。

（2）新建一个图层 1，命名为"项链"。按照案例 6 的方法，绘制一个心形项链。

（3）新建一个图形元件，命名为"心"。按照案例 6 的方法，在舞台中绘制一个心形边框。单击"窗口"→"颜色"命令，调出"颜色"面板，设置填充类型为线性，颜色为深红色（#AF057C）到浅红色（#E207C8）的渐变，给心形添加填充色，利用工具箱中的"渐变变形工具" ▦ ，调整心形底色效果，如图 3-3-30 所示。

（4）在"心"图形元件的编辑区，单击时间轴左下角的"插入图层"按钮，在图层 1 的上方增加图层 2，选择图层 2 的第 1 帧，复制心形边框，单击"窗口"→"颜色"命令，弹出"颜色"面板，设置填充类型为放射状，颜色为红色（#F91CEE，Alpha：100%）到白色（#F4F1CC，Alpha：78%）的渐变，给心形添加填充色，利用工具箱中的"渐变变形工具" ▦ ，调整心形中的渐变效果，如图 3-3-31 所示。

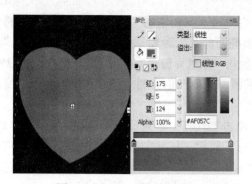

图 3-3-30 心形添加底色

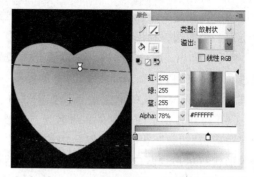

图 3-3-31 心形添加一层填充色

（5）在"心"图形元件的编辑区，单击时间轴左下角的"插入图层"按钮，在图层 2 的上方增加图层 3，选择图层 3 的第 1 帧，复制心形边框，利用"任意变形工具" ![icon]缩小心形边框，单击"窗口"→"颜色"命令，弹出"颜色"面板，设置填充类型为放射状，颜色为深红色（# FA3AF0，Alpha 为 100%）到浅红色（# F444C9，Alpha 为 62%）的渐变，给心形添加填充色，利用工具箱中的"渐变变形工具" ![icon]，调整心形的渐变效果，如图 3-3-32 所示。

（6）在"心"图形元件的编辑区，单击时间轴左下角的"插入图层"按钮，在图层 3 的上方增加图层 4，选择图层 4 的第 1 帧，复制心形边框，利用"任意变形工具" ![icon]缩小心形边框，单击"窗口"→"颜色"命令，弹出"颜色"面板，设置填充类型为线性，颜色为白色（#FFFFFF，Alpha 为 72%）到透明色（#FFFFFF，Alpha 为 0%）的渐变，给心形添加一层亮光，利用工具箱中的"渐变变形工具" ![icon]，调整心形中的渐变效果，如图 3-3-33 所示。这样，一个有水晶效果的心完成了，如图 3-3-34 所示。

（7）退回到场景 1，新建一个图层 2，命名为"心"。将"心"元件连续两次从库中拖放到图层里，利用"任意变形工具" ![icon]，对心元件进行调整，摆放成图 3-3-35 所示的位置。

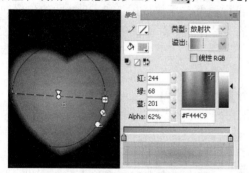

图 3-3-32 缩小心形填充效果

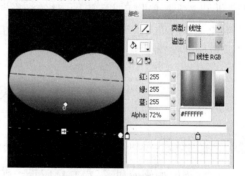

图 3-3-33 添加心形上部亮点

图 3-3-34 水晶心形效果图

图 3-3-35 水晶心形摆放效果图

（8）再新建一个图形元件，命名为"光影 1"。单击工具箱中的"椭圆工具" ⬭，在舞台中绘制一个椭圆，利用"任意变形工具" ⬚，调整椭圆的形状为扁平状，单击"窗口"→"颜色"命令，弹出"颜色"面板，设置填充类型为放射状，颜色为橙色（#FFFFFF，Alpha 为 72%）到透明色（#FFFFFF，Alpha 为 0%）的渐变，给椭圆添加填充色，利用工具箱中的"渐变变形工具" ⬛，调整椭圆的渐变效果，如图 3-3-36 所示。

（9）再新建一个图形元件，命名为"光影 2"。单击工具箱中多角星形工具 ⬠，设置"样式"为多边形，"边数"为 5。在舞台中绘制一个多边形，利用"任意变形工具" ⬚，调整好多边形的形状，单击"窗口"→"颜色"命令，弹出"颜色"面板，设置填充类型为纯色，颜色为浅黄色（#FFFF99，Alpha 为 20%），给多边形添加填充色，效果如图 3-3-37 所示。

（10）再新建一个图形元件，命名为"光影"。单击"窗口"→"库"命令，弹出"库"面板。将绘制好的光影 1 和光影 2 连续从库中拖放到舞台中，利用工具箱中的"任意变形工具" ⬚和"选择工具" ▶，将元件摆放成图 3-3-38 所示的形状。

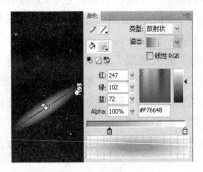
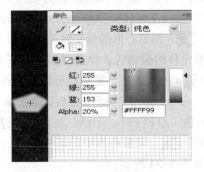

图 3-3-36　光影 1 的绘制　　　　　图 3-3-37　光影 2 的绘制　　　　图 3-3-38　烛光效果

（11）退回到场景，新建一个图层，命名为"烛光"。将"光影"元件连续多次拖放到图层里，利用"任意变形工具" ⬚，对"光影"元件进行调整，摆放成图 3-3-29 所示的位置。

（12）单击"文件"→"保存"命令，在弹出的"另存为"对话框中将文件命名为"浪漫贺卡"，单击"保存"按钮。

3.4　【案例8】忆江南

案例效果

"忆江南"的画面如图 3-4-1 所示。画面中有山、有水、有人家、有渔人，刻画出一幅美丽的江南景色。通过本节内容的学习，将基本掌握"钢笔工具"、"部分选取工具"、"滴管工具"、"墨水瓶工具"的使用方法。

设计步骤

（1）新建一个 Flash 文档，设置舞台工作区的宽度为 600 像素、高度为 500 像素，背景色为白色。

（2）新建一个图层，命名为"背景"。单击工具箱中的"矩形工具" ▭，在"属性"面板里，设置笔触为无，填充的类型为线性，填充的颜色从左到右为浅蓝色（RGB 值为#95D5FB）

到白色（RGB 值为#FFFFFF）的渐变。绘制一个与舞台工作区一样大小的没有轮廓线的矩形。利用"渐变变形工具" 调整背景色如图 3-4-1 所示。

图 3-4-1　"忆江南"效果图

（3）新建一个图形元件，命名为"渔船"。用"刷子工具" 绘制出渔船和渔翁。

（4）退回到场景，新建一个图层，命名为"渔船"。将"渔船"元件两次从库中拖出放到图层里，将其中的一个渔船元件的 Alpha 选项设置为 10%，并作为倒影反向放置在另一渔船元件的下方，利用"任意变形工具" 和"选择工具" ，对渔船元件进行调整。单击工具箱中的"橡皮擦工具" ，在背景层上擦出水纹，效果如图 3-4-2 所示。

（5）新建一个图层，命名为"山"。单击工具箱中的"铅笔工具" ，绘制出山的轮廓，利用"颜料桶工具" ，给山添加颜色，效果如图 3-4-3 所示。

图 3-4-2　绘制渔船和渔翁

图 3-4-3　绘制山的效果

（6）新建一个图层，命名为"草地"。单击工具箱中的"铅笔工具" ，绘制出草地的轮廓，调出"颜色"面板，设置填充的类型为线性，填充的颜色从左到右为绿色（RGB 值为#009900）、黄色（RGB 值为#FFFFBB）到白色（RGB 值为#FFFFFF）的渐变（见图 3-4-4），给草地填充颜色，效果如图 3-4-5 所示。

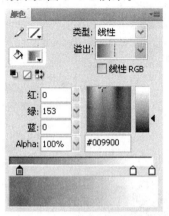

图 3-4-4　草地的颜色设置　　　　　　　　　图 3-4-5　填充颜色的草地效果

（7）新建一个图层，命名为"草"。用"刷子工具"📐在草地上绘制小草。新建一个图层，命名为"房屋"。用"刷子工具"📐在草地上绘制房屋。添加小草和房屋的效果如图 3-4-6 所示。

图 3-4-6　添加小草和房屋的效果

（8）新建一个图层，命名为"太阳"。单击工具箱中的"椭圆工具"⬭，弹出"颜色"面板，设置笔触为无，填充类型为放射状，填充的颜色从左到右为浅橘黄色（RGB 值为#FF6633，Alpha 为 85%）、橘黄色（RGB 值为#FF6633，Alpha 为 100%）、黄色（RGB 值为#FFFF00，Alpha 为 65%）到透明色（RGB 值为#FFFFFF，Alpha 为 0%）的渐变。在舞台左上角绘制一个太阳，效果如图 3-4-7 所示。

（9）新建一个图形元件，命名为"光晕"。单击工具箱中的"椭圆工具"⬭，调出颜色面板，设置笔触为无，填充类型为放射状，填充的颜色从左到右为黄色（RGB 值为#FDFD02，Alpha 为 100%）、浅黄色（RGB 值为#FFFF00，Alpha 为 97%）、淡黄色（RGB 值为#FFFF0C，Alpha 为 74%）、透明色（RGB 值为#FFFF54，Alpha 为 0%）到透明色（RGB 值为#FFFF99，Alpha 为 0%）的渐变。绘制一个光晕，填充效果如图 3-4-8 所示。

（10）退回到场景，新建一个图层，命名为"光晕"。将"光晕"元件从库中拖出放到图层，将颜色的 Alpha 选项设置为 90%，利用"任意变形工具"▨和"选择工具"▶，对太阳和光晕进行调整，效果如图 3-4-9 所示。

（11）新建一个图层，命名为"文字"。单击工具箱中的"文本工具"A，在"属性"面板中，设置文本的字体为楷体，字号为 23，颜色为蓝色，风格为加粗，在舞台工作区中输入文本"忆江南"，效果如图 3-4-1 所示。

（12）单击"文件"→"保存"命令，在弹出的"另存为"对话框中将文件命名为"忆江南"，单击"保存"按钮。

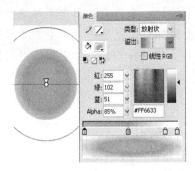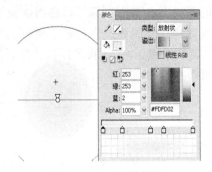

图 3-4-7　绘制一个太阳　　　图 3-4-8　绘制光晕　　　图 3-4-9　太阳效果

相关知识

1. 钢笔工具

"钢笔工具"在工具箱中的图标是 ，常用于绘制精确路径。

单击工具箱中的"钢笔工具"，在"属性"面板中可以设置钢笔所绘线条的形状、粗细、颜色等，"钢笔工具"的"属性"面板与"直线工具"的"属性"面板相同，设置线条属性的方法与"直线工具"相同，在这里不再重复介绍了。可以用"钢笔工具"绘制直线与曲线，方法简介如下：

（1）绘制直线，只要用"钢笔工具"在舞台工作区中单击直线的起点和终点即可。连续单击鼠标则可以产生一个连续的线段。例如，用"钢笔工具"绘制一个多边形，过程如图 3-4-10～图 3-4-13 所示。

图 3-4-10　画出直线　图 3-4-11　增加第二边　图 3-4-12　依次增加第三边　图 3-4-13　画出多边形

（2）绘制曲线，在舞台上拖动鼠标即可绘制曲线。用"钢笔工具"绘制曲线采用贝赛尔绘图方式，通常有两种绘图方法：

① 先绘曲线再定切线：在舞台工作区中，单击要绘制曲线的起点处，再单击下一个节点处的同时拖动鼠标，则在第二个节点处，会出现一条两端带有控制点的蓝色直线（蓝色直线是曲线的切线），拖动鼠标，通过改变切线的位置来确定曲线的形状，如图 3-4-14 所示。

② 先定切线再绘曲线：在舞台工作区中，单击要绘制曲线的起点处，拖动鼠标则在第一节点处产生一条蓝色直线，将蓝色切线移动到合适的方向，再用鼠标单击下一个节点处，则两节处会产生一条曲线，如图 3-4-15 所示。

如果曲线有多个节点，则依次单击下一个节点并拖到鼠标，在两节点间产生合适的曲线。

曲线绘制完后，双击即可结束曲线的绘制。

用"钢笔工具"绘制出来的线条和曲线，其长短、弧度都是由节点来决定的，可通过增加或减少锚点来控制路径的外形。Flash CS4 的工具箱中专门添加了对锚点进行操作的工具，如图 3-4-16 所示。绘制好一段线条或曲线后，单击工具箱中的"添加锚点工具"，将鼠标指针移到一段没有节点的弧线上，单击鼠标可以在当前位置上增加一个节点；单击工具箱中的"删除锚点工具"，将鼠标指针移到弧线上的某一点时，单击鼠标可以把当前位置上的节点删除；单击工具箱中的"转换锚点工具"，将鼠标指针移到弧线上的某一点时，单击鼠标可以把原来的弧线节点变为两条直线的连接点。

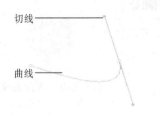

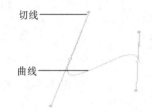

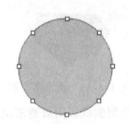

图 3-4-14　先绘曲线再定切线　　　图 3-4-15　先定切线再绘曲线　　　图 3-4-16　锚点工具

2.　部分选取工具

"部分选取工具"在工具箱中的图标是 ，可以改变矢量图形的形状。

"部分选取工具"可以直接对对象的节点进行操作，以获得所需要的图形。例如，绘制一个圆形后，单击工具箱中的"部分选取工具"，再单击圆的边缘线，这时圆的边缘线出现 8 个小方框，如图 3-4-17 所示。这些方框是矢量线的节点，用鼠标拖动节点会改变轮廓线的形状，如图 3-4-18 所示。

单击工具箱中的"部分选取工具"，用鼠标拖动出一个矩形框，将矢量图形全部围起来，松开鼠标左键后，会显示出矢量曲线的节点（切点）和节点的切线，如图 3-4-19 所示，用鼠标拖动节点或调整控制柄即可改变图形的形状，如图 3-4-20 所示。

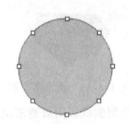

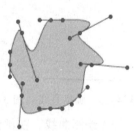

图 3-4-17　矢量线节点　　图 3-4-18　拖动节点　　图 3-4-19　节点和　　　　图 3-4-20　调节控
　　　　　　　　　　　　　　　　　　　　　　　　　　　　　　节点切线　　　　　　　　　　　制柄

3.　滴管工具

"滴管工具"在工具箱中的图标是 ，作用是吸取舞台工作区中已经绘制好线条、填充（包括打碎的位图、打碎的文字）和文字的属性，并可应用到其他的形状或线条中。

使用"滴管工具"的操作步骤如下：

（1）单击工具箱中的"滴管工具"，将鼠标指针移到要复制属性的对象之上。

（2）如果鼠标指针变成一个滴管加一支笔，则要复制属性的对象是线条；如果鼠标指针变成一个滴管加一个刷子，则要复制属性的对象是填充；如果鼠标指针变成一个滴管加一个字符 A，则要复制属性对象是文字。

（3）单击鼠标，即可将对象的属性赋给相应的面板，相应的工具也会被选中。

（4）将鼠标移到需要改变属性的对象上，单击一下，则新的属性将被应用到对象上。

4. 墨水瓶工具

"墨水瓶工具"在工具箱中的图标是 ，作用是改变已经绘制好的线条的颜色、线型等属性。使用"墨水瓶工具"操作步骤如下：

（1）单击工具箱中的"墨水瓶工具"，在"属性"面板中设置线的新属性。

（2）鼠标指针呈 状，将鼠标指针移到舞台工作区中的某条线上，单击即可用新设置的线条属性修改线条原有属性。

（3）如果用鼠标单击一个无轮廓线的填充，则会自动为该填充增加一条轮廓线。

5. 3D 工具

"3D 工具"在工具箱中分为"3D 旋转工具" 和"3D 平移工具" ，它是 Flash CS4 新增的工具，用于对对象进行 3D 变形效果的处理。值得注意的是，3D 工具仅对影片剪辑元件有效。

（1）"3D 平移工具"是对三维位置进行控制的一个工具，它可以在三维空间任意移动对象。在三维空间中，3 个轴向的色彩为红、绿、蓝，分别代表着 X 轴、Y 轴和 Z 轴。学习者只要沿坐标轴拖动鼠标就可以使对象在相应的三维方向上移动，效果如图 3-4-21 至图 3-4-23 所示。在 Z 轴上移动时，只要将鼠标指针放到中心点处，当光标出现 Z 字母时拖动鼠标就可以使对象在 Z 轴向上移动。

图 3-4-21　对象在 X 轴向上移动　　图 3-4-22　对象在 Y 轴向上移动　　图 3-4-23　对象在 Z 轴向上移动

（2）"3D 旋转工具"可以将对象在三维空间里进行任意旋转。在三维空间中，3 个轴向的色彩也是红、绿、蓝，分别代表着 X 轴、Y 轴和 Z 轴。沿坐标轴拖动鼠标就可以使对象在相应的三维方向上旋转，效果如图 3-4-24 至图 3-4-26 所示。另外，"3D 旋转工具"还有一个橙红的坐标代表可以在 3 个轴向上随意旋转对象，效果如图 3-4-27 所示。

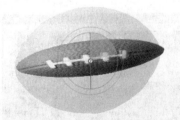  

图 3-4-24　对象在 X 轴向上旋转　　图 3-4-25　对象在 Y 轴向上旋转　　图 3-4-26　对象在 Z 轴向上旋转

3D 工具的变形效果除了通过轴向的控制外，也可以通过"属性"面板和"变形"面板来调整 3D 变形的参数。3D 旋转和中心点的控制在"变形"面板中设置，如图 3-4-28 所示。3D 坐标的设置、消失点和相机范围角度的设置整合到了属性面板上，如图 3-4-29 所示。

图 3-4-27　对象在 3 个轴向上旋转　　　　图 3-4-28　3D 旋转和中心点设置

图 3-4-29　3D 定位、消失点和透视角度的设置

消失点和透视角度这两个参数对整个场景内的所有元件以及嵌套的元件都产生影响。一个场景的消失点和相机范围角度是唯一的。可以通过设置消失点的位置，进行物体的透视运算；通过设置透视角度来控制物体的透视强调。

案例拓展

【案例拓展 12】枫叶

1. 案例效果

"枫叶"画面效果如图 3-4-30 所示。画面中，流水的旁边有枫树，枫树上长有形状各异的枫叶，石头上还有掉落的枫叶。

2. 设计步骤

（1）新建一个 Flash 文档，设置舞台工作区的宽度为 600 像素、高度为 450 像素，背景色为白色。

（2）新建一个图层，命名为"背景"。单击"文件"→"导入"→"导入到舞台"命令，通过弹出的"导入"对话框，给舞台工作区导入背景图片（枫叶.bmp），利用"任意变形工具" 调整图片，使其适合舞台工作区大小。

（3）新建一个图形元件，命名为"枫叶"。单击工具箱中的"钢笔工具" ，在舞台工作区绘制出一个枫叶的轮廓，效果如图 3-4-31 所示。调出"颜色"面板，设置填充的样式为放射状，填充的颜色从左到右为深红色（RGB 值为#FF0000）、浅红色（RGB 值为#FF5555）、红色（RGB 值为#FE1B1B）到白色（RGB 值为#FFFFFF）的渐变，给枫叶填充颜色，效果如图 3-4-32 所示。

图 3-4-30　"枫叶"效果图

（4）单击工具箱中的铅笔工具 ✎，给枫叶绘制茎秆，效果如图 3-4-33 所示。

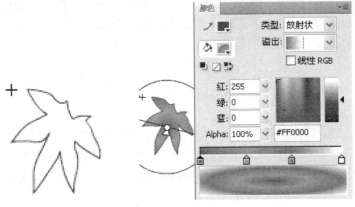

图 3-4-31　绘制枫叶轮廓　　　图 3-4-32　给枫叶填充颜色　　　图 3-4-33　枫叶效果图

（5）退回到场景，新建一个图层，命名为"枫叶"。将"枫叶"元件连续多次拖放到图层里，利用"任意变形工具" ⊹，对枫叶元件进行调整，摆放成图 3-4-30 所示的位置。

（6）单击"文件"→"保存"命令，在弹出的"另存为"对话框中命名为"枫叶"，单击"保存"按钮。

【案例拓展 13】小狗与足球

1. 案例效果

"小狗和足球"画面效果如图 3-4-34 所示。画面中，一幅草地的背景图片上摆放着一个足球，足球的前面有一只可爱的小狗。

图 3-4-34　"小狗与足球"效果图

2. 设计步骤

（1）新建一个 Flash 文档，设置舞台工作区的宽度为 600 像素、高度为 450 像素，背景色为白色。

（2）新建一个图层，命名为"小狗"。单击工具箱中的"椭圆工具" ，在舞台上画两个没有填充颜色的椭圆，这两个椭圆的组合就是头部的雏形，如图 3-4-35 所示。按住【Shift】键，依次选中两个椭圆内部两端弧线，按【Delete】键删除，如图 3-4-36 所示。

（3）在头部左端画一个黑色填充的椭圆，作为小狗的鼻子，如图 3-4-37 所示。

图 3-4-35　小狗头部雏形　　　图 3-4-36　小狗头部　　　图 3-4-37　绘制小狗鼻子

（4）单击工具箱中的"铅笔工具" ✎，给小狗画出弯弯的眼睛、鼻子上的胡子和头上两个耳朵，如图 3-4-38 所示。

（5）单击工具箱中的"椭圆工具" ◯，在舞台上画 5 个椭圆，这是小狗的躯干和脚，如图 3-4-39 所示。

   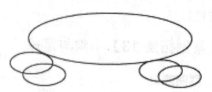

图 3-4-38　绘制小狗整个头部　　　　　图 3-4-39　绘制小狗躯干和脚

（6）单击工具箱中的"铅笔工具" ✎，画出小狗的脖子和摇动的尾巴，如图 3-4-40 所示，

（7）单击工具箱中的"颜料桶工具" ⬩，给小狗添加颜色，一只可爱的小狗绘制完成。单击"修改"→"组合"命令，将小狗组合成一个整体。利用"任意变形工具" ▧对绘制好的小狗进行大小缩放，并摆放到合适位置。

（8）新建两个图层，命名为"背景"和"足球"。按照案例 8 介绍的方法导入背景图片和绘制足球，最后的效果如图 3-4-34 所示。

图 3-4-40　整个小狗的绘制

（9）单击"文件"→"保存"命令，在弹出的"另存为"对话框中将文件命名为"小狗和足球"，单击"保存"按钮。

【案例拓展 14】立方体

1. 案例效果

"立方体"画面如图 3-4-41 所示。画面中，一个立方体由 6 幅图片组成，通过 3D 旋转和平移工具让这个立方体旋转起来。通过本节内容的学习，将进一步掌握元件的运用，基本掌握 3D 工具的运用。

图 3-4-41　"正方体"效果图

2. 设计步骤

（1）新建一个 Flash 文档，设置舞台工作区的宽度为 350 像素、高度为 300 像素，背景色为黑色。

（2）新建一个影片剪辑元件，命名为"图片 1"。在舞台中导入一幅图片，在"属性"面板里设置图片的大小为 200×200，效果如图 3-4-42 所示。

宽度：200.0　　高度：200.0

图 3-4-42　图片大小的设置

（3）同样的方法，建立"图片 2"、"图片 3"、"图片 4"、"图片 5"、"图片 6"5 个影片剪辑元件，图片大小设置都为 200×200 像素。

（4）再建立一个影片剪辑元件，命名为"立方体"。

（5）在图层 1 中，将"图片 1"影片剪辑元件拖动至舞台中，打开"属性"面板，设置其 3D 定位（x：0.0，y：0.0，z：-100.0），如图 3-4-43 所示。同时，设置元件的 Alpha 值为 49%，如图 3-4-44 所示。

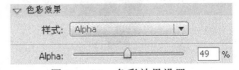

图 3-4-43　3D 定位设置　　　　　图 3-4-44　色彩效果设置

（6）新建一个图层，将"图片 2"影片剪辑元件拖动至舞台中，打开"属性"面板，设置其 3D 定位（x：0.0，y：0.0，z：100.0）。同时，设置元件的 Alpha 值为 49%。

（7）新建一个图层，将"图片 3"影片剪辑元件拖动至舞台中，打开"属性"面板，设置其 3D 定位（x：-100.0，y：0.0，z：0.0）。同时，设置元件的 Alpha 值为 49%。

（8）新建一个图层。将"图片 4"影片剪辑元件拖动至舞台中，打开"属性"面板，设置其 3D 定位（x：100.0，y：0.0，z：0.0）。同时，设置元件的 Alpha 值为 49%。

（9）新建一个图层。将"图片 5"影片剪辑元件拖动舞台中，打开"属性"面板，设置其 3D 定位（x：0.0，y：100.0，z：0.0）。同时，设置元件的 Alpha 值为 49%。

（10）新建一个图层。将"图片 6"影片剪辑元件拖动至舞台中，打开"属性"面板，设置其 3D 定位（x：0.0，y：-100.0，z：0.0）。同时，设置元件的 Alpha 值为 49%。

（11）退回到场景，将正方体元件拖到场景中。在第 40 帧插入帧，在时间轴上右击创建补间动画，在第 40 帧位置使用 3D 旋转工具将立方体绕 Y 轴（绿色线）旋转一定角度。

同样的方法，在第 80 帧位置用 3D 旋转工具绕 X 轴（红线）旋转一定角度。在第 120 帧的位置，用 3D 旋转工具将橙色圆圈拖动一定角度，让正方体在 X、Y、Z 三个方向同时旋转。在第 160 帧的位置，将正方体向反方向旋转一定角度。这样就将立方体的旋转方式定义好了，测试影片时就可以看到旋转的立方体。

（12）单击"文件"→"保存"命令，在弹出的"另存为"对话框中将文件命名为"立方体"，单击"保存"按钮。

小　　结

本章通过学习 5 个案例和 9 个进阶案例的制作，将进一步掌握 Flash CS4 的操作方法，同时熟练掌握运用工具箱、各类面板等绘制图形和编辑图形的操作方法。

课 后 实 训

1. 设置不同的线型（不同的形状、颜色和粗细），用"铅笔工具"绘制不同的线条。
2. 用"铅笔工具"写出自己的姓名。
3. 用"钢笔工具"绘制等边三角形、菱形、梯形、平行四边形和五角星。
4. 绘制一个无轮廓线的绿色立体彩球和一个红色立体彩球。在绘制时注意加强彩球的立体化效果。
5. 绘制"混色多边形"图形，如图 3-5-1 所示。
6. 绘制"奥运五环"图形，如图 3-5-2 所示。

图 3-5-1　"混色多边形"图形

图 3-5-2　"奥运五环"图形

7. 绘制"按钮"图形，如图 3-5-3 所示。
8. 绘制"台球和台球桌"图形，如图 3-5-4 所示。

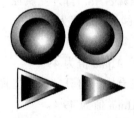

图 3-5-3　"按钮"图形

图 3-5-4　"台球和台球桌"图形

9. 绘制"翡翠项链"图形，如图 3-5-5 所示。

10. 绘制"阳伞"图形，如图 3-5-6 所示。

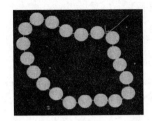

图 3-5-5　"翡翠项链"图形

图 3-5-6　"阳伞"图形

11. 绘制"彩珠文字"图形，如图 3-5-7 所示。

12. 绘制"金属文字"图形，如图 3-5-8 所示。

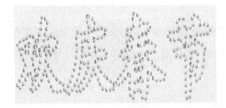

图 3-5-7　"彩珠文字"

图 3-5-8　"金属文字"图形

第 **4** 章

创建文本和导入外部对象

　　文字是动画中不可缺少的组成元素，它可以辅助影片表述内容，有时也可以起到一定的装饰作用。在 Flash CS4 中可以创建 3 种类型的文本对象，并且还可以通过"文本工具"属性面板调整文本对象，使其符合影片的需要。

　　在 Flash CS4 中，不仅可以导入其他应用程序创建的矢量图形和位图图像至 Flash 文档中，也可以导入视频、音频等媒体元素素材。通过对这些导入素材进行一定的编辑处理，使其更加符合影片的制作需要。

学习目标	☑ 掌握创建 Flash 文本和编辑 Flash 文本的方法
	☑ 掌握导入外部图像、声音和视频的方法及图像处理方法
	☑ 掌握编辑和加工处理外部媒体的方法

4.1　【案例 9】荧光文字

案例效果

　　"荧光文字"画面如图 4-1-1 所示。画面中，在黑色的背景上，带有黄色柔化轮廓线的红色荧光文字 Flash，文字四周有多个圆形光斑，衬托出梦幻效果。通过学习本节内容，可以基本掌握文本的创建和编辑方法。

设计步骤

　　（1）新建一个 Flash 文档，设置舞台工作区的宽度为 340 像素、高度为 140 像素，将背景色设置为黑色。

　　（2）新建图层 1，单击工具箱中的"文本工具" **T**，在"属性"面板中，设置文本的字体为 Garamond，文本的字号为 75，文本的颜色为红色，风格为加粗，设置完后，在舞台工作区中输入文本"FLASH"。利用工具箱中的"任意变形工具" 和"选择工具" ，调整文本的大小和位置到合适状态，如图 4-1-2 所示。

　　（3）选中文本，单击"修改"→"分离"命令，将

图 4-1-1　"荧光文字"效果图

单一的"FLASH"文本分解成 5 个字母，再次单击"修改"→"分离"命令，将单独的字母打碎。

（4）单击工具箱中的"墨水瓶工具" ，在"属性"面板中，设置笔触颜色为黄色，笔触高度为 1 像素，笔触的样式为线条形。单击文本笔画的边缘，给文本添加黄色的边缘线，效果如图 4-1-3 所示。

图 4-1-2　输入文本"FLASH"效果

图 4-1-3　文本边缘添加黄色线条

（5）单击工具箱中的"选择工具" ，按住【Shift】键的同时，单击每个字母笔画的边缘，选中文本边缘的所有线条。

（6）单击"修改"→"形状"→"将线条转换为填充"命令，将文本边缘的所有线条转换为填充物。单击"修改"→"形状"→"柔化填充边缘"命令，弹出"柔化填充边缘"对话框，设置如图 4-1-4 所示，对黄色线条填充物进行柔化。

（7）等柔化完成后，可以看到荧光文字的效果如图 4-1-5 所示。

图 4-1-4　"柔化填充边缘"对话框

图 4-1-5　荧光文字

（8）新建一个图层，命名为"光斑"。按照案例 10 中的介绍，绘制光斑。单击工具箱中的"任意变形工具" ，调整光斑的大小。按住【Ctrl】键，用鼠标拖拽光斑图形，复制多份。将复制的光斑图形移到荧光文字的四周，效果如图 4-1-1 所示。

（9）单击"文件"→"保存"命令，在弹出的"另存为"对话框中将文件命名为"荧光文字"，单击"保存"按钮。

相关知识

1. 文本属性的设置

文本的属性包括文字的字体、字号、颜色和风格等。设置文本的属性可以通过菜单命令或设置"属性"面板中的选项来完成。

（1）用菜单命令设置文本属性：单击菜单栏中的"文本"菜单，在下拉菜单中可以设置文本的属性，如图 4-1-6 所示。

（2）设置"属性"面板中的文本属性：单击工具箱中的"文本工具" ，弹出"文本工具"的"属性"面板，如图 4-1-7 所示。

图 4-1-6 "文本"菜单栏　　　　图 4-1-7 "文本工具"的属性面板

"字符"选项组属性设置：

- "文本类型"下拉列表框 静态文本 ▼ ：Flash 文本可以分为静态文本、动态文本和输入文本 3 种类型。默认状态下文本为静态文本，动态文本和输入文本的内容通过事件的激发来改变。
- "系列"下拉列表框 Times New Roman ▼ ：用来设置文本的字体。
- "样式"下拉列表框：可以设置 4 种文本样式，包括规则、粗体、斜体、粗体加斜体。
- "大小"输入框：用来设置文本字体的大小。
- "字母间距"输入框：可以设置字符间的距离。
- "颜色" ▉▼ ：可调出"样本"面板来设置文本的颜色。
- "消除锯齿"下拉列表框 可读性消除锯齿 ▼ ：软件给出了 5 种字体呈现方法，用来选择设备字体或各种消除锯齿的字体。消除锯齿可以对文本作平滑处理，使屏幕上显示的字符的边缘更平滑。对清晰呈现较小字体尤为有效。

"段落"选项组属性设置：

- "格式"按钮 ▤▤▤▤ ：用来设置文本的水平排列方式。
- "间距"输入框：可以设置段落缩进和行间距。
- "边距"输入框：可以设置段落左边距和右边距。
- "行为"下拉列表框：可以设置段落行类型。
- "方向"下拉列表框 ▣▼ ：可以设置 3 种多行文字的排列方式，包括"水平"、"垂直，从左向右"、"垂直，从右向左"。

2. 文本的输入

　　单击工具箱中的"文本工具" **T**，在舞台工作区可以输入文本。文本的输入方式有两种，一种是延伸文本，另一种是固定行宽文本。

　　在舞台工作区输入文本时会出现一个矩形框，矩形框右上角有一个小圆控制柄，表示它是延伸文本，随着文本的输入，矩形框会自动向右延伸，如图 4-1-8 所示。

创建固定行宽的文本时，用鼠标拖动文本框的小圆控制柄，即可改变文本的行宽度。也可以在使用工具箱中的"文本工具"  后，再在舞台工作区拖动出一个文本框，此时文本框的小圆控制柄变为方形控制柄，表示文本为固定行宽文本，如图 4-1-9 所示。

图 4-1-8　延伸文本　　　　　　　　　　　　图 4-1-9　固定行宽文本

3. 文本的编辑

（1）对于没有打碎的文本，可以通过工具箱中的"任意变形工具" [图标] 和"选择工具" [图标] ，对文本进行缩放、旋转、倾斜和移动等编辑操作。

（2）在 Flash 中输入的文本是一个对象，单击"修改"→"分离"命令，可以将它分解为相互独立的文本，如图 4-1-10 所示。如果再次单击"修改"→"分离"命令，则将文本进行了分离（也称打碎），打碎的文本上有一些小白点，如图 4-1-11 所示。

图 4-1-10　文本的分离

图 4-1-11　文本的打碎

（3）对于打碎的文本，可以过工具箱中的"任意变形工具" [图标] 、"选择工具" [图标] 、"套索工具" [图标] 等，对文本进行编辑操作。打碎的文本有时会出现连笔画现象，这时需要对文本进行修复。修复的方法有很多，可以使用工具箱中的"套索工具" [图标] 选中多余的部分，再按【Delete】键删除选中的部分，还可以使用"橡皮擦工具" [图标] 对多余的部分进行擦除。

4. 橡皮擦工具

单击工具箱中的"橡皮擦工具" [图标] ，工具箱中的选项栏会显示出两个按钮和一个下拉列表框。

（1）"橡皮擦模式"按钮 [图标] ：单击该按钮会弹出一个图标菜单，利用它可以设置擦除方式。

- "标准擦除"按钮 [图标] ：单击该按钮后，拖动鼠标在矢量图形、线条、分离的位图和文字上擦除，即可擦除鼠标指针拖动过的地方。
- "擦除填色"按钮 [图标] ：单击该按钮后，用鼠标在要擦除的图形上拖动，只可以擦除填充和打碎的文字。
- "擦除线条"按钮 [图标] ：单击该按钮后，用鼠标在要擦除的图形上拖动，只可以擦除线条、轮廓线和分离的文字。
- "擦除所选填充"按钮 [图标] ：单击该按钮后，用鼠标在要擦除的图形上拖动，只可以擦除已选中的填充和分离的文字，不包括选中的线条、轮廓线和图像。
- "内部擦除"按钮 [图标] ：单击该按钮后，用鼠标在要擦除的图形上拖动，只可以擦除填充。

（2）"水龙头"按钮 [图标] ：单击该按钮后，鼠标指针呈 [图标] 状。单击一个封闭的有填充的图形内部，即可将所有填充擦除。

（3）"橡皮擦形状"下拉列表框 ：单击右边箭头按钮，会弹出一个图标菜单，可以选择橡皮擦的形状和大小。

案例拓展

【案例拓展 15】环绕文字

1. 案例效果

"环绕文字"画面效果如图 4-1-12 所示。在画面黑色的背景上，"保护地球保护我们的家"环绕着蓝色的地球。

图 4-1-12　"环绕文字"的效果图

2. 设计步骤

（1）新建一个 Flash 文档，设置舞台工作区的宽度为 300 像素、高度为 300 像素，背景色为黑色。

（2）新建一个图层，命名为"文字"。单击工具箱中的"椭圆工具" ⬭，在舞台工作区中绘制一个黄色、线粗为 3 的没有填充色的正圆形轮廓图形。

（3）单击工具箱中的"文本工具" T，在"属性"面板中，设置文本的字体为楷体，文本的字号为 30，文本的颜色为红色，风格为加粗，然后在舞台工作区中输入文本"保"。

（4）单击"窗口"→"变形"命令，弹出"变形"面板，选中"旋转"单选按钮，在文本框内输入 36，单击 9 次"变形"面板右下角的 图标按钮，复制出 9 个不同旋转角度的"保"字，效果如图 4-1-13 所示。

（5）单击工具箱中的"文本工具" T，选中复制的"保"字，将它们分别改为其他的文字，效果如图 4-1-14 所示。

图 4-1-13　9 个不同旋转角度的"保"字

图 4-1-14　改变文本

（6）利用"选择工具" ▶ ，将文字摆放到圆环的四周，如图 4-1-15 所示，选中舞台中的所有文字和圆形轮廓线，单击"修改"→"组合"命令，将其组合成一个整体。

（7）利用工具箱中的"任意变形工具" ▓ 和"选择工具" ▶ ，调整图形的大小和位置到合适状态，效果如图 4-1-16 所示。

图 4-1-15 组合的文本和轮廓线

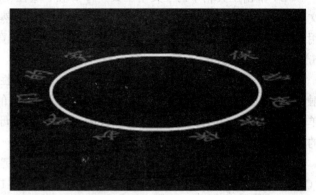

图 4-1-16 调整组合图形形状

（8）新建一个图层，命名为"地球"。将"地球"图层拖放到"文字"图层下方，这样文字将显示在图像的上方。

（9）选中组合好的文字和圆形轮廓线图形，单击"修改"→"分离"命令，将图形分解成独立的个体。单击工具箱中的"橡皮擦工具" ✐ ，选择"橡皮擦模式"为"擦除线条"，选择合适的橡皮擦形状，用橡皮擦将地球图像前面不要的黄线擦除，效果如图 4-1-12 所示。

（10）单击"文件"→"保存"命令，在弹出的"另存为"对话框中将文件命名为"环绕文字"，单击"保存"按钮。

【案例拓展 16】光照立体文字

1. 案例效果

"光照立体文字"画面效果如图 4-1-17 所示。在画面中，黑色的背景上，显示一个立体文字"CAR"，彩色的立体字的立体感很强，好像光线从左上角照射过来。

图 4-1-17 "光照立体文字"的效果图

2. 设计步骤

（1）新建一个 Flash 文档，设置舞台工作区的宽度为 400 像素、高度为 300 像素，背景色为白色，单击"视图"→"网格"→"显示网格"命令，给舞台工作区添加网格。

（2）单击工具箱中的"文本工具" **T**，在"属性"面板中，设置文本的字体为 Arial Black，文本的字号为 50，文本的颜色为黑色，风格为加粗。然后，在舞台工作区中输入字母"C"，利用工具箱中的"任意变形工具" 对字母的大小和长宽进行调整，效果如图 4-1-18 所示。单击"修改"→"分离"命令，将字母打碎。

（3）单击工具箱中的"墨水瓶工具" ，在"属性"面板中，设置笔触的颜色为黑色，笔触的高度为 3，笔触的样式为实线型。单击字母"C"的边缘，给字母"C"添加外框轮廓线。单击字母"C"的内部填充色，按【Delete】键，将字母"C"的填充色删除，只保留字母"C"的轮廓线，效果如图 4-1-19 所示。

（4）选中字母"C"的外框轮廓线，按住【Ctrl】键，用鼠标拖动字母"C"，复制一个字母"C"，将两个字母"C"按一定形状重叠，效果如图 4-1-20 所示。

图 4-1-18　字母"C"　　　图 4-1-19　字母"C"外框线　　　图 4-1-20　重叠的字母"C"外框线

（5）单击工具箱中的"选择工具" ，选中没有用的线条，按【Delete】键删除，效果如图 4-1-21 所示。

（6）单击工具箱中的"线条工具" ，在"属性"面板中，设置笔触的颜色为黑色，笔触的高度为 3，笔触的样式为实线型。在图 4-1-21 基础之上，添加几根线，构成字母"C"立体轮廓线，效果如图 4-1-22 所示。

（7）单击工具箱中的"墨水瓶工具" ，在"属性"面板中，设置笔触的颜色为浅灰色，笔触的高度为 1，笔触的样式为实线型。再单击字母"C"边缘，改变字母"C"的外框轮廓线。

（8）单击工具箱中的"颜料桶工具" ，打开"混色器"面板，设置笔触的颜色为无，填充的样式为线性，填充的颜色从左到右分别为白色（RGB 值为#FFFFFF）、红色（RGB 值为#FF0000），给字母"C"各个面填充颜色。

（9）单击工具箱中的"填充变形工具" ，通过控制柄调整字母"C"各个面的填充色，造成左上角亮，右下角暗的效果，遮挡的部分颜色最深，好像灯光从左上方照射过来，效果如图 4-1-23 所示。

图 4-1-21　删除没用的线条　　　图 4-1-22　字母"C"轮廓线　　　图 4-1-23　字母"C"立体效果图

（10）按照字母"C"的设置，在舞台工作区中输入字母"A"，利用工具箱中的"任意变形工具"对字母的大小和长宽进行调整，效果如图 4-1-24 所示。

（11）将字母"A"打碎，给字母"A"添加外框轮廓线，删除字母"A"的填充色，字母"A"的外框轮廓线如图 4-1-25 所示。

（12）复制一份字母"A"，将两个字母"A"按一定形状重叠，效果如图 4-1-26 所示。删除没有用的线条，效果如图 4-1-27 所示。

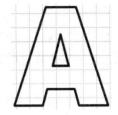

图 4-1-24　字母"A"　　　图 4-1-25　字母"A"外框线　　　图 4-1-26　重叠字母"A"

（13）添加几根线，构成字母"A"的立体轮廓线，效果如图 4-1-28 所示。

（14）给字母"A"的各面和线条填充合适的颜色，通过"填充变形工具"调整字母"A"的效果，如图 4-1-29 所示。

（15）在舞台工作区中输入字母"R"，利用工具箱中的"任意变形工具"对字母的大小和长宽进行调整，效果如图 4-1-30 所示。

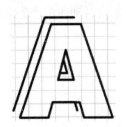

图 4-1-27　删除没用的线条　　　图 4-1-28　字母"A"轮廓线　　　图 4-1-29　立体"A"效果图

（16）将字母"R"打碎，给字母"R"添加外框轮廓线，删除字母"R"的填充色，字母"R"的外框轮廓线如图 4-1-31 所示。

（17）复制一个字母"R"，将两个字母"R"按一定形状重叠，效果如图 4-1-32 所示。删除没有用的线条，效果如图 4-1-33 所示。

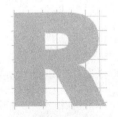

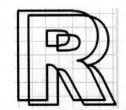

图 4-1-30　字母"R"　　　图 4-1-31　字母"R"外框轮廓线　　　图 4-1-32　重叠字母"R"

（18）添加几根线，构成字母"R"立体轮廓线，效果如图 4-1-34 所示。

（19）给字母 "R" 的各面和线条填充合适的颜色，通过 "填充变形工具" ![icon]调整字母 "R" 的效果，如图 4-1-35 所示。

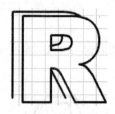　　　　

图 4-1-33　删除没用的线条　　　图 4-1-34　字母 "R" 轮廓线　　　图 4-1-35　立体 "R" 效果图

（20）将舞台的背景色设置为黑色，通过 "任意变形工具" ![icon]对 3 个字母进行调整，最终的效果如图 4-1-17 所示。

（21）单击 "文件" → "保存" 命令，在弹出的 "另存为" 对话框中将文件命名为 "光照立体文字"，单击 "保存" 按钮。

4.2　【案例 10】灯光下的模特

案例效果

"灯光下的模特" 画面效果如图 4-2-1 所示。在画面中，紫色背景图像上方有一盏台灯，白色的灯光笼罩着一个人物模特。通过学习本节内容，可掌握导入外部素材和使用 "套索工具" 的方法，掌握位图属性设置和分离位图的方法。

图 4-2-1　"灯光下的人物" 效果图

设计步骤

（1）新建一个 Flash 文档，设置舞台工作区的大小为 350×500 像素，背景色设置为紫色。

（2）新建一个图层，命名为 "人物"。单击 "文件" → "导入" → "导入到舞台" 命令，通过弹出的"导入"对话框，给舞台工作区输入人物图片（人物.jpg）。

（3）选中"人物"图片，单击"修改"→"分离"命令，将图片打碎。

（4）单击工具箱中的"套索工具" 🔍，选择工具箱下方选项栏中的"魔术棒按钮" 🪄，用鼠标在人物模特四周的背景处单击，选中背景图像，按【Delete】键，删除选中的背景。然后，用"魔术棒工具"删除其他的背景图像。

（5）单击工具箱中的"橡皮擦工具" ✐，擦除人物图像四周多余的背景图像。单击工具箱中的"选择工具" ▶，选中裁剪出来的人物图像，单击"修改"→"组合"命令，将人物图像组合，效果如图 4-2-2 所示。

（6）在"人物"图层的上方添加一个"台灯"图层，通过"魔术棒工具" 🪄，用同样的方法将台灯图像的背景和多余的灯座部分删除。单击"修改"→"组合"命令，将台灯图像组合起来。

（7）利用工具箱中的"任意变形工具" ▦ 和"选择工具" ▶，调整人物图像和台灯图像的大小和位置，在舞台上摆放到合适的位置，效果如图 4-2-3 所示。

图 4-2-2　删除背景的人物图像　　　　图 4-2-3　添加台灯的人物图像

（8）在"台灯"图层的下方添加一个"灯光"图层。单击工具箱中的"矩形工具" ▢，打开"混色器"面板，设置笔触的颜色为无，填充的样式为线性，填充的颜色从左到右分别为无色（Alpha 为 0%）、白色（RGB 值为#FFFFFF），在台灯下方拖拽出一个矩形框。

（9）利用工具箱中的"选择工具" ▶，拖拽矩形两边的线条，将矩形拖拽成梯形。

（10）单击工具箱中的"填充变形工具" ▤，通过控制柄调整梯形的填充色，使梯形上方的填充色较深，下方的填充色较浅，模拟灯光的光线效果，最终效果如图 4-2-1 所示。

（11）单击"文件"→"保存"命令，在弹出的"另存为"对话框中将文件命名为"灯光下的模特"，单击"保存"按钮。

相关知识

1. 导入外部素材

Flash CS4 可以导入的文件类型有矢量图形、位图像、视频和声音素材等，主要的格式如图 4-2-4 所示。Flash CS4 可以导入外部素材的方式有两种：

（1）利用"导入"对话框导入外部素材：单击"文件"→"导入"→"导入到舞台"命

令，弹出"导入"对话框，如图 4-2-5 所示。通过"查找范围"下拉列表框，可以找到要导入的外部素材，选择文件类型、文件夹和文件，单击"打开"按钮，即可导入选定的外部素材。

图 4-2-4 文件类型   图 4-2-5 "导入"对话框

如果选择的文件名是以数字序号结尾的，则会弹出"Flash CS4"提示框，询问是否将同一个文件夹中的一系列文件全部导入。单击"否"按钮，则只将选定的文本导入，单击"是"按钮，即可将一系列文件全部导入到"库"面板中。

（2）利用剪贴板导入外部素材：首先，在其他应用软件中，使用"复制"或"剪切"命令，将图形等外部素材复制到剪贴板中。然后，在 Flash CS4 中，单击"编辑"→"粘贴到中心位置"命令，将剪贴板中的内容粘贴到"库"面板与舞台工作区的中心。单击"编辑"→"粘贴到当前位置"命令，将剪贴板中的内容粘贴到舞台工作区中该图像的当前位置。

单击"编辑"→"选择性粘贴"命令，弹出"选择性粘贴"对话框，如图 4-2-6 所示。在"作为"列表框内，单击选中一个软件名称，单击"确定"按钮，即可将选定的内容粘贴到舞台工作区。同时建立了导入对象与选定软件之间的链接。

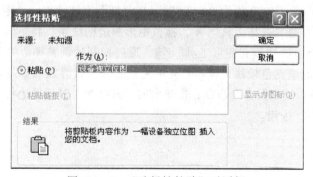

图 4-2-6 "选择性粘贴"对话框

（3）单击"文件"→"导入"→"导入到库"命令，弹出"导入到库"对话框，它与"导入"对话框基本一样。利用该对话框，可以将外部素材导入到"库"面板中，但不导入到舞台工作区中。

2. 位图的属性设置

按照上面介绍的方法，导入一些外部素材后，"库"面板中会加载导入的外部素材，如图 4-2-7 所示。

双击"库"面板中导入图像的图标，弹出该图像的"位图属性"对话框，如图 4-2-8 所示。利用该对话框可以对位图属性进行设置。

图 4-2-7　导入外部素材的"库"面板

图 4-2-8　"位图属性"对话框

① "允许平滑"复选框：选中该复选框，可以消除位图边界的锯齿。

② "压缩"下拉列表框：两个选项分别是"照片（JPEG）"和"无损（PNG/GIF）"，选择不同的选项，则位图按照不同的方式压缩。

③ "品质"单选按钮组：选中"使用发布设置"单选按钮，表示使用文件默认的质量。如果选中"自定义"单选按钮，则在该文本框中输入 1～100 的数值，数值越小，图像的质量越高，单文件的字节数也越大。

④ "更新"按钮：单击该按钮，将按照位图设置更新当前的图像文件属性。

⑤ "导入"按钮：单击该按钮，弹出"导入位图"对话框，利用该对话框可更换图像文件。

⑥ "测试"按钮：单击该按钮，可以按照新的属性设置，在对话框的下半部显示一些有关压缩比例、容量大小等测试信息，在左上角显示重新设置属性后的部分图像。

3. 位图基本操作

（1）打碎位图：选中一个位图，单击"修改"→"分离"命令，将位图打碎。打碎的位图可以进行编辑修改操作。

（2）交换位图：选中一个位图，单击"修改"→"位图"→"交换位图"命令，弹出"交换位图"对话框，如图 4-2-9 所示，在对话框中选择另外一幅位图更换现有的位图。

（3）位图的矢量化：选中一个位图，单击"修改"→"位图"→"转换位图为矢量图"命令，弹出"转换位图为矢量图"对话框，如图 4-2-10 所示，利用该对话框可以对位图转换矢量图的操作进行设置。

① "颜色阈值"文本框：用来输入区分颜色的阈值。阈值可以是 1～500 之间的一个整数，阈值越小，转换速度越慢，转换后的颜色丢失少，与原位图图像差别较小。

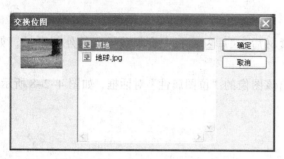

图 4-2-9　"交换位图"对话框　　　　图 4-2-10　"转换位图为矢量图"对话框

② "最小区域"文本框：用来输入最小区域的像素数，数值越小，转换后的矢量图形越精确，与原位图越接近，但转换的速度较慢。

③ "曲线拟合"下拉列表框：有"像素"、"非常紧密"、"紧密"、"一般"、"平滑"、"非常平滑" 6 个选项来选择曲线适配方式。不同的选项决定了转换中对色块的敏感程度，以确定转换时曲线的处理方式。

④ "角阈值"下拉列表框：有"较多转角"、"正常"、"较少转角" 3 个选项，选择不同的选项，决定转换时如何识别图像中的尖角。

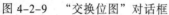 案例拓展

【案例拓展 17】汽车宣传画

1. 案例效果

"汽车宣传画"画面效果如图 4-2-11 所示。在画面中，绿色的背景上立体文字 "CAR" 竖排立于左侧，彩色立体字的立体感很强，右侧是一幅有倒影的汽车图片。

图 4-2-11　"汽车宣传画"的效果图

2. 设计步骤

（1）新建一个 Flash 文档，设置舞台工作区的宽度为 700 像素、高度为 400 像素，背景色为浅绿色。

（2）新建一个图层，命名为"文字"。按照案例"光照立体文字"的介绍，制作出立体文字 "CAR"，通过"任意变形工具" 将文字竖排于左侧。

（3）新建一个图层，命名为"汽车"。单击"文件"→"导入"→"导入到舞台"命令，导入一幅汽车图像。

（4）选中"汽车"图片，单击"修改"→"分离"命令，将图片打碎。单击工具箱中的"套索工具" ⌀，在汽车图像上沿汽车轮廓拖动鼠标，选取汽车本身。

（5）单击工具箱中的"选择工具" ▶，选中汽车图像，将汽车拖拽出画面。然后，选中剩余的背景画面，按【Delete】键将剩余的画面删除。单击"修改"→"组合"命令，将汽车组合成一个整体，效果如图 4-2-12 所示。

图 4-2-12　除去背景的汽车图像

（6）选中舞台中的汽车图像，单击"修改"→"转换为元件"命令，在弹出的"转换为元件"对话框中，设置类型为图形元件。

（7）单击"窗口"→"库"命令，在弹出的"库"面板中找到汽车图形元件，将元件拖到舞台工作区。利用工具箱中的"任意变形工具" ▦将汽车元件旋转 180°，再利用"选择工具" ▶ 将旋转的汽车元件摆放到汽车图像的正下方。

（8）选中汽车元件，在"属性"面板中，选择"颜色"下拉列表框中的"Alpha"选项，调整汽车元件的透明度为"29%"。最后案例的效果如图 4-2-11 所示。

（9）单击"文件"→"保存"命令，在弹出的"另存为"对话框中命名为"汽车宣传画"，单击"保存"按钮。

【案例拓展 18】卡通文字

1. 案例效果

"卡通文字"画面效果如图 4-2-13 所示。在棕色的背景上，文字"卡通文字"的字体发生了改变，有一些卡通画处于文字上。

2. 设计步骤

（1）新建一个 Flash 文档，设置舞台工作区的宽度为 700 像素、高度为 400 像素，背景色为棕色。

（2）新建一个图层，命名为"文字"。输入字体为楷体、字号为 96、颜色为黑色的"卡通文字" 4 个字。通过"任意变形工具" ▦将文字调整到合适的状态。

（3）单击"修改"→"分离"命令，将文字打碎。单击工具箱中的"选择工具" ▶，用鼠标拖拽文字笔画的边缘处，对"卡通文字"进行变形，并利用"橡皮擦工具" ⬭擦除文字的笔画，发挥想象力，创造出形状各异的"卡通文字"，效果如图 4-2-14 所示。

图 4-2-13 "卡通文字"的效果图

图 4-2-14 变形的"卡通文字"

（4）新建一个图层，命名为"图片"。单击"文件"→"导入"→"导入到舞台"命令，导入一幅卡通图像。单击"修改"→"分离"命令，将图片打碎。

（5）单击工具箱中的"套索工具" ，利用"选项"栏中的"魔术棒工具" 和"橡皮擦工具" ，将卡通图片的背景删除。单击"修改"→"组合"命令，将卡通图片组合成一个整体。

（6）依次将要用到的卡通图片除去背景，利用工具箱中的"任意变形工具" 和"选择工具" ，把处理好的卡通图片摆放到合适的位置，效果如图 4-2-13 所示。

（7）单击"文件"→"保存"命令，在弹出的"另存为"对话框中将文件命名为"卡通文字"，单击"保存"按钮。

4.3 【案例 11】宝宝视频

案例效果

"宝宝视频"动画播放后的画面如图 4-3-1 所示。在画面中的一幅花朵背景图像上面有一个视频演播框窗口，窗口内正循环播放一个宝宝视频。通过学习本节内容，将进一步掌握导入外部对象的方法，熟练掌握导入音频和视频的操作过程。

图 4-3-1 "宝宝视频"效果图

设计步骤

（1）新建一个 Flash 文档，设置舞台工作区的宽度为 400 像素、高度为 350 像素（可根据视频演播框的大小自己设置舞台工作区的大小）。

（2）在新建图层 1 内，单击"文件"→"导入"→"导入到舞台"命令，弹出"导入"对话框，通过该对话框导入一幅花朵背景图像（背景.jpg）。利用工具箱中的"任意变形工具"，调整图像的大小与舞台工作区的大小一致，并将舞台工作区完全覆盖。

（3）在新建图层 2 内，单击"文件"→"导入"→"导入到舞台"命令，弹出"导入"对话框，通过该对话框导入视频演播框图像（边框.jpg）。

（4）将视频演播框图像分离，单击工具箱中的"套索工具"，在选项栏中单击"魔术棒设置"按钮，将魔术棒的阈值设置为 10，利用选项栏中的"魔术棒"按钮在演播框图像的白色背景处单击，按【Delete】键删除图像中的白色背景。利用工具箱中的"任意变形工具"和"选择工具"，调整图像的大小和位置到合适状态，并在背景图片上方输入"宝宝视频"文本，设置好文本的大小、位置、颜色等，效果如图 4-3-2 所示。

图 4-3-2　设置视频界面

（5）在新建图层 3 内，单击"文件"→"导入"→"导入到舞台"命令，弹出"导入"对话框，通过该对话框导入一段视频对象。导入完成后将弹出"选择视频"对话框，如图 4-3-3 所示。可以通过对话框中的"浏览"按钮，更换视频对象。

在对话框的下方有一个"启动 Adobe Media Encoder"按钮，单击此按钮将进入 Adobe Media Encoder 编辑器中，可以对导入的视频进行详细的编辑和转换。但前提是必须先安装相应的 Adobe Media Encoder 软件。

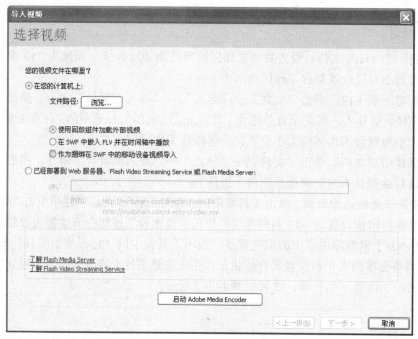

图 4-3-3 "选择视频"对话框

（6）单击"下一步"按钮，弹出"外观"对话框。此对话框用来选择视频的外观，其中给出了几十种外观样式，用户还可以自己定义相应的播放控件的外观，如图 4-3-4 所示。

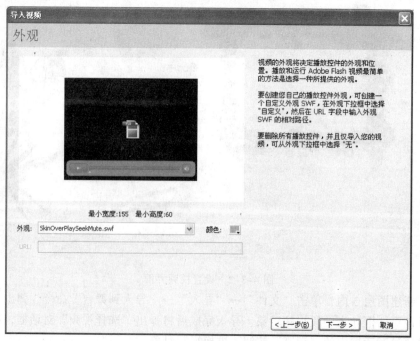

图 4-3-4 "外观"对话框

（7）单击"下一步"按钮，弹出"完成视频导入"对话框，该对话框给出导入视频的设置信息，如图 4-3-5 所示。

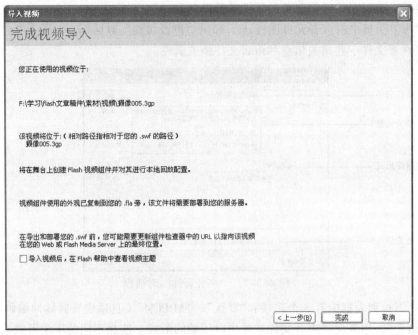

图 4-3-5　"完成视频导入"对话框

（8）单击"完成"按钮，将对选择的视频进行编码，导入到舞台工作区中。在导入过程中，会显示一个"Flash 视频编码进度"提示框，其中显示编码设置情况和编码进度，如图 4-3-6 所示。

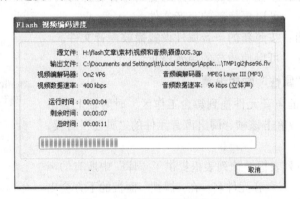

图 4-3-6　视频编码进度条

（9）使用工具箱中的"任意变形工具" 和"选择工具" ，调整视频图像的大小和位置到合适状态，如图 4-3-1 所示。

（10）查看导入的视频对象在时间轴上占了多少帧，将其他的图层都设置到相应的帧上。

（11）单击"文件"→"保存"命令，在弹出的"另存为"对话框中将文件命名为"宝宝视频"，单击"保存"按钮。

相关知识

1. 声音属性的设置

给 Flash 动画添加声音效果，会使动画更加形象、生动。在一个 Flash 动画"库"中导入一

段音频对象后，可以对该音频对象的属性进行设置。

双击"库"面板中的声音元件图标，弹出"声音属性"对话框，如图 4-3-7 所示。该对话框给出了声音文件一些相关信息和声音文件相关属性。

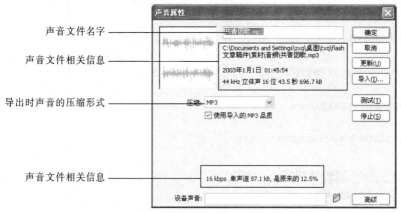

声音文件名字 ————

声音文件相关信息 ————

导出时声音的压缩形式 ————

声音文件相关信息 ————

图 4-3-7 "声音属性"对话框

"压缩"下拉列表框中有 5 个选项："默认"、"ADPCM"（自适应音频脉冲编码）、"MP3"、"原始"、"语音"，用来设置声音文件在导出时压缩的形式。选择不同的压缩形式，对话框将会增加不同的选项进行设置。

"声音属性"对话框右侧 4 个按钮的作用如下：

（1）"更新"按钮：按照不同的压缩形式更新声音文件的属性。

（2）"导入"按钮：可以更换新的声音文件。

（3）"测试"按钮：按照新的声音属性设置播放声音文件。

（4）"停止"按钮：可以使播放的声音停止。

2. 声音元件的"属性"面板设置

把"库"面板中的声音元件拖到舞台工作区，时间轴上会出现代表声音波形的帧，单击该帧，调出声音元件的"属性"面板，如图 4-3-8 所示。。

（1）"名称"下拉列表框：该列表框提供了"库"中所有的声音元件的名字。选择一个声音元件名，在"属性"面板的下方会出现该声音元件的采样频率、声道数、播放时间和比特位数等信息。

（2）"效果"下拉列表框：该列表框提供了 8 种播放声音的效果选项，包括无、左声道、右声道、从左到右淡出、从右到左淡

图 4-3-8 "属性"面板

出、淡入、淡出和自定义。选择"自定义"选项，会弹出"编辑封套"对话框，如图 4-3-9 所示。通过该对话框可以对声音进行自定义编辑。

（3）"同步"下拉列表框：该列表框提供 4 种声音同步方式。

① "事件"方式：设置声音与某一事件发生过程同步，声音文件将从其起始关键帧位置开始播放，播放不受时间轴的限制，直到声音播放结束。如果在"属性"面板中设置了"循环"的次数，声音将按照循环的次数播放。如果声音在播放过程中，再次被播放，则第一个声音继续播放，另一个声音同时开始播放。

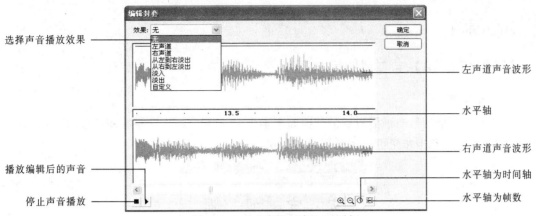

选择声音播放效果

左声道声音波形

水平轴

右声道声音波形

播放编辑后的声音

停止声音播放

水平轴为时间轴

水平轴为帧数

图 4-3-9　"编辑封套"对话框

② "开始"方式：开始方式的功能与事件方式相似，但如果声音在播放过程中再次被播放时，则第一个声音继续播放，而另一个声音不会播放。

③ "停止"方式：用于停止声音的播放。

④ "数据流"方式：在此方式下，Flash 强制动画与音频流同步，即动画开始播放时，声音也随之播放，当动画停止时，声音也随之停止。

3．视频属性的设置

双击"库"面板中视频元件的图标 ，弹出"视频属性"对话框，如图 4-3-10 所示。利用该对话框可以对视频元件进行相关设置。

（1）"导入"按钮：可以导入 FLV 格式的 Flash 视频文件。

（2）"更新"按钮：单击此按钮，弹出"Flash 视频编码设置"对话框，如图 4-3-11 所示。利用该对话框可以对视频元件重新设置编码。

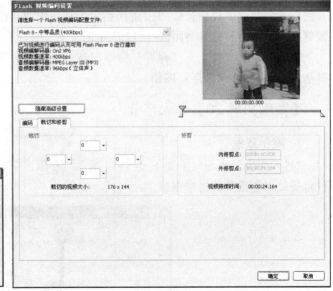

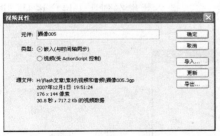

图 4-3-10　"视频属性"对话框　　　　图 4-3-11　"Flash 视频编码设置"对话框

（3）"导出"按钮：可以将"库"面板中的视频导出为 FLV 格式的 Flash 视频文件。

案例拓展

【案例拓展 19】宝宝视频播放器

1．案例效果

"宝宝视频播放器"动画播放后的画面如图 4-3-12 所示。在宝宝视频演播框的下方增加了播放的控制按钮，单击按钮可以控制视频的播放。

图 4-3-12　"宝宝视频播放器"效果图

2．设计步骤

（1）打开"宝宝视频"案例。

（2）新建一个图层，命名为"矩形框"。在舞台上画两个大小不一的矩形框，并将大矩形框的填充色设置为灰色，小矩形框设置为黑色。将小矩形框的上边缘通过"选择工具" 拉成斜线。

（3）新建一个图层，命名为"按钮键"。单击"窗口"→"公共库"→"按钮"命令，在打开的按钮公共库中找到合适的按钮，利用工具箱中的"任意变形工具" 和"选择工具" ，调整按钮的大小和位置到图 4-3-12 所示的合适位置。

（4）单击"文件"→"保存"命令，在弹出的"另存为"对话框中将文件命名为"宝宝视频播放器"，单击"保存"按钮。

【案例拓展 20】导入声音

1．案例效果

"导入声音"画面效果如图 4-3-13 所示。在画面中，当一辆公共汽车到达人民广场时，课件将播放出售票员的报站声音。

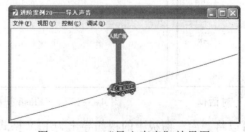

图 4-3-13　"导入声音"效果图

2. 设计步骤

（1）新建一个 Flash 文档，设置舞台工作区的宽度为 500 像素、高度为 200 像素，背景色为淡黄色。

（2）新建一个图层，命名为"站台"。单击工具箱中的"椭圆工具" ⬭、"多角星形工具" ⬠、"线条工具" ✏，在舞台中画出站台图形。单击工具箱中的"颜料桶工具" 🪣，给站台添加颜色。利用"文本工具" 🅣 给站台添加文字，效果如图 4-3-13 所示。

（3）新建一个图层，命名为"汽车"。给图层导入一幅汽车图片，利用"任意变形工具" ▦ 和"选择工具" ▸，调整汽车的大小和位置到合适位置。

（4）单击"文件"→"导入"→"导入到库"，将声音文件导入到库中。再打开"库"面板，将声音拖到舞台，即可给课件添加声音。

（5）单击"文件"→"保存"命令，在弹出的"另存为"对话框中将文件命名为"导入声音"，单击"保存"按钮。

小　结

本章通过学习 3 个案例和 6 个进阶案例的制作方法，使读者进一步掌握 Flash CS4 的操作方法，同时熟练掌握创建和编辑 Flash 文本的方法、编辑和加工处理外部媒体的方法。

课 后 实 训

1. 绘制"情人节贺卡"图形，如图 4-4-1 所示。
2. 绘制"立体文字"图形，如图 4-4-2 所示。

图 4-4-1　"情人节贺卡"图形

图 4-4-2　"立体文字"图形

3. 绘制"变形文字"图形，如图 4-4-3 所示。
4. 绘制"立体发光文字"图形，如图 4-4-4 所示。
5. 绘制"阴影文字"图形，如图 4-4-5 所示。

图 4-4-3　"变形文字"图形

图 4-4-4　立体发光文字

图 4-4-5　"阴影文字"图形

第 5 章

Flash CS4 动画制作

在前面章节的学习中，大家已经认识了 Flash CS4 的工作环境，熟悉了它的基础应用，现在进入动画制作的学习阶段，通过本章的学习及一系列进阶实例的制作，理解并掌握 Flash 动画制作的方法和技巧，同时熟悉相关工具的使用及相关属性的设置，为今后进行更为复杂的 Flash 动画设计打下扎实的基础。

学习目标	☑ 掌握逐帧动画的制作方法和技巧
	☑ 掌握补间动画的制作方法和技巧
	☑ 掌握传统补间的制作方法和技巧
	☑ 掌握形状补间的制作方法和技巧
	☑ 掌握遮罩动画的制作方法和技巧

5.1 【案例 12】足迹

案例效果

"足迹.swf"播放画面如图 5-1-1 所示，屏幕上依次显示一行小脚丫走过所留下足迹。通过本节内容的学习，认识帧的概念，了解 Flash 动画的种类，掌握逐帧动画的制作方法及技巧。

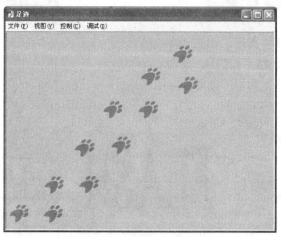

图 5-1-1 "足迹"效果图

设计步骤

（1）设置舞台工作区的大小为 500×400 像素，背景为蓝色，并命名为"足迹.fla"。

（2）将图层 1 重命名为"脚丫"，在第 1 帧处绘制一个"小脚丫"的图形，并按【Ctrl+G】组合键进行组合。

（3）第 5 帧处，按【F6】键创建一个关键帧，复制一个小脚丫。（注：按住【Ctrl】键的同时，拖动小脚丫至附近的位置，即可复制一个小脚丫。）

（4）同样的方法，在第 10 帧、第 15 帧、第 20 帧……按【F6】键分别创建关键帧，进行复制，制作出小脚丫一直向前行进的足迹，时间轴如图 5-1-2 所示。（注：可通过控制当前关键帧与前一关键帧的间隔帧数，控制小脚丫前进的速度，若需使速度变快，只需将当前关键帧与前一关键帧的间隔帧数变短，反之加长间隔帧数则使速度变慢。）

（5）按【Ctrl+Enter】组合键测试动画，按【Ctrl+S】组合键保存文件。

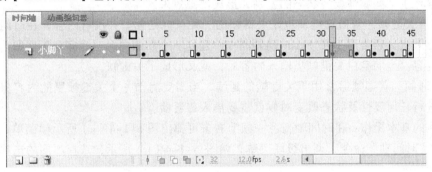

图 5-1-2　"足迹"时间轴

相关知识

1. 动画原理

大家都知道电影是通过胶片播放的，从表面上看，它们像一堆画面串在一条塑料胶片上。每一个画面称为一帧，代表电影中的一个时间片段。这些帧的内容总比前一帧稍有变化，这样，当电影胶片在投影机上被放映时就产生了运动的错觉，每一帧都很短并且很快被另一帧所代替，利用人眼睛的视觉残留特性，一张张的图片就这样连成了运动的画面。

在 Flash 中，构成动画的每一个画面就是一帧，而时间轴就充当了投影机的角色，当移动时间轴上的播放头或放映电影时，用户在场景上看到的就是每帧的图形内容。当帧以时间为顺序，以足够快的速度进行播放时，时间轴上的一系列帧便形成了运动的画面，从而形成 Flash 动画。

Flash 中制作动画的方法有两种：逐帧动画和补间动画。在逐帧动画中要制作每一帧的图像，使它们一帧接一帧地连续变化；在补间动画中，只需制作开始帧和结束帧的图像，中间的过渡帧由 Flash 自动创建。

2. 认识"帧"

（1）帧的概念："帧"就是影像动画中最小单位的单幅影像画面，相当于电影胶片的一格镜头，在时间轴上表示为单独的一个小格。

（2）帧的基本类型如图 5-1-3 所示。

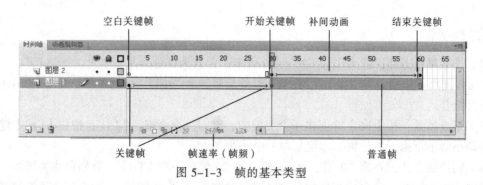

图 5-1-3　帧的基本类型

① 关键帧：关键帧是 Flash 动画制作中起着决定性作用的必要帧，在时间轴上显示为黑色实心圆点，通常用在补间动画的开始和结束位置。若是用做结束关键帧，相当于直接将开始关键帧里的内容复制过来，进行一些修改和编辑，而不改变开始关键帧的内容，从而与开始关键帧中的内容产生某些属性或者状态的差别，形成动画效果。

② 空白关键帧：空白关键帧也是关键帧的一种，但是帧里并没有内容，在时间轴上显示为黑色空心圆点，通常用于在 Flash 动画制作中建立一个新的内容，而完全不保留前面一个关键帧里的内容。当向空白关键帧里输入内容后，就又形成了关键帧。

③ 普通帧：普通帧通常用于关键帧的延续，当需要将前一个关键帧里的内容保留在屏幕上，而不进行任何属性及状态改变时候就需要插入普通帧。

（3）帧的基本操作：在时间轴任意一帧上右击可弹出图 5-1-4（a）所示帧菜单，或者单击"插入"→"时间轴"命令，调出级联菜单，如图 5-1-4（b）所示，选择不同的选项即可进行不同的帧操作。

（a）帧菜单

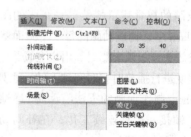

（b）级联菜单

图 5-1-4　帧操作菜单

① 创建帧：在菜单栏中选择不同的选项即可创建不同的帧操作。

- 插入关键帧：在时间轴上选中任一帧，按快捷键【F6】。
- 插入空白关键帧：在时间轴上任选一帧，按快捷键【F7】。

● 插入帧（普通帧）：在时间轴上任选一帧，按快捷键【F5】。

② 复制帧、剪切帧、粘贴帧：可以对帧进行复制、剪切、移动和粘贴操作。需要注意的是，进行帧操作的时候，必须先选中帧。

③ 删除帧、清除关键帧、清除帧：当有些帧已经没有用的时候，可以选中它们将它们删除。若要删除的是普通帧，则单击"删除帧"命令；若要删除的是关键帧，则单击"清除关键帧"命令；若只需删除关键帧里的内容而保留关键帧的话，则单击"清除帧"命令，那么关键帧就变成了空白关键帧。

④ 翻转帧：当需要时间轴上的动画反向播放时，选中全部帧，单击"翻转帧"命令，则时间轴上被选中的所有帧的顺序完全颠倒，即第 1 帧变成最后 1 帧，第 2 帧变成倒数第 2 帧，以此类推……，再次播放时，动画播放效果将与原动画相反。

（4）设置帧频：帧频是指动画播放时每秒包含的帧数，在时间轴下方可以直接看到当前帧、帧速率（即帧频）及运行时间。

需要注意的是：一个动画只能有一个帧频。Flash 以往的版本中通常都是 12fps（fps，帧/秒），而 Flash CS4 中，帧频默认值是 24fps，即每秒 24 帧。相比而言，动画的运行将显得更为平滑，通常在 Web 上提供最佳效果。同时动画的播放速度要比为 12fps 时快得多，所以总持续时间（以秒为单位）较短。如果使用较高的帧频制作 10s 的动画，则意味着与较低的帧频相比，需要添加更多的帧来填充这 10s 动画，这将使动画的总文件大小增加。所以与帧频为 12 fps 的 10s 动画相比，帧频为 24 fps 的 10s 动画的文件通常较大。

要设置帧频，直接单击时间轴上的数值进行修改。也可以通过单击"修改"→"文档"命令（快捷键【Ctrl+J】），打开"文档属性"对话框，进行帧频设置，如图 5-1-5 所示。

图 5-1-5　设置帧频

3. 时间轴

时间轴也称时间线，是一条贯穿时间的轴，是 Flash 制作的一个基本工具，在时间轴上可以创建各种动态效果。时间轴上有一根红色的线，是播放影片的定位磁头，拖动播放头可以实现动画的预览。时间轴右侧有一个下拉菜单按钮，在菜单中可以选择不同的时间轴显示效果，如图 5-1-6 所示。

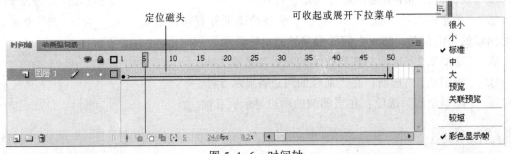

图 5-1-6　时间轴

4. 绘图纸外观（洋葱皮）

一般情况下，在编辑 Flash 的时候，同一时间点只能看到动画中的某一帧内容，但有时需要同时查看多个帧，这时就要使用绘图纸外观，通常也称之为"洋葱皮"工具，用来同时显示和编辑多个帧，如图 5-1-7 所示。当使用洋葱皮工具时，红色播放头所在的帧用全彩色显示，为可编辑画面，而其余的帧是暗淡的且无法编辑，看起来就好像每个帧是画在一张半透明的绘图纸上，而且这些绘图纸一张张相互层叠在一起。

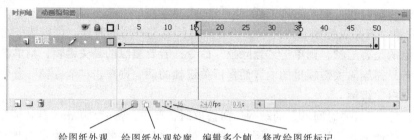

绘图纸外观　　绘图纸外观轮廓　编辑多个帧　修改绘图纸标记
图 5-1-7　　"洋葱皮"工具

（1）单击"绘图纸外观"按钮 ，在时间轴上可以看见一个大括号，这就是绘图纸外观"起始标记"和"结束标记"。大括号之间的所有帧都被重叠显示在舞台上，如图 5-1-8 所示，拖动标记，控制可同时查看的帧数。

（2）单击"绘图纸外观轮廓"按钮 ，则绘图纸外观的帧显示为轮廓线，如图 5-1-9 所示。

图 5-1-8　　"绘图纸外观"效果

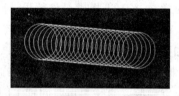

图 5-1-9　　"绘图纸外观轮廓"效果

（3）单击"编辑多个帧"按钮 ，可编辑绘图纸外观标记之间的所有帧。绘图纸外观通常只允许编辑当前帧，但是选择该按钮后，在对当前帧进行修改与编辑的同时，绘图纸外观开始标记与结束标记之间的每个帧都随之改变。

（4）单击"修改绘图纸标记"按钮 ，可通过下拉菜单中的选项来更改绘图纸外观标记的显示，如图 5-1-10 所示：

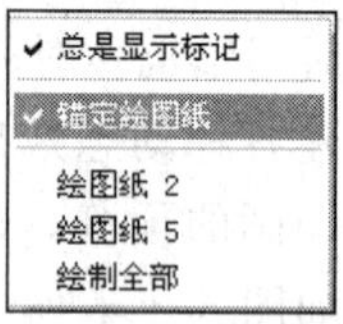

① "总是显示标记"选项：选中后，在时间轴中会始终显示绘图纸外观标记，而不管绘图纸外观是否打开。

② "锚定绘图纸"选项：选中后，会将绘图纸外观标记锁定在时间轴的当前位置，防止它们随当前帧的指针移动。

图 5-1-10　　"修改绘图纸标记"弹出菜单

③ "绘图纸 2"选项：在当前帧的两边各显示 2 帧。

④ "绘图纸 5"选项：在当前帧的两边各显示 5 帧。

⑤ "绘制全部"选项：在当前帧的两边显示所有帧。

案例拓展

【案例拓展 21】进入主页

1. 案例效果

"进入主页.swf"播放画面如图 5-1-11 所示，画面显示出模拟进入主页时的加载动画，随着进度条在逐渐填满，"进入主页" 4 个彩色文字也随之变幻色彩，当进度条填满 100% 后，画面显示"欢迎您的来访！"提示字样。

图 5-1-11　　"进入主页"效果图

2. 设计步骤

（1）设置舞台工作区的大小为 620×120 像素，背景为黑色，并命名为"进入主页.fla"。

（2）将图层 1 重命名为"字"，执行如下操作：

① 在第 1 帧处输入"进入主页"4 个字，并两次使用【Ctrl+B】组合键进行分离（注：第一次按【Ctrl+B】组合键，是把它们分离成单独的字，第二次按【Ctrl+B】组合键，才是彻底把每个字进行分离）；然后，分别把每个字喷涂不同的颜色，如图 5-1-12 所示。

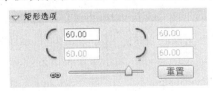

（a）选中文字　　　　　　（b）分离　　　　　　　（c）彻底分离　　　　　　（d）喷涂颜色

图 5-1-12　制作"多彩文字"步骤

② 在第 5 帧、第 10 帧、第 15 帧处分别按下【F6】键，创建关键帧，分别把每个字喷涂不同的颜色。完成后，将每一个关键帧上的文字使用【Ctrl+G】组合键组合起来。

③ 在第 20 帧处按下【F7】键，创建一个空白关键帧（注：此时不再需要前面的内容，故创建空白关键帧，用来重新输入进度条完成后的显示内容）。使用"文本工具" T 输入"欢迎您的来访"，并调整好文字的颜色、大小和位置。

④ 在第 50 帧处按下【F5】键，完成后，将该图层加锁，以方便后面的制作。

（3）新建图层 2 命名为"进度条"，执行如下操作：

① 单击"矩形工具" ，打开"属性检查器"中的"矩形选项"，拖动滑块或直接将数值改为"60"，如图 5-1-13 所示。然后在第 1 帧处绘制一个两头带弧度的无边框矩形，将最左边的一小段填涂为"绿色"，并在进度条的右下角标记为"15%"，如图 5-1-14 所示。

图 5-1-13　设置矩形属性　　　　　　　　　图 5-1-14　制作"进度条"

② 在第 5 帧、第 10 帧、第 15 帧处分别按下【F6】键，创建关键帧，如图 5-1-15 所示。

③ 参照效果图，在每个关键帧里分别修改进度条，并标记不同的进度，如 30%、60%、100%。

④ 在第 20 帧处按下【F5】键。（注：进度条到 100% 后，后面的帧不再显示进度条画面，时间轴为空）

（4）按【Ctrl+Enter】组合键测试动画，按【Ctrl+S】组合键保存文件。

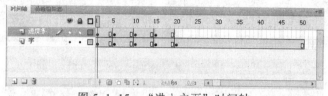

图 5-1-15 "进入主页"时间轴

【案例拓展 22】写毛笔字

1. 案例效果

"写毛笔字.swf"播放画面如图 5-1-16 所示，画面显示出一个"木"字，按照汉字书写笔画逐渐展现在屏幕上。

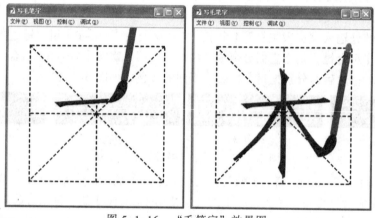

图 5-1-16 "毛笔字"效果图

2. 设计步骤

（1）设置舞台工作区的大小为 400×400 像素，背景为淡黄色，并命名为"写毛笔字.fla"

（2）将图层 1 重命名为"米字格"，执行如下操作：

① 在第 1 帧处，单击"矩形工具" ⬜，在"属性检查器"中的"填充与笔触"选项中，修改线条属性，如图 5-1-17 所示，按住【Shift】键拖动鼠标，绘制一个正方形。

② 使用直线工具 ✏，按住【Shift】键拖动鼠标，绘制对角线和中线，绘制出 1 个"米字格"，如图 5-1-18 所示。

图 5-1-17 修改属性

图 5-1-18 米字格

③ 选中该图形，使用【Ctrl+G】组合键将其进行组合，在第 50 帧处按【F5】键，完成后，将该图层加锁，以方便后面的制作。

（3）新建图层 2，命名为"写字"，执行如下操作：

① 在第 1 帧处，使用"文本工具" **T** 输入一个"木"字，再使用"任意变形工具"，将字调整到合适的大小和位置。

② 选中"木"字，按【Ctrl+B】组合键，将文字分离。

③ 在第 2 帧处，按【F6】键，插入一个关键帧，使用"橡皮擦工具" 将"木"字的最后一笔按笔画逆序擦除掉最末端的笔迹。如图 5-1-19 所示。

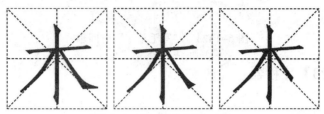

图 5-1-19　擦除最后一笔

④ 按同样的方法，在第 3 帧、第 4 帧……按【F6】键，插入关键帧，按写字逆顺序擦除掉最末端的笔迹，直至擦除干净，如图 5-1-20 所示。（注：当遇见擦除到笔画的交叉位置时，可使用"缩放工具" 把窗口调大些，再用较小号的橡皮进行擦除，以达到更好的效果。）

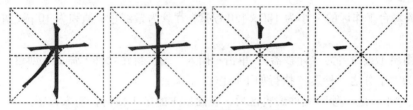

图 5-1-20　将字擦除的过程

⑤ 擦除完毕后，将"米字格"图层与"写字"图层中的帧数补齐一致。

⑥ 选中所有的帧，右击，在弹出的快捷菜单中选择"翻转帧"命令，即可使所有的帧全部翻转顺序。最后 1 帧变为第 1 帧，被擦除的最后笔画也变成了动画的第 1 帧。

⑦ 制作完成后，将该图层加锁，以方便后面的制作。

（4）新建图层 3 命名为"毛笔"，执行如下操作：

① 单击"插入"→"新建元件"命令，创建一个图形元件，命名为"毛笔"。

② 进入"毛笔"元件编辑区，使用绘图工具绘制一个毛笔，如图 5-1-21 所示。

③ 将"毛笔"元件拖入"毛笔"图层的第 1 帧，放在"木"字的第 1 个笔画的起点。

④ 在第 2 帧处，按【F6】键，创建一个关键帧，把"毛笔"放到下一笔画处，按同样的方法，在第 3 帧、第 4 帧……按【F6】键，插入关键帧，把毛笔拖到每一个关键帧的笔画最末端，如图 5-1-22 所示。（注：要把握好毛笔与笔画之间的关系。）"写毛笔字"时间轴如图 5-1-23 所示。

图 5-1-21　毛笔

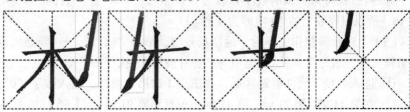

图 5-1-22　写毛笔字

（5）按【Ctrl+Enter】组合键测试动画，按【Ctrl+S】组合键保存文件。

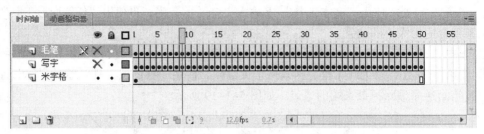

图 5-1-23　"写毛笔字"时间轴

【案例拓展 23】计秒器

1. 案例效果

"计秒器.swf"播放画面如图 5-1-24 所示，画面显示出右下角的椭圆上有一个从 1～9 进行跳动的数字，随着该数字的快速跳动，画面中间的大圆球上的数字也随之变化，且变化时间每增加 1s，数字加 1。

2. 设计步骤

（1）设置舞台工作区的大小为 180×130 像素，背景为紫红色，帧频为 10fps，并命名为"计秒器.fla"。

（2）将图层 1 重命名为"计秒器"，单击"插入"→"新建元件"命令，创建一个影片剪辑元件，名称为"十分之一秒"。 执行如下操作：

① 进入"十分之一秒"元件编辑区后，在图层 1 的第 1 帧处，输入数字"0"。

② 选中第 2 帧、第 3 帧、第 4 帧……直到第 10 帧，按下【F6】键，插入关键帧，如图 5-1-25 所示。

图 5-1-24　"计秒器"效果图　　　　图 5-1-25　"十分之一秒"元件时间轴

③ 再分别将每一帧的数字修改为"1"、"2"、"3"……直到"9"。（注：因为已将帧频设为 10，所以时间轴上的 10 帧即为 1 秒。）

（3）上述步骤制作完毕后，返回场景 1，单击"插入"→"新建元件"命令，创建一个影片剪辑元件，名称为"秒"，类型为"影片剪辑"。执行如下操作：

① 进入"秒"元件编辑区后，在图层 1 的第 1 帧处，输入数字"0"。

② 在第 11 帧、第 21 帧、第 31 帧……直到第 91 帧，按【F6】键，插入关键帧，如图 5-1-26 所示。

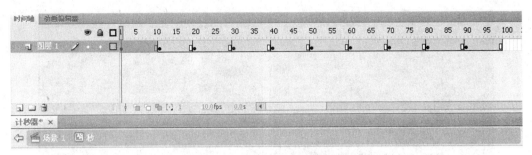

图 5-1-26　"秒"元件时间轴

③ 再分别将文字修改为"1"、"2"、"3"……直到"9"。

④ 第 100 帧处按【F5】键，插入一个帧，将"9"延续 10 帧，即 1s，其目的在于秒数到 9 后，实现归零。

（4）返回场景 1，在舞台上绘制一大一小两个圆形，如图 5-1-27 所示。

（5）单击"窗口"→"库"命令，弹出"库"面板，如图 5-1-28 所示。将影片剪辑元件"秒"拖到大圆中间，影片剪辑元件"十分之一秒"拖到小圆上，如图 5-1-29 所示。

图 5-1-27　计秒器底色

图 5-1-28　"计秒器"库面板

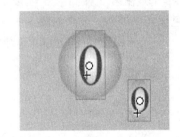

图 5-1-29　计秒器

（6）动画均在影片剪辑元件中完成后再拖放到舞台，故主时间轴上只有 1 帧，用于放置元件，如图 5-1-30 所示。按【Ctrl+Enter】组合键测试动画，按【Ctrl+S】组合键保存文件。

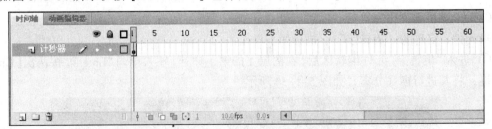

图 5-1-30　"计秒器"时间轴

【案例拓展 24】旋转字符

1. 案例效果

"旋转字符.swf"播放画面如图 5-1-31 所示，画面显示出一个英文单词"Enter"在舞台中间旋转，然后重新显示出"Enter"字样。同时背景上有一些不规则的线条在四处飘动。

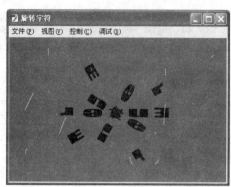
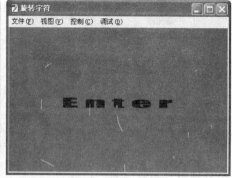

图 5-1-31 "旋转字符"效果图

2. 设计步骤

（1）设置舞台工作区的大小为 400×260 像素，背景为紫色，并命名为"旋转字符.fla"。

（2）将图层 1 重命名为"旋转字符"，单击"插入"→"新建元件"命令，创建一个影片剪辑元件，名称为"背景线条"。 执行如下操作：

① 进入"背景线条"元件编辑区后，在图层 1 的第 1 帧处，使用"铅笔工具"，随意绘制白色无规律线条。

② 在第 2 帧到第 5 帧按【F7】键，插入空白关键帧，并在每一个关键帧上绘制不同的白色无规律线条，效果如图 5-1-32 和图 5-1-33 所示。

图 5-1-32 "背景线条"元件时间轴　　　　图 5-1-33 无规律线条效果

（3）上述步骤制作完毕后，返回场景 1，单击"插入"→"新建元件"命令，创建一个影片剪辑元件，名称为"旋转字"。 执行如下操作：

① 进入"旋转字"元件编辑区后，在图层 1 的第 1 帧处，输入单词"Enter"，按两次【Ctrl+B】组合键，将其进行彻底分离，如图 5-1-34 所示。

图 5-1-34 彻底分离后的文字效果

② 在第 2 帧处按【F6】键，插入一个关键帧，选中"nte"三个字母，单击"修改"→"变形"→"缩放与旋转"命令，打开"缩放与旋转"对话框，设置旋转"30"度，如图 5-1-35 所示。

③ 再按住【Shift】键，同时选中"E"和"r"两个字母，单击"修改"→"变形"→"缩放与旋转"命令，打开"缩放与旋转"对话框，设置旋转"-30"度，如图 5-1-36 所示。

图 5-1-35 设置 "nte" 顺时针旋转

图 5-1-36 设置 "E" "r" 逆时针旋转

④ 按照同样的步骤，在第 2 帧、第 3 帧……按【F6】键，创建关键帧，分别旋转这两部分字母，直到转回 360°，制作效果如图 5-1-37 所示。

（a）画面一

（b）画面二

（c）画面三

（d）画面四

（e）画面五

图 5-1-37 字符旋转过程

⑤ 图层 1 制作完毕后，选中所有的帧，右击，在弹出的快捷菜单中选择"复制帧"命令；然后新建图层 2，选中图层 2 的第 5 帧，右击，在弹出的快捷菜单中选择"粘贴帧"命令。用同样的步骤，新建图层 3、图层 4，分别在第 10 帧、第 15 帧处右击，在弹出的快捷菜单中选择"粘贴帧"命令。

⑥ 在图层 4 最后一帧的后面再延长 10 帧，时间轴如图 5-1-38 所示。

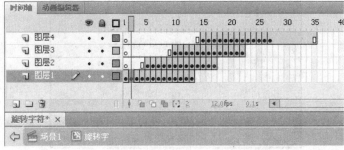

图 5-1-38 "旋转字"元件时间轴

（4）上述操作完成后，返回场景 1，单击"窗口"→"库"命令，弹出"库"面板，如图 5-1-39 所示。将影片剪辑元件"旋转字"和"背景线条"拖放至舞台中央，如图 5-1-40 所示。

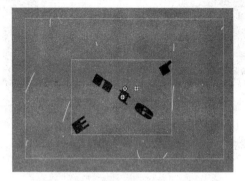

图 5-1-39　"旋转字符"库面板　　　　　　图 5-1-40　将元件拖入舞台中央

（5）如图 5-1-41 所示，动画均在影片剪辑元件中完成后拖放到舞台，故主时间轴上只有 1 帧，用于放置元件。按【Ctrl+Enter】组合键测试动画，按【Ctrl+S】组合键保存文件。

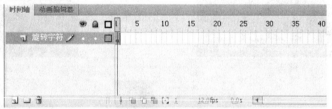

图 5-1-41　"旋转字符"时间轴

5.2　【案例 13】欢度国庆

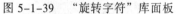案例效果

"欢度国庆.swf"播放画面如图 5-2-1 所示，可以看见有四只气球随风飞舞，它们上面分别印着"欢"、"度"、"国"、"庆"的字样。通过本节内容的学习，掌握制作补间动画的基本方法。

图 5-2-1　"欢度国庆"效果图

设计步骤

（1）设置舞台工作区的大小为 500×400 像素，背景为天蓝色，并命名为"欢度国庆.fla"。

（2）在图层 1 的第 1 帧中绘制一个气球，执行如下步骤：

① 选择"椭圆工具"，边框设为无，然后单击"窗口"→"颜色"命令，弹出"颜色"面板，在"类型"中选择"放射状"，如图 5-2-2 所示，设置为由"白色"向"红色"过渡的渐变色，在舞台上绘制一个椭圆。

② 选择"填充变形工具"▦后单击椭圆，将白色中心位置移到右上方，形成光线落在气球上的立体效果，如图 5-2-3 所示。

③ 在气球的下方绘制气球收口和绑绳，画好的气球如图 5-2-4 所示。

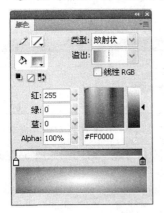 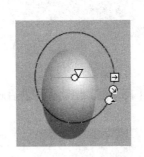 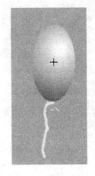

图 5-2-2 "颜色"面板　　图 5-2-2 "颜色"面板　　图 5-2-4 画好的气球

④ 在气球上输入一个"欢"字，然后将气球转换为"图形"元件，命名为"欢"。

（3）在第 50 帧处按下【F5】键，然后在中间任意帧上右击，在快捷菜单中选择"创建补间动画"命令（见图 5-2-5），此时可见时间轴变为淡蓝色。

（4）用鼠标单击第 15 帧，然后将舞台上的气球拖动到其他位置。此时可见，第 15 帧上出现一个黑色的菱形标志，我们称其为属性关键帧，如图 5-2-6 所示。

 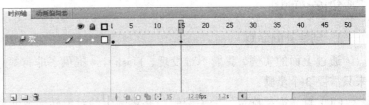

图 5-2-5 创建补间动画　　　　图 5-2-6 属性关键帧

（5）此时，气球移动的路线两端之间出现一条带有很多小点的线段，如图 5-2-7 所示，这就是贝赛尔曲线。仔细数一数，你会发现这条线段上一共有 15 个点，代表了时间轴上的 15 帧。

（6）用鼠标单击第 30 帧和第 50 帧，并分别移动气球的位置，如图 5-2-8 所示，在时间轴上则会出现一个新的黑色菱形块。随着属性关键帧的增加，舞台上的线段也随着气球移动的位置相应的发生了变化，如图 5-2-9 所示。然后使用"选择工具"或"部分选取工具"调整贝赛尔曲线的长度、曲度等，设置气球放飞的路线，调整后的效果如图 5-2-10 所示。

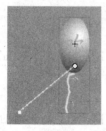

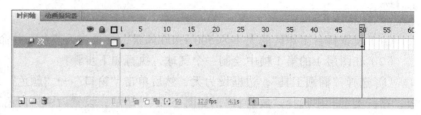

图 5-2-7　贝赛尔曲线　　　　　　　　　图 5-2-8　增加属性关键帧

（7）在"库"中将气球"欢"直接复制 3 份，分别命名为"度"、"国"、"庆"（见图 5-2-11），并分别修改气球上的文字和颜色。然后新建"度"、"国"、"庆"3 个图层，将 3 个气球分别放入对应的图层中，按照同样的方法，制作另外 3 个气球被放飞的路线。

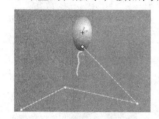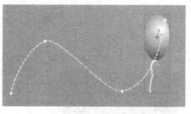

图 5-2-9　运动路线的变化　　图 5-2-10　调整后的运动路线　　图 5-2-11　直接复制元件并命名

（8）在所有图层的第 60 帧处按【F5】键，使动画的最后画面可停留片刻。时间轴如图 5-2-12 所示。

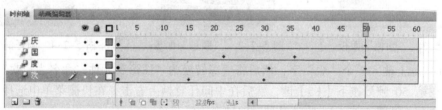

图 5-2-12　"欢度国庆"时间轴

（9）按【Ctrl+Enter】组合键测试动画，按【Ctrl+S】组合键保存文件。

相关知识

1.　创建补间动画

通过上面的实例，我们不难发现，Flash CS4 提供了非常简便的补间动画创建功能，总结起来只需要 3 个步骤：

（1）首先需要确定一个关键帧，并将帧中的对象转换成元件，该关键帧所在的位置即是整个动画运动路线的起点。

（2）然后在时间轴上设置动画时间范围，在中间任意帧上右击，打开快捷菜单，选择"创建补间动画"命令，这个时候，时间轴会变为淡蓝色。如果前面忘记将关键帧中的对象转换为元件，Flash CS4 也会自动弹出提示框，如图 5-2-13 所示，单击"确定"按钮后即可将内容转换为元件以进行补间，是个非常人性化的设计。

（3）接下来单击补间范围内的任意一帧，并移动该帧上的对象在舞台上的位置，可以看见在时间轴上出现一个新的黑色菱形块，即属性关键帧，此时补间动画创建成功。

2. 属性关键帧

在补间范围内的关键帧都是属性关键帧，一个属性关键帧可以有多个属性。在时间轴的补间范围内不是关键帧的地方右击，使用弹出快捷菜单中命令可以插入、查看或者清除属性关键帧，如图 5-2-14 所示。选择"查看关键帧"命令，其子菜单中包含了"位置"、"缩放"、"倾斜"、"旋转"、"颜色"、"滤镜" 6 个子命令。

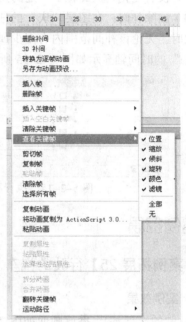

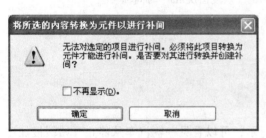

图 5-2-13　转换为元件提示框　　　　　　图 5-2-14　补间动画菜单图

3. 贝赛尔曲线

成功创建好补间动画后，舞台上可见对象移动的路线头尾两端之间出现的一条带有很多小点的线段就是贝赛尔曲线，而这条线段上的点数恰好是当前的帧数。可以使用"选择工具"或者"部分选取工具"调整线段的长度、曲度等，所形成的曲线即是对象移动的路线。点与点之间的疏密程度表示对象移动的速度，点与点之间距离越密，则对象运动速度越慢。反之点与点之间距离越稀，则对象运动速度越快。这是因为同一个动画中帧频是固定的，移动距离远了，自然需要加快对象移动的速度。

4. 编辑补间动画

（1）插入关键帧：Flash CS4 提供了方便快捷的补间动画创建功能，在补间范围里，如同设置了一个自动关键帧记录器，只要用鼠标选中任意帧，修改该帧上的对象，时间轴上就会自动产生一个属性关键帧。

另外，在时间轴上，还可以给帧上的对象添加其他的属性，如"缩放"和"旋转"等。打开"欢度国庆.fla"，在图层"欢"的第 30 帧上，用"变形工具"将气球旋转一定角度，这样在这个属性关键帧上就有"位置"和"旋转"两个属性了。进行其他的操作同样也会在属性关键帧中自动记录下来。

（2）清除关键帧：在图层"国"的任意帧上右击，在弹出的快捷菜单中选择"清除关键帧"→"位置"命令，此时可见该补间上所有关键帧都被清除了。需要注意的是，Flash CS4 中将补间看做一个整体，甚至可以将它看成是 1 帧，因为在补间内我们只移动了小球的位置，所以，当单击"位置"时，这几个属性关键帧都被清除了，但是不会删除补间。

然后在图层"欢"的任意帧上右击，在弹出的快捷菜单中选择"清除关键帧"→"位置"命令，可见第15帧和第50帧的属性关键帧被清除了，第30帧的属性关键帧却还在。这是因为只清除了位置属性，但第30帧上的旋转属性并没有清除。将播放头放到第30帧上，可以看到气球位置没有变化，但旋转了一定的角度。

（3）删除补间：在图层"庆"的任意帧上右击，在弹出的快捷菜单中选择"删除补间"命令，此时，无论该补间范围内有多少属性关键帧，整个补间都被删除。执行以上操作后"欢度国庆.fla"的时间轴显示如图5-2-15所示。

图 5-2-15　执行删除操作后的"欢度国庆.fla"时间轴

案例拓展

【案例拓展25】行驶的汽车

1. 案例效果

"行驶的汽车.swf"播放画面如图 5-2-16 所示，可以看见一辆汽车从停止开始缓慢加速，然后行驶到舞台的另一端缓慢停止。通过本节内容的学习，读者可掌握使用"动画编辑器"的方法和技巧。

图 5-2-16　"行驶的汽车"效果图

2. 设计步骤

（1）设置舞台工作区的大小为 500×200 像素，背景为淡黄色，并命名为"行驶的汽车.fla"。

（2）将图层1重命名为"汽车"，执行如下操作：

① 在第 1 帧处，单击"文件"→"导入"→"导入到舞台"命令，弹出"导入"对话框，通过该对话框在素材库中导入"Bus.jpg"图像，按【Ctrl+B】组合键将其分离，再使用"套索工具" ￼ 中的"魔术棒工具" ￼，将图片白色背景去除后，按【Ctrl+G】组合键将其组合，如图 5-2-17 所示。最后利用工具栏中的"任意变形工具" ￼ 和"选择工具" ￼，调整

汽车的大小到合适状态，然后将其转换为"图形"元件，命名为"汽车"，并将其放置在舞台的最右端。

（a）选中图片

（b）调整大小

（c）去除背景后效果

图 5-2-17　去除图片白色背景

② 第 30 帧处按【F5】键，然后在第 1 帧到第 60 帧中间任意帧上右击，在弹出的快捷菜单中选择"创建补间动画"命令。

③ 将第 30 帧上的"汽车"拖动到舞台的最左边，此时可见控制汽车行驶路线的贝赛尔曲线上每个小点之间都是均匀分布的，如图 5-2-18 所示。按【Ctrl+Enter】组合键测试影片，可以看见汽车从右往左匀速行驶。

图 5-2-18　贝赛尔曲线上的每个小点之间均匀分布

④ 选中当前补间，打开"动画编辑器"面板，在"缓动"列表框中，单击"+"按钮，弹出下拉菜单，对当前关键帧添加"停止并启动（中）"效果，如图 5-2-19 所示。这个时候可以看见"缓动"菜单出现了一个新的缓动效果，表示添加成功。单击"停止并启动（中）"后面的蓝色数值，用鼠标拖动或者直接修改数值为"-50"，如图 5-2-20 所示。

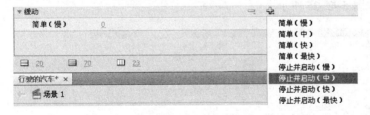

图 5-2-19　添加缓动效果

图 5-2-20　修改缓动值

⑤ 在打开的"动画编辑器"里的"基本动画"列表框右侧的下拉菜单里选择刚才已经添加好的缓动效果"2-停止并启动（中）"选项，如图 5-2-21 所示。

⑥ 此时，"基本动画"中的"X"、"Y"和"旋转 Z"3 个属性同时应用"停止并启动（中）"缓动效果，如图 5-2-22 所示。同时舞台上的贝赛尔曲线也已经变成了两头较紧凑，中间较疏散的分布情形，即两头慢中间快的运动速度，如图 5-2-23 所示。

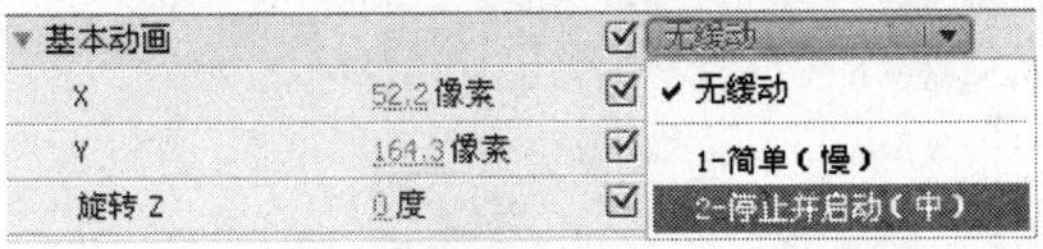

图 5-2-21　将缓动效果运用到"基本动画"中

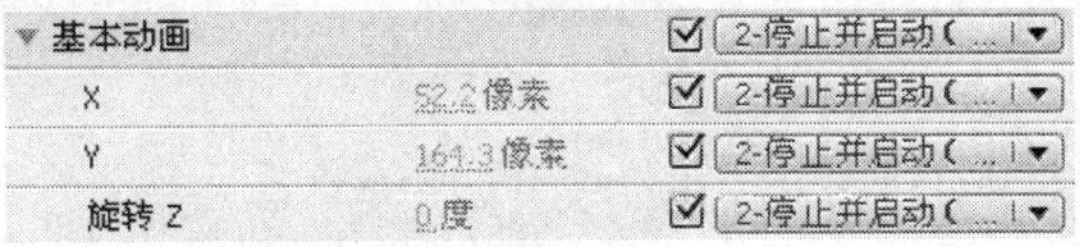

图 5-2-22　添加缓动效果后的"基本动画"

图 5-2-23　添加缓动效果后的"贝赛尔曲线"

（3）按【Ctrl+Enter】组合键测试动画，按【Ctrl+S】组合键保存文件。

3. 知识进阶

Flash CS4 中增加了一个全新的"动画编辑器"面板，如图 5-2-24 所示。属性栏中包括"基本动画"、"转换"、"色彩效果"、"滤镜"和"缓动"5 个选项，用来精确调整动画的属性。

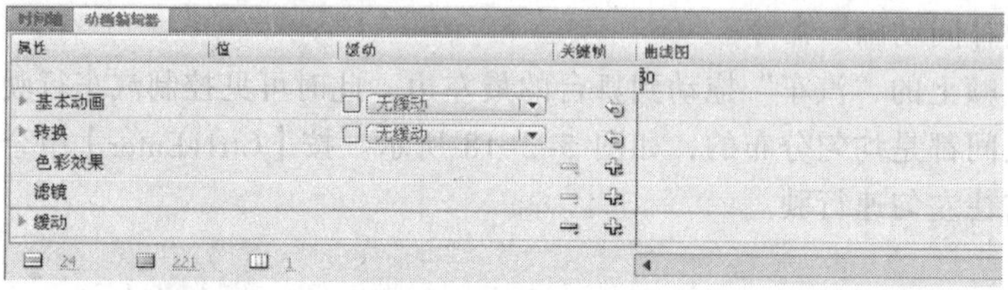

图 5-2-24　"动画编辑器"基本选项

动画编辑器用来修改 Flash 补间中属性关键帧之间的属性值（如运动、变形、色彩效果或者滤镜），如果不进行调整，Flash 在计算这些值时，对值的修改每一帧都默认相同。如果进行相应的修改，则可以通用调用预设的"缓动效果"来调整对每个值的更改程度，从而实现更自然、更逼真、更复杂的动画。

在选项的最下方，有几个可调节的数值，从左到右分别是"图形的大小"（用来调整每一个选项下单个属性格的图形大小）、"扩展图形的大小"（用来调整属性格被选中后扩展显示的图形大小）和"可查看的帧"（用来设置曲线图上显示的可查看的帧，最大可显示动画总帧数），将各个项目分别添加效果，如图 5-2-25 所示。

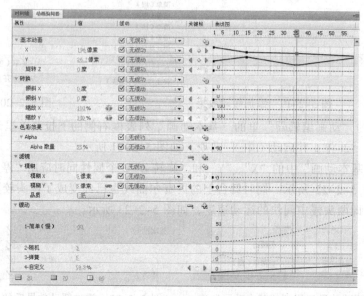

图 5-2-25　"动画编辑器"详细选项

（1）"基本动画"选项组：如图 5-2-26 所示，在这里可设置当前所选中的属性关键帧的 X、Y 和旋转 Z 属性。

① 在"关键帧"一栏中有两个方向相反的小三角形按钮，它们可以用来进行关键帧之间的跳转，分别是"转到上一个关键帧"和"转到下一个关键帧"，中间的菱形按钮则用来"添加或删除关键帧"，单击该菱形按钮后，可以看到补间上增加了一个属性关键帧。

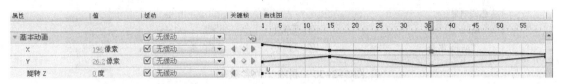

图 5-2-26　"基本动画"面板选项

② 选中某个关键帧后，将鼠标指针放到前面蓝色的数字上，鼠标会出现双箭头，这时可左右拖动这个数字或者上下拖动曲线图上的黑点，该帧上的对象的位置同时也发生改变，也可以直接单击蓝色数值重新输入一个数值，进行精确定位。

③ 在面板的右边是该属性的曲线，可以通过调整这个曲线来更改该帧上对象的属性。选中一个关键帧，上下拖动这根曲线的锚点，舞台上的对象会随着左右移动，同时前面的蓝色数值也会发生变化。

④ 另外，针对 Flash CS4 中具有的 3D 旋转功能，在这里也可以精确设置 3D 旋转属性，即绕 X、Y、Z 3 个轴旋转，选中使用"3D 旋转工具"进行了 3D 旋转的那一帧，进入"动画编辑器"中，打开"基本动画"选项组，3 个轴的旋转属性都显示出来了，如图 5-2-27 所示，按照同样的方法进行调整即可。

图 5-2-27　设置 3D 属性

（2）"转换"选项组：在"转换"选项组中可以设置"缩放"和"倾斜"属性。在"缩放"属性中有一个"链接 X 和 Y 属性值"按钮，可以用来约束缩放的宽度和高度比例不变，如图 5-2-28 所示。

图 5-2-28　"转换"列表选项

（3）"色彩效果"选项组：单击"色彩效果"选项组中的"+"按钮会弹出菜单，如图 5-2-29 所示。分别可以对当前关键帧添加"Alpha"、"亮度"、"色调"和"高级颜色"属性并进行修改，单击"-"按钮弹出已添加的属性，如图 5-2-30 所示，用鼠标单击该属性将其删除。

图 5-2-29　添加"色彩效果"

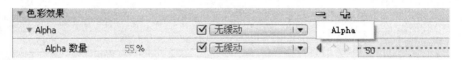

图 5-2-30　删除"色彩效果"

（4）"滤镜"选项组：单击"滤镜"选项组中的"+"按钮也会弹出菜单，如图 5-2-31 所示。分别可以对当前关键帧添加"投影"、"模糊"、"发光""斜角"、"渐变发光"、"渐变斜角"和"调整颜色"属性并进行修改，同"色彩效果"略有不同的是，设置的各种效果会依次显示在"滤镜"栏的下方，单击"-"按钮删除属性时，可以选择删除其中的一项，或者"删除全部"，如图 5-2-32 所示。

图 5-2-31　添加"滤镜"

图 5-2-32　删除"滤镜"

（5）"缓动"选项组：单击"缓动"选项组中的"+"按钮弹出菜单，可以添加缓动效果，对应的缓动类型及曲线形状如图 5-2-33 所示。

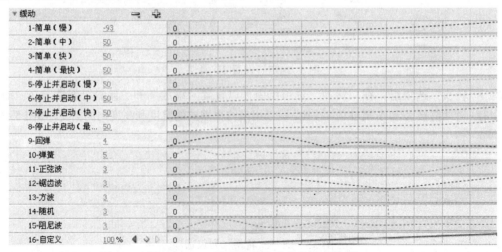

图 5-2-33　缓动类型及对应的缓动波形

缓动可以简单，也可以复杂，Flash CS4 中包含了一系列的预设缓动，适用于简单或复杂的效果。如果这些预设的缓动都不能满足动画设计者的需要，还可以创建"自定义"缓动路线。下面介绍一些缓动类型。

① 简单（慢）、简单（中）、简单（快）、简单（最快）都是简单的动画效果，只是快慢的速度不同而已。

② 停止并启动（慢）、停止并启动（中）、停止并启动（快）、停止并启动（最快）都是使动画先停止一下，然后再重新启动动画，它们也只是速度的快慢不同。

③ 回弹：选择这种效果时，动画中的元件会向回运动一下，就像碰到墙上的球一样向回弹去。

④ 弹簧：顾名思义，就是动画中的元件会像弹簧一样在选择该效果的帧附近来回弹动。

⑤ 正弦波：动画的波形为"正弦形"。

⑥ 锯齿波：动画的波形为"锯齿形"。

⑦ 方波：动画的波形为"方波"。

⑧ 随机：就是没有固定的"缓动"波形，波形的产生完全是随机的。

⑨ 阻尼波：是一个物理概念，自由振动衰减的各种摩擦和其他阻碍作用，称为阻尼，阻尼波就是模仿由阻尼而产生的波。

⑩ 自定义：先用"+"按钮添加"自定义"缓动，在对"缓动"值进行修改的同时，其波形发生相应的变化。除了调节"缓动"值以外，我们还可以通过调节"缓动"的曲线来改变波形。在曲线上单击，会发现曲线上的每一个关键帧代表的点都有了两个调节手柄。我们可以通过这些手柄来改变波形，如图 5-2-34 所示。

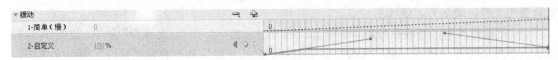

图 5-2-34　使用调节手柄改变"自定义"波形

设置好的缓动效果会依次显示在"缓动"面板的下方，单击"–"按钮删除属性时，同样可以选择删除其中的一项，或者"删除全部"，如图 5-2-35 所示。

缓动		
1-简单（慢）	-91	1-简单（慢）
2-自定义	70 %	2-自定义
3-回弹	4	3-回弹
		删除全部

图 5-2-35　使用调节手柄改变"自定义"波形

（6）在"动画编辑器"中使用缓动。

① 添加缓动：首先使用"+"按钮添加缓动效果到"缓动"面板中，然后若是单个属性需要添加缓动，只需在单个属性中选择缓动效果。若要向整个面板的属性（如运动、变形、色彩效果或滤镜）添加缓动，则需在该面板上选择缓动效果。使用缓动成功时，会显示一个叠加到该属性的图形区域的虚线曲线。该虚线曲线显示补间曲线对该补间属性实际值的影响。

② 启动/禁用缓动：若要启用或禁用单个属性或某个属性列表的缓动效果，选中该属性或属性类别上的"启用/禁用缓动"复选框即可。这样，就可以快速查看属性曲线上的缓动效果。

③ 删除缓动：若要从可用补间列表中删除缓动，可单击动画编辑器的"缓动"面板中的"删除缓动"按钮，然后从弹出的菜单中选择该缓动。

【案例拓展 26】弹球

1. 案例效果

"弹球.swf"播放画面如图 5-2-36 所示,可以看见一辆小球在舞台上左右弹跳。通过本节内容的学习,读者可掌握使用"动画预设"制作动画的方法和技巧。

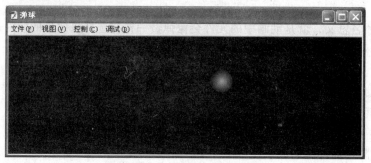

图 5-2-36　"弹球"效果图

2. 设计步骤

(1)设置舞台工作区的大小为 500×200 像素,背景为黑色,并命名为"弹球.fla"。

(2)在图层 1 的第 1 帧中使用"椭圆工具"绘制一个类型为"放射状"的绿色小球,并将它转换为元件,命名为"弹球"。

(3)用鼠标选中已经转换好的"弹球"元件,单击"窗口"→"动画预设"命令,如图 5-2-37 所示,就可以打开"动画预设"面板,其中包括"默认预设"和"自定义预设"两个文件夹,如图 5-2-38 所示。

(4)单击"默认预设"文件夹旁边的小三角形按钮,展开的选项中有 32 个动画效果可供选择,单击任意一种预设效果,在上面的小窗口会出现相应的动画效果预览,如图 5-2-39 所示。

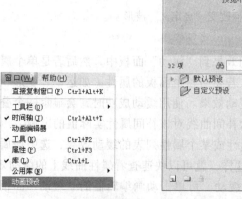

图 5-2-37　打开"动画预设"　　图 5-2-38　"动画预设"面板　　图 5-2-39　展开"默认预设"

（5）按照本动画的需要，这里选择"波形"效果，单击"应用"按钮，效果如图 5-2-40 所示，舞台上自动生成了小球弹跳的运动路线，而时间轴上则自动生成了一个 70 帧的补间动画，如图 5-2-41 所示

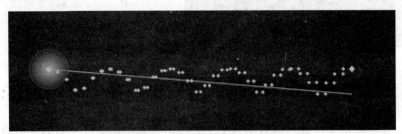

图 5-2-40　自动生成小球运动路径

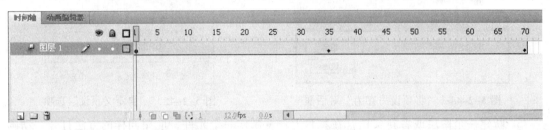

图 5-2-41　"弹球"时间轴

（6）按【Ctrl+Enter】组合键测试动画，按【Ctrl+S】组合键保存文件。

3. 知识进阶

Flash CS4 新增了动画预设功能，可以把它理解为事先预设的补间动画。可以创建并保存自己自定义的动画预设，也可以修改现有的动画预设，再将它应用到其他对象上。制作动画作品时，如果需要经常用到相似类型的动画效果，此时使用动画预设功能就相当方便了。此外，使用"动画预设"面板还可以"导入"、"导出"预设，从而实现预设共享。

（1）应用动画预设：执行以下操作，可以很方便地使用动画预设功能。

① 用鼠标选中舞台上需要设置动画的对象，将其转换成元件。

② 单击"窗口"→"动画预设"命令，弹出"动画预设"面板，在"默认预设"文件夹里选择任意一种效果，单击"应用"按钮。

③ 将做好的元件从库中拖到舞台上，按【Ctrl+Enter】组合键，测试效果。

（2）自定义预设：如果想要创建"自定义预设"效果，或者直接对某个对象正在使用的"默认预设"效果进行更改，生成的新"动画预设"将自动显示在"动画预设"面板中的"自定义预设"文件夹中。

下面以"弹球.fla"为例，执行以下操作来设计一个"自定义预设"：

① 打开"弹球.fla"文件，使用鼠标拖动舞台中的贝赛尔曲线，改变小球运动的轨迹（也可以自己制作另外的补间动画），如图 5-2-42 所示。

② 用鼠标选中小球（也可以选择舞台中的路线或者时间轴上的补间动画），单击"动画预设"面板中的"将选区另存为预设"按钮，如图 5-2-43 所示。

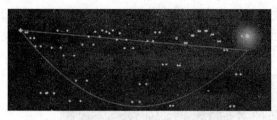

图 5-2-42 修改小球运动路径

图 5-2-43 将选区另存为预设

③ 弹出"将预设另存为"对话框，输入预设名称为"修改后的弹球"，如图 5-2-44 所示，然后单击"确定"按钮。

④ 此时，在"自定义预设"展开的选项中，可以看见增加了一个名为"修改后的弹球"的新效果，如图 5-2-45 所示。

图 5-2-44 "将预设另存为"对话框

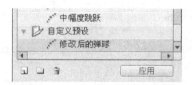

图 5-2-45 "自定义预设"选项

⑤ 新建一个图层或者新文档，在舞台上任意制作一个元件，应用同样的方法打开"动画预设"面板，在"自定义预设"中选择"修改后的弹球"选项，单击"应用"按钮，就可以将该自定义效果应用到所选定的对象上了。

（3）删除动画预设：打开"动画预设"面板，选中要删除的动画预设，在面板中单击"删除项目"按钮（见图 5-2-46），弹出"删除预设"对话框，单击"删除"按钮，如图 5-2-47 所示。

图 5-2-46 删除项目

图 5-2-47 "删除预设"对话框

需要注意的是：删除动画预设时，Flash 会从磁盘删除其 XML 文件。如果以后需要在制作其他动画时再次使用的话，最好先导出这些预设的副本。

（4）导出动画预设：执行以下操作，可将"动画预设"导出为 XML 文件。

① 在"动画预设"选项组中选择任意一种动画预设后右击，弹出快捷菜单，选择"导出"命令，如图 5-2-48 所示，或者在面板菜单中选择"导出"命令，如图 5-2-49 所示。

图 5-2-48 单击右键导出预设

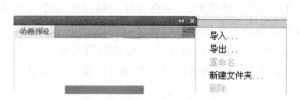

图 5-2-49 面板菜单中导出预设

② 弹出"另存为"对话框，如图 5-2-50 所示。选择保存路径并命名，保存类型为"动画预设文件（.xml）"，然后单击"保存"按钮即可。

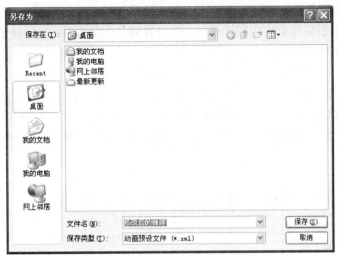

图 5-2-50　"另存为"对话框

（5）导入动画预设：执行以下操作，可将 XML 文件添加到"动画预设"面板中。

① 在"动画预设"面板菜单中选择"导入"命令，弹出"打开"对话框，如图 5-2-51 所示。按保存路径找到要导入的 XML 文件，然后单击"打开"按钮。

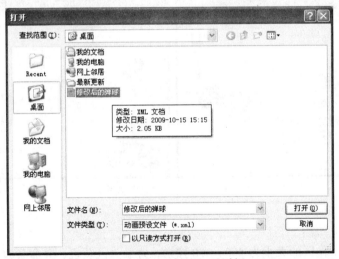

图 5-2-51　"打开"对话框

② Flash 将打开 XML 文件，并将动画预设添加到"动画预设"面板中。

（6）需要注意的一些问题如下：

① 在 Flash CS4 中，只有元件和文本对象才可以应用动画预设，只有补间动画才能保存为动画预设，传统补间不能保存为动画预设。

② 可以将动画预设应用于不同图层上的多个选定帧，但是每个对象只能应用一种预设，若将第二种预设应用于相同的对象，则第二种预设将替代第一种预设。

③ 元件的动画预设效果与元件在舞台中的补间动画互不影响。所以，在"动画预设"面

板中删除或重命名某个预设，对以前使用该预设创建的所有补间没有任何影响，同样在面板中的现有预设上保存新预设，对使用原始预设创建的任何补间也没有影响。

④ 每个动画预设都包含特定数量的帧。在应用预设时，在时间轴中创建的补间范围将包含此数量的帧。如果目标对象已应用了不同长度的补间，补间范围将进行调整，将时间轴补齐，以符合动画预设的长度。

⑤ 包含 3D 动画的动画预设只能应用于影片剪辑实例。已补间的 3D 属性不适用于图形或按钮元件，也不适用于文本字段。可以将 2D 或 3D 动画预设应用于任何 2D 或 3D 影片剪辑。如果动画预设对 3D 影片剪辑的 z 轴位置进行了动画处理，则该影片剪辑在显示时也会改变其 X 和 Y 位置。这是因为，Z 轴上的移动是沿着从 3D 消失点辐射到舞台边缘的不可见透视线执行的。

5.3 【案例 14】汽车到站

案例效果

"汽车到站.swf"播放画面如图 5-3-1 所示，汽车从一个站台开出，驶向另一个站台，到站后停止。通过本节内容的学习，读者将理解基本动画原理、基本掌握传统补间动画的制作方法及技巧。

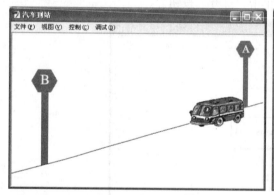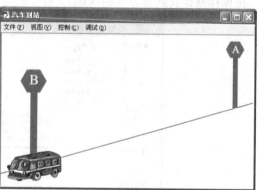

图 5-3-1 "汽车到站"效果图

设计步骤

（1）设置舞台工作区的大小为 500×400 像素，背景为淡黄色，并命名为"汽车到站.fla"。

（2）将图层 1 重命名为"站台"，在第 1 帧中绘制两个站台，分别进行组合，并分别标记为"A"站台和"B"站台，如图 5-3-1 所示。

（3）新建图层 2，命名为"汽车"，执行如下操作：

① 在第 1 帧处，单击"文件"→"导入"→"导入到舞台"命令，弹出"导入"对话框，通过该对话框在素材库中导入"Bus.jpg"图像，按照"行驶的汽车.fla"中的方法，制作一个名称为"汽车"的"图形"元件，将其放置在"A"站台处。

② 在第 30 帧处，按【F6】键，插入一个关键帧，并将该帧上的小汽车拖动到"B"站台处。

③　在第 1 帧与第 30 帧之间的任意一帧上右击，在弹出的快捷菜单中选择"创建传统补间"命令，如图 5-3-2 所示。

图 5-3-2　创建传统补间

此时可见两个关键帧之间变为淡紫色，并有一条带箭头的直线从第 1 帧指向第 30 帧，即为创建成功，如图 5-3-3 所示。

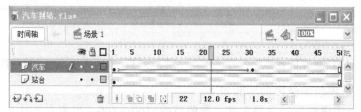

图 5-3-3　"汽车到站"时间轴

（4）将"站台"、"汽车"这两个图层分别在第 50 帧处按【F5】键插入帧，将动画延续到第 50 帧，此动作的目的在于使汽车到站后继续显示汽车在 B 站台处停止的画面。

（5）按【Ctrl+Enter】组合键测试动画，按【Ctrl+S】组合键保存文件。

相关知识

Flash 支持 3 种不同类型的补间以创建动画。一是在 Flash CS4 中引入了"补间动画"，功能强大且易于创建。通过补间动画可对补间动画进行最大限度的控制。二是"传统补间"，即包括在早期版本的 Flash 中创建的所有补间，其创建过程较为复杂。三是"形状补间"。

1. 传统补间

通过上面的步骤可以看出，本实例不仅仅是单纯地演示汽车由 A 站台驶向 B 站台的过程，而是形象地演示出传统补间动画制作过程中需要掌握的几个关键步骤。本动画最基本的 3 个要素为站台 A、站台 B 及一辆行驶的汽车，而一个最基本的传统补间动画也同样必须有 3 个要素，即：起点帧、终点帧、动作补间。现将要点总结如下：

（1）在起点帧处需先选中要进行动作的对象，且对象必须是元件或者将其进行组合。

（2）在终点帧处按【F6】键创建关键帧，并将对象移至动作目的地。

（3）在起点帧与终点帧之间的任意帧上创建传统补间。

2. 传统补间的"属性检查器"设置

传统补间的"属性检查器"如图 5-3-4 所示。

（1）"标签"选项组中选项的功能如下：

①　"名称"文本框可用于给关键帧进行标记注释，并将内容显示在关键帧上。

②　"类型"：输入帧标签后，在下拉菜单中有"名称""注释""锚点"3 个选项，选择不同的类型，可见不同的标记图案（见图 5-3-5），其作用也不一样。

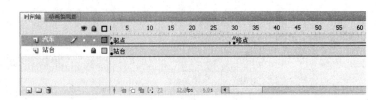

图 5-3-4　传统补间的"属性检查器"　　　　图 5-3-5　不同标签类型的标记图案

（2）"补间"选项组中选项的功能如下：

①　"缓动"：用来控制运动的速度，数值范围-100～100。当值为负时，动画呈加速状态，当值为正时，动画呈减速状态。例如，根据本动画特点，将"缓动"设置为"80"，可更为形象地展现出汽车减速进站的效果。

②　"旋转"：用来控制对象在运动时的旋转方式，包括 4 个选项"无"、"自动"、"顺时针"、"逆时针"，分别表示不旋转、尽可能少运动情况下的旋转、顺时针旋转和逆时针旋转对象。当选项为"顺时针"或者"逆时针"时，单击其右边的数值可输入旋转的数次。

③　"贴紧"：用于将运动对象贴紧至辅助线。

④　"调整到路径"：用于将运动对象的基线调整到运动路径。

⑤　"同步"：用于将图形元件实例的动画与时间轴同步。

⑥　"缩放"：运动对象在起始帧和终点帧的大小发生变化的时候，"缩放"选项被选中时，动画出现逐渐变大或变小的过程，否则整个补间动画一直保持起始帧中对象的大小，然后时间轴走到该补间动画的终点帧时再直接显示终点帧中对象的大小。

（3）"声音"选项组中选项的功能如下：

①　"名称"用来将库里的声音文件导入到动画中，导入成功的话，时间轴上可见一条波纹线。

②　"效果"：用来选择声音的播放效果，包括 8 个选项："无"、"左声道"、"右声道"、"从左到右淡出"、"从右到左淡出"、"淡入"、"淡出"、"自定义"，单击右边的"编辑"按钮可直接进行自定义效果编辑。

③　"同步"：用来选择声音在循环播放时与主影片的同步方式，包括 4 个选项："事件"、"开始"、"停止"、"数据流"。

④　"重复"：用来选择声音播放的方式，包括"重复"和"循环"两个选项。可单击右边数值修改重复次数，或选择"循环"方式不断循环播放。

3．补间动画和传统补间的差异

如表 5-3-1 所示，"补间动画"和"传统补间"这两种动画各有特色，补间动画提供了更多的补间控制，而传统补间则提供了一些用户可能需要使用的某些特定功能，这就为制作不同类型的动画提供了更多更好的选择。

表 5-3-1　补间动画与传统补间的差异

补　间　动　画	传　统　补　间
使用属性关键帧	使用关键帧
必须按住【Ctrl】键才能选择单个帧	直接用鼠标选择单个帧
在创建补间时将所有不允许的对象类型转换为影片剪辑	在创建补间时将所有不允许的对象类型转换图形元件
可创建自定义缓动曲线	不可创建自定义缓动曲线
可保存为动画预设	不可保存为动画预设
可以为 3D 对象创建动画效果	无法为 3D 对象创建动画效果
无法交换元件	可以交换元件
不允许使用帧脚本	允许帧脚本
只能对每个补间应用一种色彩效果	可以在两种不同的色彩效果（如色调和 Alpha 透明度）之间创建动画

案例拓展

【案例拓展 27】汽车进站报站

1. 案例效果

在"汽车进站.fla"的基础上，本实例不再停留在单纯地演示汽车由 A 站台驶向 B 站台的过程，而需要更加形象地模拟出汽车减速进站、报站、加速出站的过程，从而加深对"缓动"属性设置的认识。效果如图 5-3-6 所示。

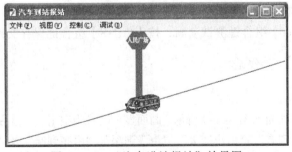

图 5-3-6　"汽车进站报站"效果图

2. 设计步骤

（1）打开"汽车进站.fla"，设置舞台工作区的大小为 500×200 像素，背景为淡黄色，并将其另存为"汽车到站报站.fla"。

（2）在"站台"图层中修改站台标志为"人民广场"，制作完毕后将图层锁住。

（3）选中"汽车"图层，执行如下操作：

① 第 1 帧处，将"属性检查器"中的"缓动"输出设置为"100"（见图 5-3-7），使第 1～30 帧之间的补间动画呈减速度行驶的状态。

图 5-3-7　"缓动"设置

上一节我们学习了使用"动画编辑器"来设置缓动效果，但是如果只是需要简单地修改移动速度，也可以在属性检查器中的"补间"选项中直接修改"缓动"值。但是在属性检查器中应用的缓动是调节整个补间，而动画编辑器中应用的缓动除了可以调节整个补间，还可以调节补间中某一部分的缓动效果。

单击右边的 ✎ 标志，可以打开"自定义缓入/缓出"对话框，通过增加及调整控制点也可以简单地调节曲线从而改变运动速率，单击"重置"按钮将速率曲线恢复为默认的线性状态。

② 单击"文件"→"导入"→"导入到库"命令，通过该对话框在素材库中导入"人民广场到.mp3"。此时，单击"窗口"→"库"命令，可见声音文件已经导入库中。

③ 单击第 30 帧，在"属性检查器"中的"声音"下拉菜单中选择"人民广场到.mp3"，延长帧可见时间轴上出现声音波纹，如图 5-3-8 所示（注：本音频时长约为 9s，本影片的帧频为 12fps，如需将声音播放完整至少需延长 108 帧）。

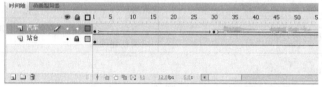

图 5-3-8　导入声音后的时间轴

④ 在第 140 帧处按【F6】键，创建一个关键帧，汽车位置不动，第 30～140 帧之间用于汽车报站。

⑤ 第 170 帧处按【F6】键，创建一个关键帧，将汽车向左边移至舞台之外。

⑥ 在第 140 帧与第 170 帧之间任意一帧上右击，在弹出的快捷菜单中选择"创建传统补间"命令。

⑦ 单击第 140 帧，将 "属性检查器"中的"缓动"输出设置为"-100"，使第 140～170 帧之间的补间动画呈加速度行驶的状态。

（4）按【Ctrl+Enter】组合键测试动画，按【Ctrl+S】组合键保存文件。

【案例拓展 28】静夜思

1. 案例效果

"静夜思.swf"播放画面如图 5-3-9 所示，画面显示皓月当空下，一首古诗逐句出现，分别表现为"由远及近"、"由无到有"、"由小变大"、"由浅到深"、"由亮到暗"及"旋转出现"等特效。

图 5-3-9　"静夜思"效果图

2. 设计步骤

（1）设置舞台工作区的大小为 550×400 像素，背景为黑色，并命名为"静夜思.fla"。

（2）将图层 1 重命名为"背景"，选择第 1 帧，单击"文件"→"导入"→"导入到舞台"命令，弹出"导入"对话框，通过该对话框在素材库中导入"moon .jpg"图像。在"属性检查器"中"位置和大小"选项中调整图片宽度为 550 像素，高度为 400 像素，如图 5-3-10 所示，将图像放置在舞台中央后，将该图层加锁，以方便后面的制作。

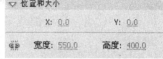

图 5-3-10　设置图像大小

（3）新建图层 2，命名为"标题"，执行如下操作：

① 在第 1 帧处，单击"文本工具" T，在属性栏中设置字体为"楷体_GB2312"，字大小为"60"，颜色为"白色"，如图 5-3-11 所示，在舞台中输入"静夜思"三个字，再使用"选择工具" ↖ 选中它，右击，在弹出的快捷菜单中选择"转换为元件"命令，打开"转换为元件"对话框，设置名称为"标题"，类型为"图形"，如图 5-3-12 所示。

图 5-3-11　设置文本工具属性

图 5-3-12　将"标题"转换为元件

② 在第 20 帧处按下【F6】键，创建一个关键帧。

③ 第 1 帧到第 20 帧之间的任意一帧上右击，在弹出的快捷菜单中选择"创建传统补间"命令。

④ 选中第 1 帧中的"静夜思"，按住【Shift】键的同时，使用"任意变形工具" ▦ 将文字缩小（注：缩放同时按住【Shift】键，可使对象锁定比例进行缩放。）。

⑤ "标题"图层的效果如图 5-3-13 所示，锁定该图层。

（a）第 1 帧效果

（b）第 20 帧效果

图 5-3-13　"标题"效果对比

（4）新建图层 3，命名为"作者"，执行如下操作：

① 第 20 帧处按【F7】键，创建一个空白关键帧（注：因为前面的帧没有内容，所以也可以直接按【F6】键，同样会插入一个空白的关键帧）。使用"文本工具" T 输入"[唐] 李白"，在"属性检查器"中将字大小设置为"25"，其余不变，再按照前面同样的方法，将它转换为"图形"元件，命名为"作者"。

② 第 40 帧处按【F6】键，创建一个关键帧。

③ 第 20 帧到第 40 帧之间的任意一帧上右击，在弹出的快捷菜单中选择"创建传统补间"命令。

④ 选中第 20 帧上的"[唐] 李白"，打开"属性检查器"，在"色彩效果"里的样式属性下拉菜单中，选择"Alpha"属性，并拖动滑块或者直接修改数值为 0%，如图 5-3-14 所示。（注：Alpha 值用来设置元件的透明度，其有效范围值是 0～100，数值越小元件显示越透明，0%表示完全透明，数值越大元件显示越明显，100%表示完全不透明。）

⑤ "作者"图层的效果如图 5-3-15 所示，锁定该图层。

（a）第 20 帧效果　　　　　（b）第 40 帧效果

图 5-3-14　设置元件 Alpha 值　　　　　图 5-3-15　"作者"效果对比

（5）新建图层 4，命名为"第 1 句"，执行如下操作：

① 单击第 40 帧，按下【F7】键，创建一个空白关键帧，使用"文本工具"T 输入"床前明月光"，在"属性检查器"中将字大小设置为"45"，其余不变，将其转换为"图形"元件，名称为"第 1 句"。

② 在第 60 帧处按下【F6】键，创建一个关键帧。

③ 第 40 帧到第 60 帧之间的任意一帧上右击，在弹出的快捷菜单中选择"创建传统补间"命令。

④ 选中第 20 帧中的"床前明月光"，将其水平拖到舞台左边的外侧。

⑤ "第 1 句"图层的效果如图 5-3-16 所示，锁定该图层。

（a）第 40 帧效果　　　　　（b）第 60 帧效果

图 5-3-16　"第 1 句"效果对比

（6）新建图层 5，命名为"第 2 句"，执行如下操作：

① 在第 60 帧处按下【F7】键，创建一个空白关键帧，使用"文本工具"T 输入"疑是地上霜"（文本会延续使用上一次输入的格式，不需再设置）。按照前面同样的方法，转化为"图形"元件，名称为"第 2 句"。

② 在第 80 帧处按下【F6】键，创建一个关键帧。

③ 第 60 帧到第 80 帧之间的任意一帧上右击，在弹出的快捷菜单中选择"创建传统补间"命令。

④ 单击第 60 帧上的"疑是地上霜"，在"属性检查器"中"色彩效果"里的"样式"下拉菜单中，选择"亮度"属性，拖动滑块或者直接修改数值为-100%，如图 5-3-17 所示（亮度值的有效范围值是-100～100，数值为负，元件显示为暗，-100%表示最暗，数值为正，元件显示为亮，100%表示最亮）。

图 5-3-17　设置元件亮度属性

⑤ "第 2 句"图层的效果如图 5-3-18 所示，锁定该图层。

（7）新建图层 6，命名为"第 3 句"，执行如下操作：

① 在第 80 帧处按下【F7】键，创建一个空白关键帧，使用"文本工具" T 输入"举头望明月"，按照前面同样的方法，将其转化为"图形"元件，命名为"第 3 句"。

② 在第 100 帧处按下【F6】键，创建一个关键帧。

③ 第 80 帧到第 100 帧之间的任意一帧上右击，在弹出的快捷菜单中选择"创建传统补间"命令。

④ 打开"属性检查器"，在"补间"选项中，设置旋转为"顺时针"方向，次数为"2"次，如图 5-1-19 所示。

（a）第 60 帧效果

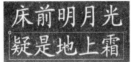
（b）第 80 帧效果

图 5-3-18　"第 2 句"效果对比

图 5-3-19　设置旋转方向和次数

⑤ 锁定该图层。

（8）新建图层 7，命名为"第 4 句"，执行如下操作：

① 在第 100 帧处按下【F7】键，创建一个空白关键帧，使用"文本工具" T 输入"低头思故乡"，按照前面同样的方法，将其转化为"图形"元件，命名为"第 4 句"。

② 在第 120 帧处按下【F6】键，创建一个关键帧。

③ 第 100 帧到第 120 帧之间的任意一帧上右击，在弹出的快捷菜单中选择"创建传统补间"命令。

④ 单击第 100 帧上的"低头思故乡"，单击"修改"→"变形"→"垂直翻转"命令，进行垂直翻转，再用"任意变形工具" ▒ 将其缩小，最后设置该元件的 Alpha 值为 50%。

⑤ "第 4 句"图层的效果如图 5-3-20 所示，锁定该图层。

（a）第 100 帧效果

（b）第 120 帧效果

图 5-3-20　"第 4 句"效果对比

（9）在所有图层的第 120 帧处按下【F5】键，时间轴如图 5-3-21 所示，"库"面板如图 5-3-22所示。

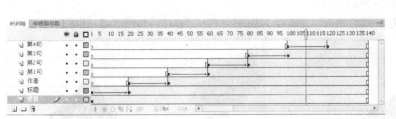

图 5-3-21　"静夜思"时间轴

图 5-3-22　"库"面板

（10）按【Ctrl+Enter】组合键测试动画，按【Ctrl+S】组合键保存文件。

【案例拓展 29】内角和定理

1. 案例效果

"内角和定理.swf"播放画面如图 5-3-23 所示，动画通过移动、翻转三角形的内角，使它们组成一个 180° 平角来论证"三角形内角和等于180°"定理的过程。

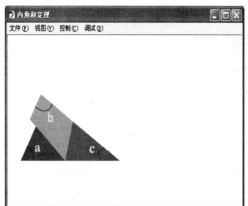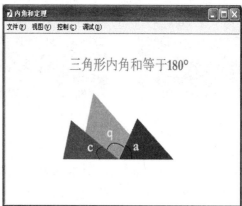

图 5-3-23 "内角和定理"效果图

2. 设计步骤

（1）设置舞台工作区的大小为 500×300 像素，背景为淡黄色，命名为"内角和定理.fla"。

（2）单击图层 1 的第 1 帧，绘制一个三角形，填充为蓝色，使用"线条工具"  切出一个内角，并填充为红色，在红色区域块上右击，在弹出的快捷菜单中选择"分散到图层"命令，如图 5-3-24 所示。此时可见时间轴上自动增加图层 2。选中该图层，命名为"红色角 c"。

（3）在"红色角 c"图层的第 1 帧上，给角 c 内绘制角标，如图 5-3-25 所示，完成后将角 c 转换为图形元件"角 c"，完成后将图层锁定，以方便后面的制作。

图 5-3-24 切出红色区域分散到图层　　　　图 5-3-25 角 c

（4）返回图层 1 的第 1 帧，将用来切分的直线删除，然后使用同样的方法制作图形元件"绿色角 b"，如图 5-3-26 和图 5-3-27 所示。

（5）将图层 1 重命名为"蓝色角 a"并转换为图形元件"角 a"，如图 5-3-28 所示。

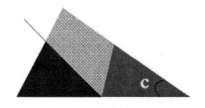

图 5-3-26 切出绿色区域分散到图层　　　图 5-3-27 角 b　　　图 5-3-28 角 a

（6）在"红色角 c"图层的第 50 帧处按下【F5】键。

（7）在"蓝色角 a"图层的第 25 帧处按下【F6】键，创建一个关键帧，将角 a 移动到角 c 的右边，两个顶点相对，如图 5-3-29 所示，在第 1 帧与第 25 帧之间创建传统补间，并在第 50 帧处按下【F5】键，保持画面不变。

（8）在"绿色角 b"图层的第 25 帧和第 50 帧处分别按下【F6】键，选中第 50 帧处的"角 b"，单击两次"修改"→"变形"→"顺时针旋转 90 度"命令，将"角 b"进行 180° 旋转，将 3 个角的顶点合一，如图 5-3-30 所示。然后在第 25 帧与第 50 帧之间创建传统补间。

图 5-3-29　平移角 a

图 5-3-30　旋转角 b

（9）新建图层 4，命名为"内角和定理"，执行如下操作：

① 在第 35 帧处按下【F7】键，插入空白关键帧，输入"三角形内角和等于 180°"，将其转换为图形元件"定理"。

② 第 60 帧处按下【F6】键，创建一个关键帧，把文字拖放到三角形上方。

③ 将第 35 帧的"三角形内角和等于 180°"拖到屏幕上方，然后在第 35 帧与第 60 帧之间创建传统补间。

（10）最后在时间轴上各个图层的第 60 帧处按下【F5】键，时间轴如图 5-3-31 所示，"库"面板如图 5-3-32 所示。

（11）按【Ctrl+Enter】组合键测试动画，按【Ctrl+S】组合键保存文件。

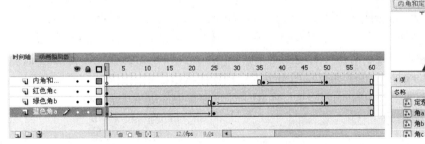
图 5-3-31　"内角和"时间轴

图 5-3-32　内角和定理"库"面板

可以将一个图层内的某一帧中的多个对象分散到不同图层的第 1 帧中。方法是，选中要移到其他图层的对象，单击"修改"→"时间轴"→"分散到图层"命令，或者在选中的对象上右击，在弹出的快捷菜单中选择"分散到图层"命令，就可以将选中的对象分散。

【案例拓展 30】滚落的弹球

1. 案例效果

"滚落的弹球.swf"播放画面如图 5-3-33 所示。画面中，一枚红色小球从台面上落下，在地面上经过蹦蹦跳跳的一番运动后，最后停止下来。

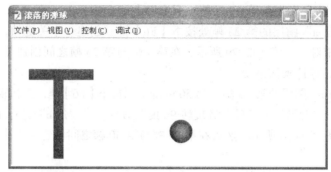

图 5-3-33   "滚落的弹球"效果图

上一节，我们学过如何使用动画预设来制作弹球，通过本节内容的学习，读者将理解并掌握使用引导线制作动画的基本原理，以及为传统补间动画创建运动路径的方法及技巧。

2. 设计步骤

（1）设置舞台大小为 500×200 像素，背景为淡黄色，并将其命名为"滚落的弹球.fla"。

（2）将图层 1 重命名为"台子"，在第 1 帧中绘制一个 T 字台并组合。

（3）新建图层 2 命名为"弹球"，执行如下操作：

① 第 1 帧处，按住【Shift】键的同时，使用"椭圆工具" ○ 绘制一个小球（在属性检查器中设置"填充与笔触"选项中的边框为无 ⁄ ▭ ，填充色为 ◇ ▭（红色放射状），并将小球放置在台面上。

② 单击小球，在弹出的快捷菜单中选择"转换为元件"命令，将元件命名为"弹球"，类型为"图形"，如图 5-3-34 所示。

③ 第 50 帧处按下【F6】键，创建一个关键帧，将小球拖到画面的右下角，即小球最后落定的位置。

④ 右击第 1 帧与第 50 帧中间的任意一帧，在弹出的快捷菜单中选择"创建传统补间"命令。

（4）选中"弹球"图层，右击，在弹出的快捷菜单中选择"添加传统运动引导层"命令，如图 5-3-35 所示。时间轴上自动增加"引导层：弹球"图层，如图 5-3-36 所示，表示可以通过该引导层来控制被引导层"弹球"图层里的对象的运动轨迹。

图 5-3-34   将"弹球"转换为元件   图 5-3-35   添加引导层

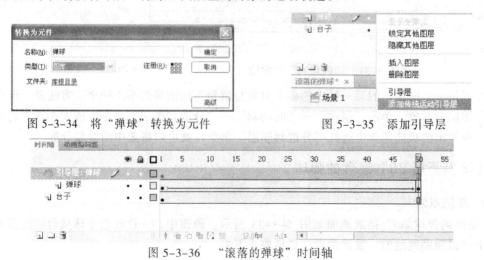

图 5-3-36   "滚落的弹球"时间轴

（5）单击"引导层：弹球"图层的第 1 帧，使用"铅笔工具"在舞台中绘制一条曲线作为小球的滚落轨迹，我们把这条曲线称为引导线。也可以使用钢笔、铅笔、线条、圆形、矩形或刷子工具绘制所需的路径，引导线必须是连续不断的，动画播放时不可见，只显示在编辑状态下。

（6）将第 1 帧和第 50 帧上的"弹球"元件的中心点套在引导线上，如图 5-3-37 和图 5-3-38 所示。

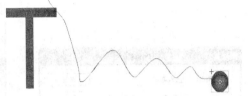

图 5-3-37　"弹球"套在引导线起点处　　　　图 5-3-38　"弹球"套在引导线终点处

（7）按【Ctrl+Enter】组合键测试动画，按【Ctrl+S】组合键保存文件。

3. 知识进阶

（1）什么是引导层

引导层是 Flash 中一种特殊的图层，当需要为传统补间动画创建运动路径时，就需要用到引导层，引导层中绘制的线条或形状称为"引导线"。添加到引导层中的内容不会出现在 .swf 文件播放窗口中，所以它不会增加文件的大小，而且它可以多次使用。需要注意的是：

① "引导层"必须置于"被引导层"的上方，"被引导层"里放置的是运动对象，其运动轨迹为"引导层"中的"引导线"，引导线中间不能断开，元件实例将沿着引导线运动，如图 5-3-39 所示。

② 每个图层只能添加一个引导层，但可以将多个被引导层放在同一个引导层下，使多个对象沿同一条路径运动。

③ 在绘制完运动轨迹线后，通常将引导层锁起来，这样可以避免对运动轨迹线的误修改。

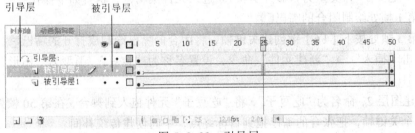

图 5-3-39　引导层

（2）创建引导层

方法一：选中被引导层，右击，弹出快捷菜单，选择"添加引导层"命令层。

方法二：选中被引导层，单击"插入"→"时间轴"→"运动引导层"命令。

（3）取消引导层

方法一：选中引导层，右击，弹出快捷菜单，将 ☑引导层 前的√取消即可。

方法二：单击"修改"→"时间轴"→"图层属性"命令，打开"图层属性"对话框，将类型设置为"一般"，如图 5-3-40 所示。

【案例拓展 31】迷宫逃生

1. 案例效果

"迷宫逃生.swf"播放画面如图 5-3-41 所示，动画模拟经典游戏"吃金豆"的动态效果。迷宫中，一个小金豆正在奋力滚动，躲避红色大嘴巴的追赶。

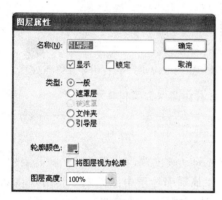

图 5-3-40　"图层属性"对话框

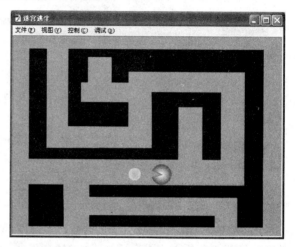

图 5-3-41　"迷宫逃生"效果图

2. 设计步骤

（1）设置舞台工作区的大小为 550×400 像素，背景为灰色，并命名为"迷宫逃生.fla"。

（2）将图层 1 重命名为"迷宫"，在舞台中央绘制一大块黑色区域，然后使用"橡皮擦工具"擦出迷宫的线路，效果如图 5-3-41 所示。

（3）单击"插入"→"新建元件"命令，打开"创建新元件"对话框，如图 5-3-42 所示，设置名称为"吃豆子"，类型为"影片剪辑"。进入元件编辑区，执行如下操作：

① 在第 1 帧处绘制闭合的嘴巴 。

② 在第 3 帧处按下【F6】键创建关键帧，将闭合的嘴巴绘制成打开的嘴巴 。

（4）单击"插入"→"新建元件"命令，设置名称为"金豆"，类型为"图形"。绘制一个小金豆 。

（5）新建图层 2，命名为"吃豆子"，将"吃豆子"元件拖入到舞台，在第 50 帧处按下【F6】键，创建一个关键帧，把张合的嘴巴拖到目标终点，中间创建传统补间。

（6）新建图层 3，命名为"金豆"，将"金豆"元件拖入到舞台，在第 50 帧处按下【F6】键，创建一个关键帧，把豆子拖到目标终点，中间创建传统补间。

（7）在"吃豆子"图层上添加引导层，并将"金豆"图层拖到引导层的下方。在引导层中绘制豆子逃生路线，分别把"吃豆子"和"金豆"元件中心点套在引导线的起点和终点上。

（8）将"属性检查器"中"补间"选项里的"调整到路径"复选框选中上，如图 5-3-43 所示，对象在运动中会随着引导线的方向改变而改变自身的角度。

（9）最后的时间轴如图 5-3-44 所示，按【Ctrl+Enter】组合键测试动画，按【Ctrl+S】组合键保存文件。

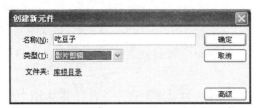

图 5-3-42　创建"吃豆子"影片剪辑元件　　图 5-3-43　选中"调整到路径"复选框

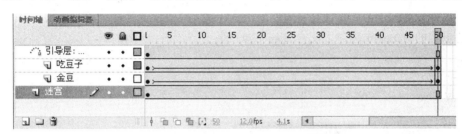

图 5-3-44　　"迷宫逃生"时间轴

【案例拓展 32】地月运动

1. 案例效果

"地月运动.swf"播放画面如图 5-3-45 所示。在浩瀚宇宙中，可以看到地球绕着太阳转，月亮绕着地球转的动画效果。

图 5-3-45　　"地月运动"效果图

2. 设计步骤

（1）设置舞台工作区的大小为 600×400 像素，背景为黑色，并将其命名为"地月运动.fla"。

（2）将图层 1 重命名为"背景"，单击"文件"→"导入"→"导入到舞台"命令，弹出"导入"对话框，通过该对话框在素材库中导入"宇宙 .jpg"图像。在"属性检查器"中调整大小为"600*400 像素"，完全覆盖舞台。

（3）新建图层 2，命名为"太阳"，执行如下操作：

① 单击"椭圆工具"，将其设为无边框，单击"窗口"→"颜色"命令，弹出"颜色"面

板，设置类型为"放射状"，颜色为由"红色"向"白色"过渡的渐变色，如图 5-3-46 所示。再按住【Shift】键的同时拖动鼠标在舞台上绘制一个正圆。

② 选中"填充变形工具"，单击正圆，将红色中心位置移到右侧面，形成立体效果，如图 5-3-47 所示。

③ 在正圆上右击，在弹出的快捷菜单中选择"转换为元件"命令，设置类型为"图形"，名称为"太阳"。

④ 第 60 帧处按下【F6】键，中间创建传统补间，并设置为逆时针旋转 1 次，如图 5-3-48 所示，此步骤的目的在于创建太阳自转的动画效果。

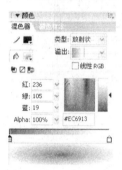  

图 5-3-46　混色器　　　图 5-3-47　绘制"太阳"　　　图 5-3-48　设置旋转方向和次数

（4）单击"插入"→"新建元件"命令，设置名称为"地月"，类型为"影片剪辑"。进入元件编辑区，执行如下操作：

① 将图层 1 重命名为"地球"，按照制作"太阳"元件的方法，制作一个"地球"元件，将其放在舞台中间，并实现自转。

② 新建图层 2，命名为"月球"，用上述方法制作"月球"元件，将其对准舞台正中心放好。

③ 在"月球"图层上添加引导层，制作月球的运动轨迹，执行如下步骤：

- 在"地球"周围绘制一条椭圆形引导线，并用"橡皮擦工具"擦出一个小缺口，如图 5-3-49 所示。
- 将"月球"元件中心点套在引导线的起点和终点上，并使起点和终点能够续接起来，放置位置如图 5-3-50 所示。

 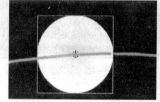 

（a）起点位置　　　（b）终点位置

图 5-3-49　"月球"引导线　　　图 5-3-50　将"月球"套在引导线上

④ 将地球和月球及引导线摆放好，如图 5-3-51 所示，"地月"影片剪辑的时间轴如图 5-3-52 所示。

（5）返回场景 1，新建图层 3，命名为"地月"，将做好的"地月"影片剪辑元件拖入舞台，第 60 帧处按下【F6】键，中间创建传统补间。

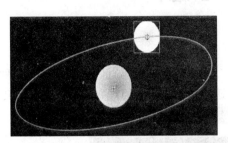

图 5-3-51　"地月"影片剪辑效果图　　　图 5-3-52　"地月"影片剪辑元件时间轴

（6）在"地月"图层上添加引导层，并在引导层内绘制椭圆轨道形引导线，同样使用"橡皮擦工具"擦出一个小缺口，然后将"地月"元件中心点套在引导线的起点和终点上，并使起点和终点能够续接起来，放置位置如图 5-3-53 所示，效果如图 5-3-54 所示。

（a）起点位置　　　　　　　　　　　（b）终点位置

图 5-3-53　引导线起点与终点位置对比图

图 5-3-54　将"地月"影片剪辑套在主引导线上

（7）最后的时间轴如图 5-3-55 所示，按【Ctrl+Enter】组合键测试动画，按【Ctrl+S】组合键保存文件。

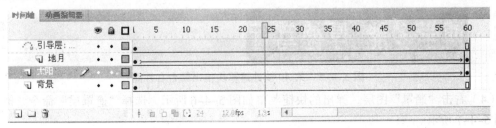

图 5-3-55　"地月运动"时间轴

5.4 【案例 15】遮罩

案例效果

"遮罩.swf"播放画面如图 5-4-1 所示，校训"博学多能 厚德笃行"逐字出现，然后逐字消失。通过本节内容的学习，读者能够理解并掌握遮罩动画的基本原理、制作方法及技巧。

图 5-4-1 "遮罩"效果图

设计步骤

（1）设置舞台工作区的大小为 500×100 像素，背景为黑色，并命名为"遮罩字.fla"。

（2）将图层 1 重命名为"文字"，使用"文本工具" **T** 输入"博学多能 厚德笃行"8 个字，字体为"宋体"，颜色为"湖蓝色"，字大小为"58"，粗体显示，置于舞台中央，如图 5-4-2 所示。

（3）新建图层 2，命名为"遮罩"，执行如下操作：

① 第 1 帧处，使用"矩形工具" □ 绘制一个长方形，颜色任意，大小以覆盖整行文字为准，如图 5-4-3 所示。完成后将其转换为元件，名称为"遮罩块"，类型为"图形"。

| 图 5-4-2 文字 | 图 5-4-3 遮罩块 |

② 在第 40 帧处按下【F6】键，创建一个关键帧，在第 1 帧到第 40 帧中间创建传统补间。

③ 将第 1 帧处的遮罩块拖到舞台的左外侧，如图 5-4-4 所示。将第 40 帧处的遮罩块拖到舞台的右外侧，如图 5-4-5 所示。

图 5-4-4 第 1 帧处遮罩块拖出舞台左外侧

图 5-4-5 第 40 帧处遮罩块拖出舞台右外侧

（4）右击"遮罩"图层，弹出的快捷菜单如图 5-4-6 所示，选择"遮罩层"命令，时间轴如图 5-4-7 所示。

（5）按【Ctrl+Enter】组合键测试动画，按【Ctrl+S】组合键保存文件。

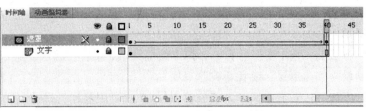

图 5-4-6　设置"遮罩层"　　　　　　　图 5-4-7　　"遮罩"时间轴

相关知识

1. 什么是遮罩层

所谓"遮罩",顾名思义就是使用某块区域把下面的内容遮住,Flash 中没有直接存在的遮罩层,是由普通图层转化而来。

下面我们分别在两个图层中绘制一个圆和一张图片来进行对比,在普通图层中,绘制一块区域,该图层下方的对象会被其遮住,而当我们将该图层设为"遮罩层"的时候,则恰恰相反:

（1）将"蓝色圆"图层放置在"建筑"图层上方,如图 5-4-8 所示,此时,圆形区域"遮"住了图片的中间部分。

（2）把"蓝色圆"设置为遮罩层,如图 5-4-9 所示。此时,原本是"蓝色圆"图层"遮"住了"建筑"图层,现在反而可以通过这个圆形区域看到图片的中间部分。

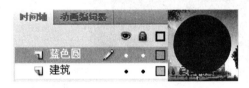

图 5-4-8　普通图层效果　　　　　　　图 5-4-9　遮罩层效果

由此,可以这样总结:遮罩层动画所显示的恰恰就是"被遮罩层"被"遮罩层"所"遮住"的那部分,其基本原理是能够通过该图层中对象的形状看到被遮罩图层中对象的内容。需要注意的是:

（1）"遮罩层"必须置于"被遮罩层"的上方,"被遮罩层"中放置的是需要显示的内容,"遮罩层"中放置的内容是一种形状区域,相当于挖空相应形状,通过这个挖空区域,显示出被"遮"在下面的内容。

（2）遮罩层中的对象在播放时是看不到的,被遮罩层中的对象只能透过遮罩层中的"遮罩区域"看到。

（3）在一个遮罩动画中,"遮罩层"只有一个,"被遮罩层"可以有任意个,可以将多个层组合放在一个遮罩层下,以创建出多样的效果。

（4）不能用一个遮罩层试图遮蔽另一个遮罩层。

（5）建立遮罩动画后,遮罩层由普通图层图标变为遮罩层图标 ■,系统将该层下面一个图层自动缩进,变为被遮罩层图标 ■,且这些图层会被自动设定为锁定状态,解锁后在编辑环境中不会显示遮罩效果。

（6）可以在遮罩层、被遮罩层中分别或同时使用逐帧动画、补间动画、引导动画等动画手段,从而使遮罩动画变成一个可以施展无限想象力的创作空间。

2. 设置遮罩层/被遮罩层

方法一：选中准备做为遮罩层的图层后右击，弹出快捷菜单，选择"遮罩"命令，设置遮罩层。

方法二：选中图层后右击，弹出快捷菜单，选择"属性"命令，打开"图层属性"对话框，类型设为"遮罩层"或者"被遮罩层"。

方法三：若需添加多个"被遮罩层"，也可用鼠标将普通图层直接拖动到遮罩层的下方。

3. 取消遮罩

方法一：选中遮罩层后右击，弹出快捷菜单，将 ✔遮罩层 前的√取消即可。

方法二：选中图层，在"图层属性"对话框中，将类型设为"一般"。

案例拓展

【案例拓展 33】字中画

1. 案例效果

"字中画.swf"播放画面如图 5-4-10 所示，在画面中显示镂空文字"九江职业大学"，文字的里面一幅幅图像正在循环播放。

图 5-4-10　"字中画"效果图

2. 设计步骤

（1）设置舞台工作区的大小为 500×100 像素，背景为黑色，并命名为"字中画.fla"。

（2）将图层 1 重命名为"图片"，单击"文件"→"导入"→"导入到舞台"命令，弹出"导入"对话框，通过该对话框在素材库中导入"jjvu.jpg"图像。设置图片大小为"125*100"，复制 5 次后对齐放置成一排，并选中这 6 幅图片，将它们转化为元件，设置类型为"图形"，名称为"图片组"，如图 5-4-11 所示。

图 5-4-11　图片组

（3）新建图层 2，命名为"文字遮罩"，在第 1 帧处输入"九江职业大学"6 个字，字体为"楷体_GB2312"，颜色任意，字大小为"84"，粗体显示，置于舞台中央，然后在第 40 帧处按下【F5】键，将画面延续。

（4）在"图片"图层的第 40 帧处按下【F6】键，创建一个关键帧，第 1 帧到第 40 帧中间创建动作补间动画。将第 1 帧处的图片最右边对齐文字的最右边，如图 5-4-12（a）所示。第 40 帧处的图片最左边对齐文字的最左边，如图 5-4-12（b）所示。

（a）画面一

（b）画面二

图 5-4-12　文字与图片的位置

（5）右击"文字遮罩"图层，在弹出的快捷菜单中选择"遮罩层"命令，建立遮罩动画，如图 5-4-13 所示。

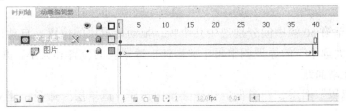

图 5-4-13　"字中画"时间轴

（6）按【Ctrl+Enter】组合键测试动画，按【Ctrl+S】组合键保存文件。

【案例拓展 34】探照灯效果

1. 案例效果

"探照灯效果.swf"播放画面如图 5-4-14 所示。在画面中，一束圆形探照灯灯光投向夜空中的大楼，灯光所投射之处为亮色，大楼图像可见，未投射之处为暗色，大楼图像不可见。

图 5-4-14　"探照灯效果"效果图

2. 设计步骤

（1）设置舞台工作区的大小为 400×300 像素，背景为黑色，并命名为"探照灯效果.fla"。

（2）将图层 1 重命名为"原图"，单击"文件"→"导入"→"导入到舞台"命令，弹出"导入"对话框，通过该对话框在素材库中导入"jjvu.jpg"图像。设置图片大小为 400×300 像素，覆盖整个舞台，然后在第 50 帧处按下【F5】键，将画面延续。

（3）新建图层 2 命名为"暗色图"，将该图层拖到"原图"图层的下面，执行如下操作：

① 单击"窗口"→"库"命令，打开"库"面板，将"jjvu.jpg"图像拖入第 1 帧。

② 右击图片，在弹出的快捷菜单中选择"转换为元件"命令，设置类型为"图形"，名称为"图片"。

③ 在第 1 帧处选中图片，打开"属性检查器"，把"色彩效果"选项中的"亮度"调整为"-85%"，使图片光线变暗，如图 5-4-15 所示。

④ 在第 50 帧处按下【F5】键，将画面延续。

（4）在"原图"图层上面新建图层 3，命名为"遮罩"，执行如下操作：

① 第 1 帧处，绘制一个圆，大小为灯光探照范围，将其转换为元件，类型为"图形"，名称为"遮罩"。

② 第 50 帧处，按下【F5】键，在中间任一帧上右击，在弹出的快捷菜单中选择"创建补间动画"命令。

③ 在第 1 帧至第 50 帧中间分别选中几个帧，拖动遮罩块的位置，自动产生 5 个关键帧。

④ 按照"近大远小"的原理调整每个关键帧上遮罩块的位置和大小，并调整贝赛尔曲线，形成较为平滑的运动曲线。

（5）右击"遮罩"图层，在弹出的快捷菜单中选择"遮罩层"命令，建立遮罩动画。时间轴如图 5-4-16 所示。

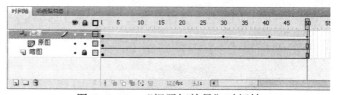

图 5-4-15　设置元件亮度　　　　　　　图 5-4-16　"探照灯效果"时间轴

（6）按【Ctrl+Enter】组合键测试动画，按【Ctrl+S】组合键保存文件。

【案例拓展 35】瀑布

1. 案例效果

"瀑布.swf"播放画面如图 5-4-17 所示，画面中显示一条瀑布倾流而下的景色，水声回荡，画面的右下角显示"中国最大的瀑布—黄果树瀑布"字样。

图 5-4-17　"瀑布"效果图

2. 设计步骤

（1）设置舞台工作区的大小为 820×400 像素，背景为黑色，并命名为"瀑布.fla"。

（2）将图层 1 重命名为"原图"，单击"文件"→"导入"→"导入到舞台"命令，弹出"导入"对话框，通过该对话框在素材库中导入"瀑布.jpg"图像，设置图片大小为 820×400 像素，图片底边与舞台齐平，然后在第 25 帧处按下【F5】键，将画面延续。

（3）新建图层 2，命名为"山体"，执行如下操作：

① 单击"窗口"→"库"命令，弹出"库"面板，将"瀑布.jpg"图像拖入第 1 帧。设置与"原图"大小、位置一样，然后将"原图"图层锁定，并设为"不可见"。

② 选中图片，按【Ctrl+B】组合键将图片分离，然后使用套索工具，设置魔术棒阈值为"40"，使用魔术棒将瀑布主体部分勾勒出来，按【Ctrl+X】组合键，将其剪切，此时图片只留有山体，如图 5-4-18 所示。

（4）新建图层 3，命名为"瀑布"，执行如下操作：

① 单击"选择工具"，在舞台空白处右击，在弹出的快捷菜单中选择"粘贴到当前位置"命令，将剪切下来的瀑布复制在该图层中，如图 5-4-19 所示。此时，两个图层重叠在一起，形成一幅完整的瀑布图。

图 5-4-18　山体

图 5-4-19　瀑布主体

② 设置"原图"图层为"可见"，使用键盘上的方向键将原图向周围任意方向移动一些，与"瀑布"和"山体"重叠而成的瀑布图片产生细微偏移，在第 25 帧处按下【F5】键，将画面延续，完成后将图层锁定。

（5）在图层"瀑布"上新建图层 4，命名为"遮罩"，执行如下操作：

① 第 1 帧处，使用"矩形工具"绘制一个长条，并将其多次复制，将这些矩形条对齐放置成一个矩形组，以覆盖并且超出瀑布范围为止。

② 将矩形组转换成"图形"元件，命名为"遮罩"。

③ 在第 25 帧处按下【F6】键，创建一个关键帧，在第 1 帧到第 25 帧中间创建传统补间。将第 1 帧处的矩形块不完全覆盖住瀑布，如图 5-4-20 所示。第 25 帧处的矩形块完全覆盖并且向下超出一些范围，如图 5-4-21 所示。

图 5-4-20　第 1 帧遮罩位置

图 5-4-21　第 25 帧遮罩位置

（6）新建图层 5，命名为"文字"，在画面的右下角输入"中国最大的瀑布–黄果树瀑布"字样，字体为黑体，字大小为 20，颜色为白色，第 25 帧处按下【F5】键。

（7）新建图层 6，命名为"声音"，执行如下操作：

① 单击"文件"→"导入"→"导入到库"命令，在素材库中导入声音文件"water16.mp3"，声音导入后，"库"面板如图 5-4-22 所示。

② 在"属性检查器"里"声音"选项组中的"名称"下拉列表框中选择"water16.mp3"选项，并设置"循环"播放，如图 5-4-23 所示。

图 5-4-22　瀑布"库"面板

图 5-4-23　插入声音文件

③ 在第 25 帧按下【F5】键，可见时间轴上出现声音波纹。

（8）右击"遮罩"图层，在弹出的快捷菜单中选择"遮罩层"命令，建立遮罩动画，时间轴如图 5-4-24 所示。

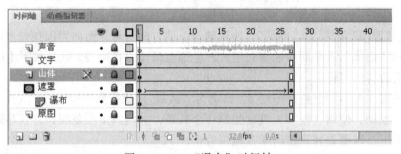

图 5-4-24　"瀑布"时间轴

（9）按【Ctrl+Enter】组合键测试动画，按【Ctrl+S】组合键保存文件。

【案例拓展 36】展开的卷轴

1. 案例效果

"展开的卷轴.swf"播放画面如图 5-4-25 所示，随着一幅画轴的慢慢展开，画面中一副庐山三叠泉瀑布画卷逐渐映入眼帘。

2. 设计步骤

（1）设置舞台工作区的大小为 300×600 像素，背景为粉色，并命名为"展开的卷轴.fla"。

（2）将图层 1 重命名为"画"，执行如下操作：

① 在第 1 帧处绘制一块无边框的灰色长方形，略小于舞台大小，置于舞台中央。

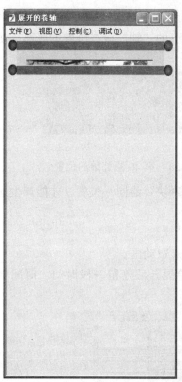

图 5-4-25　"展开的卷轴"效果图

② 单击"文件"→"导入"→"导入到舞台"命令，弹出"导入"对话框，通过该对话框在素材库中导入"三叠泉.jpg"图像，调整图片略小于灰色长方形，置于舞台中央，如图 5-4-26 所示。

③ 完成画卷制作后，在第 40 帧按下【F5】键，将画面保持在舞台上，最后将该图层锁定，以便后面的操作。

（3）新建图层 2，命名为"遮罩"，执行如下操作：

① 在第 1 帧处绘制一块无边框的长方形，以覆盖"画"图层中的灰色长方形大小为准，并将其转换为"图形"元件，命名为"遮罩"。

② 在第 40 帧处按下【F6】键，创建一个关键帧，在第 1 帧到第 40 帧中间创建传统补间。

图 5-4-26　导入图片

③ 将第 1 帧处的长方形调整到图片的上方，完全不遮住图片。

（4）新建图层 3，命名为"不动的轴"，执行如下操作：

① 在第 1 帧处，绘制一根画轴 ●━━━━━━━● ，并将其转换为"图形"元件，命名为"轴"。

② 将其放在"画卷"的顶部并紧贴"遮罩块"的底部，如图 5-4-27 所示。

③ 第 40 帧处按下【F5】键，插入普通帧，将画面保持在舞台上。

（5）新建图层 4，命名为"动的轴"，执行如下操作：

① 复制"不动的轴"图层中的"轴"元件，在"动的轴"图层的第 1 帧处右击，选择快捷菜单中的"粘贴到当前位置"命令。

② 锁定"不动的轴"图层，并将其设为不可见。

③ 在第 40 帧处按下【F6】键创建一个关键帧，并把该帧上的"轴"放在画卷的底部，使其紧贴"遮罩块"的底部，如图 5-4-28 所示。

图 5-4-27　第 1 帧处轴的位置　　　　　　图 5-4-28　第 40 帧处轴的位置

注：起始帧和终点帧中的这根移动的"轴"必须紧贴"遮罩块"的同一位置，才能产生逼真的动画效果。

④ 在第 1 帧到第 40 帧之间创建传统补间。

（6）在"遮罩"图层上右击，选择"遮罩层"命令，创建遮罩动画。

（7）在每个图层的第 50 帧处分别按下【F5】键，使画卷展开后停留一段时间。时间轴如图 5-4-29 所示。

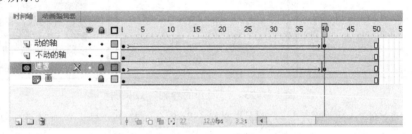

图 5-4-29　　"展开的画轴"时间轴

（8）按【Ctrl+Enter】组合键测试动画，按【Ctrl+S】组合键保存文件。

5.5　【案例 16】变脸

案例效果

"变脸.swf"播放画面如图 5-5-1 所示，画面中有一张脸，一会儿笑眯眯，一会儿变成闷闷不乐，一会儿又变成笑眯眯的脸。通过本节内容的学习，读者能够理解并掌握形变动画的基本原理，以及创建补间形状动画的方法及技巧。

图 5-5-1　　"变脸"效果图

设计步骤

（1）设置舞台工作区的大小为 200×200 像素，背景为淡黄色，并命名为"变脸.fla"。

（2）在图层 1 的第 1 帧处单击"椭圆工具"，绘制一张没有表情的脸，如图 5-5-2 所示。

（3）在第 30 帧处按下【F6】键，创建一个关键帧，使用"选择工具" ▶ 调整嘴巴的角度，把脸的表情修改为闷闷不乐的脸，如图 5-5-3 所示。

（4）选中第 1 帧，执行如下操作，绘制笑脸，如图 5-5-4 所示：

图 5-5-2　无表情　　　图 5-5-3　闷闷不乐　　　　图 5-5-4　绘制笑脸

① 使用"选择工具" ▶ 调整嘴巴的角度为微笑上扬。复制一个眼睛，并填充为蓝色的圆形，放在旁边。

② 将蓝色的圆与原来的两只眼睛分别叠放在一起，用来进行颜色互相切割。

③ 然后将蓝色的圆删除，形成笑眯眯的表情。

（5）在第 60 帧处按下【F7】键，创建一个空白关键帧，然后将第 1 帧中的笑脸复制到第 60 帧里面。

（6）选中第 1 帧到第 30 帧中间的任意一帧，右击，在快捷菜单中选择"创建补间形状"命令，如图 5-5-5 所示。此时，时间轴的背景色变为淡绿色，在第 1 帧到第 30 帧之间有一个长长的箭头。

（7）使用同样的方法，在第 30 帧到第 60 帧之间创建补间形状，时间轴如图 5-5-6 所示。

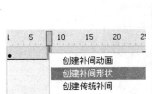 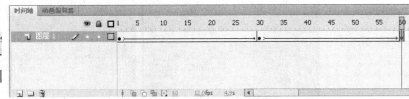

图 5-5-5　创建补间形状　　　　　　　　　图 5-5-6　"变脸"时间轴

（8）按【Ctrl+Enter】组合键测试动画，按【Ctrl+S】组合键保存文件。

相关知识

动画中若仅仅只能对其中的对象进行位置、大小、角度和透明度的变化显然是不够的，当需要对象在整个形状上都以动画的方式发生改变的时候，就要创建补间形状动画了。补间形状动画通常又叫做形变动画，是 Flash 中非常重要的表现手法之一，利用形变动画可作出任意形状、位置和颜色的平滑变化，运用它可以变幻出各种奇妙效果。

1. 补间形状制作的基本方法

和传统补间一样，一个最基本的形变动画同样有 3 个要素，即：起点帧、终点帧、形状补间。但是值得注意的是：形变动画针对的必须是打散的矢量图，导入的位图、组合对象、元件的实例等都不能进行形变动画，现将要点总结如下：

（1）在起点帧处的对象必须是被打散的矢量图。

（2）在终点帧处按下【F7】键，插入空白关键帧，创建一个新对象，且同样必须为被打散的矢量图。

（3）在起点帧与终点帧之间任意帧上创建补间形状。

2．形变动画的"属性检查器"设置

如图 5-5-7 所示，补间形状动画与传统补间动画的"属性检查器"有许多共同之处，在此不再赘述。下来我们着重讲解形变动画所特有的"混合"选项，其中包括两项供选择：

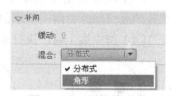

① "分布式"选项：创建的动画中间形状比较平滑和不规则。

② "角形"选项：创建的动画中间形状会保留明显的角和直线，适合于具有锐化转角和直线的混合形状。

图 5-5-7　属性检查器

案例拓展

【案例拓展 37】翻书

1．案例效果

"翻书.swf"播放画面如图 5-5-8 所示，一本书被翻开，内页显示出"欢迎进入 Flash CS4 奇幻空间"字样。

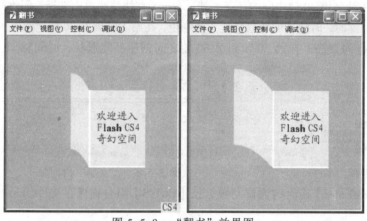

图 5-5-8　"翻书"效果图

2．设计步骤

（1）设置舞台工作区的大小为 300×300 像素，背景为紫色，并命名为"翻书.fla"。

（2）将图层 1 重命名为"内页"，执行如下操作：

① 在第 1 帧处，使用"矩形工具"绘制一个长方块，边框粗度为"3"，颜色为"白色"，填充色为"粉红色"。

② 输入"欢迎进入 Flash CS4 奇幻空间"字样，设置字体大小、颜色并调整到合适位置。

③ 删除右边和上边的边框，效果如图 5-5-9 所示。

（3）新建图层 2，命名为"翻书"，执行如下操作：

① 复制图层"内页"中的粉色长方块（不含边框及文字），在"翻书"图层第 1 帧使用"粘

贴到当前位置"命令，将书页以相同的位置粘贴到"翻书"图层。完成后，将"内页"图层锁定，并设置为不可见。

② 在第 30 帧处按下【F6】键，创建一个关键帧，使用"任意变形工具"将长方块的形状进行改变，如图 5-5-10 所示。然后将"内页"图层解锁并使其可见，调整两个图层中对象的位置，书页翻开后的样子，如图 5-5-11 所示。

图 5-5-9　制作内页　　　　　　　图 5-5-10　制作书页被翻开的样子

③ 选中第 1 帧到第 30 帧中间任意一帧后右击，在快捷菜单中选择"创建补间形状"命令，创建形变动画。

（4）此时若直接使用【Ctrl+Enter】组合键测试动画，会发现书页是一边移动一边逐渐变形为"翻书"后的书页，如图 5-5-11 和图 5-5-12 所示。这与我们的预期效果相差甚远，很不尽如人意。那么此时就需要使用提示点来进行辅助操作了，让书页按照我们的要求进行变形，具体操作步骤如下：

图 5-5-11　书页翻开后的样子　　　　图 5-5-12　无提示点的翻书效果

① 选中第 1 帧，单击"修改"→"形状"→"添加形状提示"命令（见图 5-5-13），此时可见书页中出现一个红色带圈的字母 a，单击第 30 帧也是如此，如图 5-5-14 所示。

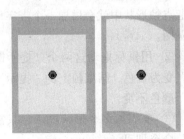

图 5-5-13　添加形状提示　　　　　图 5-5-14　提示点"a"

② 用鼠标分别将两个帧上的提示点拖放到书页的一角（按下工具栏上的"贴近至对象"按钮 ，会自动把"提示点"吸附到边缘上），安放成功后可以看见红色带圈字母 a 变为黄色，结束帧上的红色带圈字母 a 变为绿色，如图 5-5-15 所示。

③ 回到第 1 帧上，右击提示点 a，弹出如图 5-5-16 所示的快捷菜单，不断选择"添加提示"命令，可以添加多个形状提示。

④ 添加后的提示点会层叠出现在同一位置，只需把它们拖动到各个角即可，按照同样的办法，把其余的 3 个提示点放好（注：a、b 点对应放置于书外侧，c、d 点对应放置于书内侧），如图 5-5-17 所示。"翻书"时间轴如图 5-5-18 所示。

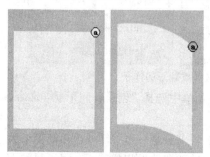

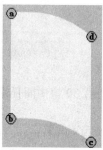

图 5-5-15　提示点安放成功　　图 5-5-16　添加提示点　　图 5-5-17　提示点对应位置

（5）按【Ctrl+Enter】组合键测试动画，按【Ctrl+S】组合键保存文件。

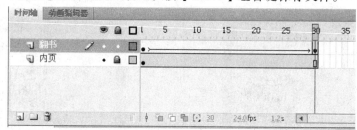

图 5-5-18　　"翻书"时间轴

3. 知识进阶

（1）为什么要用提示点

在进行复杂的形状变化的时候，通常会发现变化过程有时候无法按照预定的计划变形甚至乱做一团，这个时候可以在"起始形状"和"结束形状"中添加相对应的"提示点"，使 Flash 在计算变形过渡时按一定的规则进行，从而较有效地控制变形过程。

（2）创建形状提示

① 选中起点帧，单击"修改"→"形状"→"添加形状提示"命令或按快捷键【Ctrl+Shift+H】，该起点帧形状中就会增加一个带字母的红色圆圈。相应地，在结束帧形状中也会出现一个红色提示圆圈。

② 用鼠标拖动这两个"提示圆圈"安放在适当位置，安放成功后，开始帧上的"提示圆圈"变为黄色，结束帧上的"提示圆圈"变为绿色，安放不成功或不在一条曲线上时，"提示圆圈"颜色不变。

③ 要添加多个形状提示，只需在某个提示点上右击，在弹出的快捷菜单中选择"添加提示"命令即可。

（3）删除形状提示

① 删除单个形状提示，在该提示点上右击，在弹出的快捷菜单中选择"删除提示"命令。

② 要删除所有的形状提示，单击"修改"→"形状"→"删除所有提示"命令。

（4）特别注意

① 形变动画要求有相同数目的节点，提示点最多能添加 26 个，即字母 a 至字母 z。

② 提示点必须位于对象的边缘，才能起到暗示形变的作用，在调整形状提示位置前，首先按下工具箱上的"贴近至对象"按钮，这样会自动把"提示点"吸附到边缘上。

③ 应该注意字母的规则摆放，例如由 a 到 z 顺时针或者逆时针围绕对象，按逆时针顺序从形状的左上角开始放置形状提示，可以得到最佳效果。

④ 单击"视图"→"显示形状提示"命令或者使用快捷键【Ctrl+Alt+H】可以"显示/隐藏形状提示"。

【案例拓展 38】珍惜水资源

1. 案例效果

"珍惜水资源.swf"播放画面如图 5-5-19 所示。画面中，随着水滴的落下，平静的湖面上激起阵阵涟漪，最后画面显示出"珍惜水资源！"字样。

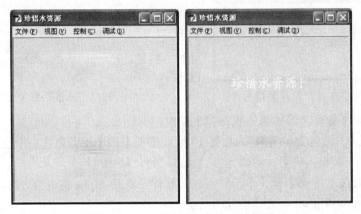

图 5-5-19　"珍惜水资源"效果图

2. 设计步骤

（1）设置舞台工作区的大小为 300×300 像素，背景为湖蓝色，并命名为"珍惜水资源.fla"。

（2）将图层 1 重命名为"水滴"，执行如下操作：

① 在舞台上绘制一颗"水滴"，将其转换为"图形"元件，命名为"水滴"。

② 在第 10 帧处按下【F5】键，在第 1 帧到第 10 帧中间创建补间动画。

③ 分别调整第 1 帧水滴落下前的位置和第 10 帧落下点的位置，如图 5-5-20 所示。

④ 完成后锁定该层，以便后面的操作。

（3）制作"水波"影片剪辑：

① 单击"插入"→"新建元件"命令，弹出"创建新元件"对话框，名称为"水波"，类型为"影片剪辑"，如图 5-5-21 所示。

（a）第 1 帧落下前位置　　　　　　（b）第 10 帧落入点位置

图 5-5-20　　"水滴"位置

② 进入"水波"影片剪辑元件编辑区，绘制一个空心椭圆 ，颜色为"放射状"，在第 30 帧处按下【F6】键，创建一个关键帧。

③ 使用"任意变形工具"将第 1 帧处的"水波"缩小。

④ 在第 1 帧到第 30 帧中间创建形状补间动画，如图 5-5-22 所示。

图 5-5-21　创建"水波"影片剪辑元件　　　　　图 5-5-22　　"水波"影片元件时间轴

（4）返回场景 1 制作涟漪效果，执行如下操作：

① 新建图层 2，命名为"涟漪"，在第 10 帧处按下【F7】键，创建一个空白关键帧。

② 打开"库"面板，将影片剪辑元件"水波"拖入第 10 帧。

③ 第 40 帧处按下【F6】键，单击"水波"元件，将其 Alpha 值改为"0%"。

④ 创建第 10 帧到第 40 帧之间的补间动画。

注："水波"影片剪辑中的过渡帧数共有 30 帧，所以场景 1 的时间轴上需要拖入该元件的图层，为它准备 30 帧的帧数动画效果最佳。

⑤ 用鼠标选中"涟漪"图层上第 10 帧到第 40 帧之间的全部帧，右击，在快捷菜单中选择"复制帧"命令。然后新建图层 3，在图层 3 的第 15 帧处右击，在弹出的快捷菜单中选择"粘贴帧"命令，时间轴上又出现一个"涟漪"图层，且已将所有内容粘贴到第 15 帧到第 45 帧处，如图 5-5-23 所示。

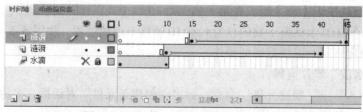

图 5-5-23　使用时间差制作涟漪效果

⑥ 用同样的方法制作 5～6 个"涟漪"图层，时间轴效果如图 5-5-24 所示。

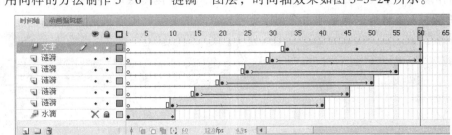

图 5-5-24　"珍惜水资源"时间轴

（5）最后新建一个图层，命名为"文字"，输入"珍惜水资源！"，然后使用动画预设任意效果使文字在最后一个波纹展开的同时渐渐出现，详细制作步骤在此不再详述。

（6）按【Ctrl+Enter】组合键测试动画，按【Ctrl+S】组合键保存文件。

小　　结

本章通过 5 个典型案例和 18 个进阶案例，将 Flash CS4 的动画类型按照"逐帧动画"、"补间动画"、"传统补间"、"形状补间"、"遮罩动画" 5 种类型来讲解，分别进行详细介绍，着重突出了 Flash CS4 较之前版本所推出的全新的动画理念，所选实例均来自日常教学实践，通俗易懂，知识点丰富。通过本章的学习，读者能够很好地掌握 Flash CS4 的动画制作原理、各种制作方法及相关技巧，为在后面的章节中学习更为复杂的高级动画打下良好的基础。

课 后 实 训

1. 利用逐帧动画的制作方法，设计"旋转的灯带"动画，效果为各种颜色的灯随机闪动，形成整个灯带在环绕旋转效果，如图 5-6-1 所示。

2. 制作动画"倒计时"，模仿倒计时器，以每秒为间隔显示 9～0 秒，如图 5-6-2 所示。（注意：可通过调整帧频来控制时间）

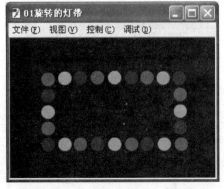

图 5-6-1　"旋转的灯带"效果图

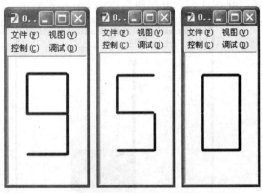

图 5-6-2　"倒计时"效果图

3. 制作动画"黄昏灯影"，如图 5-6-3 所示，家家户户都亮起灯光，点亮夜色中的楼宇。

4. 制作动画"飞舞的蝴蝶"，两只蝴蝶在草地上欢快地飞舞着，互相追逐，如图 5-6-4 所示。

5. 制作动画"滚动的足球"，画面上一个足球从远处慢慢滚落，最后在大树下停住，如图 5-6-5 所示。（注意：控制足球由快到慢至停止滚动的速度，则效果更为逼真。）

图 5-6-3 "黄昏灯影"效果图

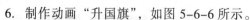

图 5-6-4 "飞舞的蝴蝶"效果图　　　　图 5-6-5 "滚动的足球"效果图

6. 制作动画"升国旗"，如图 5-6-6 所示。

图 5-6-6 "升国旗"效果图

7. 制作动画"闹钟"，模拟钟表指针旋转动画，如图 5-6-7 所示。

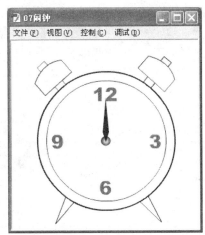

图 5-6-7　"闹钟"效果图

8. 制作动画"调皮的字符"，画面效果为一个英文单词中的各个字符到处蹦蹦跳跳，然后组成单词，如图 5-6-8 所示。

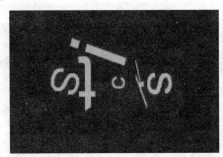

图 5-6-8　"调皮的字符"效果图

9. 制作动画"闪动字"，效果如图 5-6-9 所示，随着光线的不断闪动，英文字幕逐渐出现在舞台上，组成一个开场动画"LOVE STORY"的字样。

10. 制作动画"行星运动"，如图 5-6-10 所示 ，3 个不同颜色的发光球体围绕着轨道不停旋转。（注：使用引导线制作。）

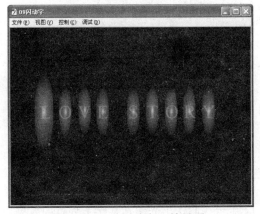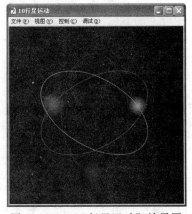

图 5-6-9　"闪动字"效果图　　　　图 5-6-10　"行星运动"效果图

11. 制作动画"快乐午后"，如图 5-6-11 所示，绿油油的草地上，一只小熊正在快乐地踢着足球，跑来跑去，不远处几个风车正迎风旋转（注意：小熊的行走方向不同，足球的旋转方向也不同）。

图 5-6-11　"快乐午后"效果图

12. 制作动画"旋转齿轮"，如图 5-6-12 所示，3 个齿轮从四周由外向内一边旋转一边移动到舞台中央，互相齿合，然后再向四周散开。

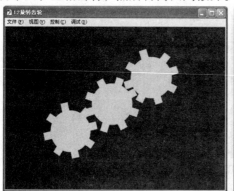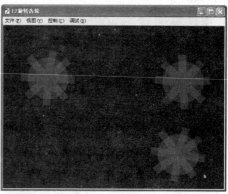

图 5-6-12　旋转齿轮"效果图

13. 制作动画"窗外"，效果如图 5-6-13 所示，随着窗户逐渐被打开，窗外的景色映入眼帘，枫叶随风飘落，蝴蝶到处飞舞。

图 5-6-13　"窗外"效果图

14. 制作动画"广告字"，效果如图 5-6-14 所示，制作出光线在文字上划过的效果。

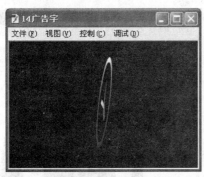

图 5-6-14　"广告字"效果图

15. 制作动画"百叶窗效果"，模拟百叶窗的原理，实现两幅图片的切换，如图 5-6-15 所示。

图 5-6-15　"百叶窗效果"效果图

16. 制作动画"我们的地球"，使用遮蔽原理，制作地球自转的效果，如图 5-6-16 所示。

17. 制作动画"礼花"，使用遮蔽原理，制作礼花绽放的效果，如图 5-6-17 所示。

图 5-6-16　"我们的地球"效果图　　　　图 5-6-17　"礼花"效果图

18. 制作动画"雪山融化"，使用形变动画，制作雪山融化的效果，如图 5-6-18 所示。

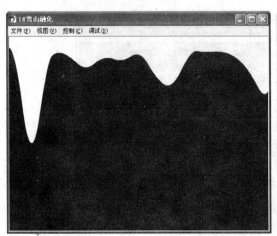
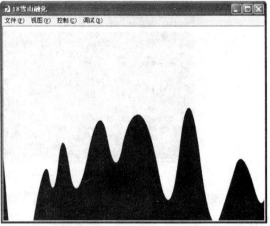

图 5-6-18　"雪山融化"效果图

19. 制作动画"文字形变"，如图 5-6-19 所示，旋转的圆框中，不断变化出不同颜色的"你"、"好"、"吗" 3 个字。

图 5-6-19　"文字渐变"效果图

20. 制作动画"蝴蝶飞过沧海"，画面上一只蝴蝶飞过波涛起伏的海面，越飞越远，效果如图 5-6-20 所示。

图 5-6-20　"蝴蝶飞过沧海"效果图

第6章

在元件中添加动作脚本和ActionScript基本语法

元件在 Adobe Flash CS4 Professional 中分为图形、按钮和影片剪辑 3 种类型。其中，按钮元件和影片剪辑元件可以实现交互，并能通过添加动作脚本制作出一些特殊效果。与 Flash 对话，就像与外国人对话一样，必须掌握外国人的语言才能与之交流，而 Flash 的自然语言是 ActionScript，只有学会 ActionScript 语言才能与之沟通。

学习目标	☑ 掌握对元件添加 ActionScript 代码的操作
	☑ 掌握 ActionScript 基本语法和对元件事件的处理

6.1 【案例 17】链接按钮

案例效果

"链接按钮.swf"播放画面如图 6-1-1 所示。窗口中一个圆形按钮，鼠标指针移动到圆形按钮之上，出现手形，单击按钮并释放后，会弹出 Google 的网站。通过本节内容的学习，读者将进一步掌握按钮的制作方法，掌握在按钮上添加 ActionScript 代码的操作过程。

图 6-1-1 "链接按钮"的效果图

设计步骤

（1）新建一个 Flash 文件（ActionScript 2.0），大小设置为 300×200 像素，背景色为白色，帧频为 24。

（2）单击工具箱中的"椭圆工具" ，按住【Shift】键的同时，在舞台工作区绘制一个正圆。

（3）单击工具箱中的"选择工具" ，选中正圆，单击"修改"→"转换为元件"命令（快捷键为【F8】），弹出"转换为元件"对话框，设置名称为"按钮"，类型为"按钮"，单击"确定"按钮，如图 6-1-2 所示。

（4）单击圆形按钮，单击"窗口"→"动作"命令（快捷键为【F9】），在弹出的"动作"面板中输入以下代码，如图 6-1-3 所示。

（5）制作完毕后，将文件保存为"链接按钮.fla"，测试影片。

图 6-1-2 "转换为元件"对话框

图 6-1-3 动作代码

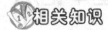相关知识

1. 对按钮元件的理解

使用按钮元件可以创建响应鼠标单击、滑过或其他动作脚本的交互式按钮。可以定义与各种按钮状态并联的图形，然后将动作指定给按钮实例。按钮实际上是一个 4 帧的交互影片剪辑。当创建按钮元件行为时，Flash 会建立一个 4 帧的时间轴。前 3 帧显示按钮的 3 种可能状态；第四帧定义按钮的活动区域，但在时间轴上并不播放，它只是对指针运动和动作做出反应，跳到相应的帧。

2. ActionScript 语言

ActionScript 是一门用于 Flash 中的编程语言，就如同人类语言一样，通过使用 ActionScript 语言，我们可以告诉 Flash 应该做什么，而 Flash 会聆听你的声音，并且试图执行要求的动作，然后给出响应。

案例拓展

【案例拓展 39】动态按钮

1. 案例效果

"动态按钮.swf"播放画面如图 6-1-4 所示。窗口中显示一个迪斯尼的卡通人物，在他下方有 5 个按钮，可以控制人物的移动和旋转。

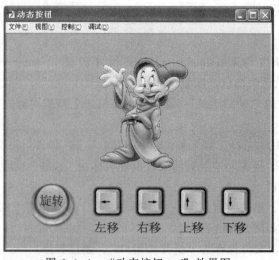

图 6-1-4 "动态按钮.swf"效果图

2. 设计步骤

（1）新建一个 Flash 文件（ActionScript 2.0），大小设置为 500×400 像素，背景色为棕黄色，帧频为 24。

（2）新建一个图层，命名为"人物"。单击"文件"→"导入"→"导入到舞台"命令，通过弹出的"导入"对话框，给舞台工作区导入人物图片（卡通人物图片.jpg），利用"任意变形工具" 调整图片大小。单击"修改"→"分离"命令，将卡通人物图片打碎。

（3）单击工具箱中的"套索工具" ，选择工具箱下方"选项"栏中的"魔术棒按钮" ，用鼠标在卡通人物四周白色背景处单击，选中背景图像，按【Delete】键，删除选中的背景。

（4）单击"修改"→"组合"命令，将卡通人物图片组合好。单击"修改"→"转换为元件"命令（快捷键为【F8】），弹出"转换为元件"对话框，设置名称为"boy"，类型为"影片剪辑"，如图 6-1-5 所示。

（5）在"属性"面板中，将实例名称设置为"boy"。

图 6-1-5　属性面板的设置

（6）新建一个图层，命名为"按钮"。单击"窗口"→"公用库"→"按钮"命令，在弹出的"库"面板中选择"classic buttons"文件夹，选中"arcade button – yellow"按钮，将其拖拽到舞台工作区中。用同样的方法，将"key buttons"文件夹中的"key – down"、"key – left"、"key – right"、"key – up"4 个按钮拖放到舞台中，在按钮上或按钮下方写上相应的文字，效果如图 6-1-4 所示。

（7）在"按钮"图层中，选中圆形按钮，单击"窗口"→"动作"命令（快捷键为【F9】），在弹出的"动作"面板中输入以下代码，如图 6-1-6 所示。

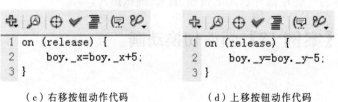

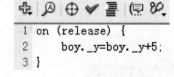

```
1  on (release) {
2      boy._rotation=boy._rotation+90;
3  }
4
```
（a）旋转按钮动作代码

```
1  on (release) {
2      boy._x=boy._x-5;
3  }
```
（b）左移按钮动作代码

```
1  on (release) {
2      boy._x=boy._x+5;
3  }
```
（c）右移按钮动作代码

```
1  on (release) {
2      boy._y=boy._y-5;
3  }
```
（d）上移按钮动作代码

```
1  on (release) {
2      boy._y=boy._y+5;
3  }
```
（e）下移按钮动作代码

图 6-1-6　按钮的动作代码

（8）制作完毕后，将文件保存为"按钮 02.fla"，测试影片。

【案例拓展 40】创建四种状态的按钮

1. 案例效果

"创建四种状态的按钮.swf"播放画面如图 6-1-7 所示。窗口中显示一个有四种状态的长方形按钮。

图 6-1-7 "创建四种状态的按钮"效果图

2. 设计步骤

（1）新建一个 Flash 文件（ActionScript 2.0），大小设置为 300×200 像素，背景色为白色，帧频为 24。

（2）单击工具箱中的"矩形工具"，在主场景中画出一个红色矩形，单击工具箱中的"选择工具"，选中矩形，单击"修改"→"转换为元件"命令（快捷键为【F8】），弹出"转换为元件"对话框，设置名称为"按钮"，类型为"按钮"，单击"确定"按钮。把图层 1 重命名为"背景"，再添加一层，命名为"文本"，单击工具箱中的"文本工具"，在红色矩形之上输入"按钮"两个字，效果如图 6-1-8 所示。

（3）单击工具箱中的"选择工具"，双击红色矩形，进入按钮元件的编辑界面，如图 6-1-9 所示。

图 6-1-8 "按钮"图形　　　　　　图 6-1-9 按钮元件编辑界面

（4）选中"指针经过"的状态，按【F6】键插入关键帧，把矩形的填充色换成蓝色；接着选中"按下"的状态，按【F6】键插入关键帧，把矩形的填充色换成绿色；最后选中"点击"的状态，按【F6】键插入关键帧。

（5）制作完毕后，将文件保存为"创建四种状态的按钮.fla"，测试影片。

6.2 【案例 18】画面切换动画

案例效果

"画面切换动画.swf"播放画面如图 6-2-1 所示。窗口中显示兔子图片过渡变化为孔雀图片的动画效果。通过本节内容的学习，读者将进一步掌握影片剪辑的制作方法，掌握影片剪辑独立于主时间轴的多帧时间轴的操作方法。

（a）画面一

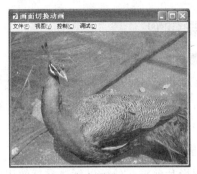
（b）画面二

图 6-2-1　"画面切换动画"效果图

设计步骤

（1）新建一个 Flash 文件（ActionScript 2.0），大小设置为 400×300 像素，背景色为白色，帧频为 24。

（2）在场景中创建 3 个层，由上到下，分别为 mask 层、图片 2 层、图片 1 层。

（3）在图片 1 层导入一张兔子的图片，在图片 2 层导入一张孔雀的图片。

（4）在 mask 层中，单击工具箱中的"椭圆工具"　，按住【Shift】键的同时，在舞台工作区绘制一个正圆，并将正圆转换为名为"mc"的影片剪辑。

（5）双击正圆，进入影片剪辑元件的编辑界面，再次创建 3 个层，由上到下，分别是 actions 层、引导线层、gc 层。

（6）单击工具箱中的"选择工具"　，选中圆形，将其转换成名为"gc"的图形元件，接着制作动作动画。它是有两段动画组合而成，首先前 20 帧是引导线（线条为螺旋形）的动画，后 20 帧是元件放大的动画，完成后，在 actions 层的第 40 帧处插入一句 ActionScript 代码："stop( );"，为了只让动画播放一次。时间轴设置如图 6-2-2 所示。

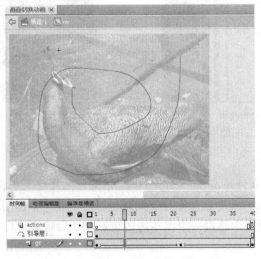

图 6-2-2　mc 影片剪辑元件时间轴设置

（7）返回到主场景，选择 mask 层，将它设置为遮罩层。

（8）制作完毕后，将文件保存为"画面切换动画.fla"，测试影片。

相关知识

1. 影片剪辑的属性

影片剪辑元件在许多方面都类似于文档内的文档，此元件类型自己有不依赖主时间轴的时间轴。可以在其他影片剪辑和按钮内添加影片剪辑以创建嵌套的影片剪辑，还可以使用属性检查器为影片剪辑的实例分配实例名称，然后在动作脚本中引用该实例名称。

2. 影片剪辑的特性

使用影片剪辑元件可以创建重复使用的动画片段。影片剪辑拥有它们自己独立于主时间轴的多帧时间轴。可以将影片剪辑看做主时间轴内的嵌套时间轴，它们可以包含交互式控件、声音甚至其他影片剪辑实例。

3. 影片剪辑的其他使用方式

可以将影片剪辑实例放在按钮元件的时间轴内，以创建动画按钮。

案例拓展

【案例拓展 41】创建百叶窗的动画

1. 案例效果

"创建百叶窗动画.swf"播放画面如图 6-2-3 所示，在窗口显示一幅运动图片以百叶窗的形式展开。

（a）正在展开的动画　　　　　　　　　　　（b）展开完毕的效果

图 6-2-3　"创建百叶窗动画"效果图

2. 设计步骤

（1）新建一个 Flash 文件（ActionScript 2.0），把舞台工作区大小设置为 550×400 像素，将图层 1 重命名为 bg，导入"亲吻篮筐图片"到舞台，再新建一个图层，命名为"百叶窗"。

（2）在"百叶窗"图层中绘制一个无描边的矩形，然后将矩形转换为影片剪辑元件，命名为"百叶窗 1"。

（3）双击矩形，进入影片剪辑元件"百叶窗 1"的编辑界面，把矩形再次转换为影片剪辑元件，命名为"百叶窗 2"。按住【Alt】键同时拖拽鼠标，复制出一个和矩形大小一样的矩形，用同样的方法复制出多个矩形，直到将整个 bg 图层的内容遮挡住。

（4）双击矩形，进入影片剪辑元件"百叶窗 2"的编辑界面，再次选中矩形，将其转换为影片剪辑元件，命名为"百叶窗 3"。在第 10 帧的位置，按【F6】键插入关键帧，单击第 1 帧，使用"任意变形工具" 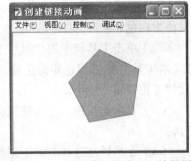把矩形缩小为一个细缝，在第 1 帧与第 10 帧之间创建补间动画。

（5）再新建一个图层，命名为 actions。在第 10 帧处插入空白关键帧，插入 Actionscript 代码 "stop( );"。

（6）返回到"百叶窗 1"元件编辑界面，单击"修改"→"时间轴"→"分散到图层"命令（快捷键【Ctrl+Shift+d】），将所有复制的矩形进行分层。在第 120 帧的位置，按【F5】键插入帧将时间延长，并将每个层的位置以等帧数错开。

（7）再新建一个图层，命名为 actions。在 120 帧的位置插入 Actionscript 代码 "stop( );"。

（8）返回到主场景，选择"百叶窗"图层，将它设置为遮罩层。

（9）制作完毕后，将文件保存为"创建百叶窗动画.fla"，测试影片。

【案例拓展 42】创建链接动画

1. 案例效果

"创建链接动画.swf"播放画面如图 6-2-4 所示。窗口中显示一个五边形的影片剪辑元件，单击五边形，会弹出 flash8 网站。通过本节内容的学习，读者将进一步了解在影片剪辑元件的按钮中加入 ActionScript 代码的功能。

2. 设计步骤

（1）新建一个 Flash 文件（ActionScript 2.0），把舞台工作区大小设置为 300×200 像素，背景色为白色，帧频为 24。

图 6-2-4　"创建链接动画"效果图

（2）单击工具箱中的"多角星形工具" 🔍，在舞台工作区绘制出一个五边形的图案，并将其转换为影片剪辑元件（快捷键【F8】），名称为 mc。

（3）选中五边形影片剪辑元件，在"属性"面板中，将实例名称设置为"mc"。

（4）选中五边形，单击"窗口"→"动作"命令（快捷键【F9】），在弹出的"动作"面板中输入以下代码，如图 6-2-5 所示。

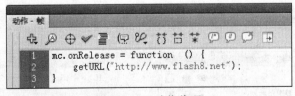

```
mc.onRelease = function () {
    getURL("http://www.flash8.net");
}
```

图 6-2-5　动作代码

（5）制作完毕后，将文件保存为"创建链接动画.fla"，测试影片。

【案例拓展 43】创建包含影片剪辑的按钮

1. 案例效果

"创建包含影片剪辑的按钮.swf"播放画面如图 6-2-6 示。窗口中有一个写有"鞋子"的黑色按钮，当鼠标指针经过该按钮时，按钮的颜色变为红色，同时显现一双经过特殊效果处理的运动跑鞋。

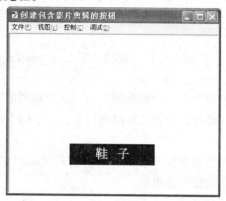　

（a）初始状态　　　　　　　　　　　　　　　（b）触摸之后的状态

图 6-2-6　"创建包含影片剪辑的按钮"效果图

2. 设计步骤

（1）新建一个 Flash 文件（ActionScript 2.0），把舞台工作区大小设置为 400×300 像素，背景色为白色，帧频为 24。

（2）单击工具箱中的"矩形工具"，在图层 1 中绘制出一个黑色矩形，利用工具箱中的"文本工具"在黑色矩形上输入"鞋子"两个字，选中矩形和文字，将它们一并转换为按钮元件（快捷键【F8】）。

（3）双击此按钮，进入按钮元件编辑界面，分别在指针经过状态和按下状态中插入关键帧（快捷键 F6）。

（4）在指针经过状态帧上把黑色改为红色，并且在按钮图形上方插入一张鞋子的图片，选中鞋子的图片，将其转换成影片剪辑元件。

（5）双击鞋子图片，进入影片剪辑元件编辑界面，创建图层，由上到下分别是 mask 层、shoe 层、shoe2 层。mask 层主要是矩形的上下移动的动画，shoe 层就是鞋子的图片，shoe2 层就是把鞋子的图片加了一些高亮，最后选择 mask 图层，将它设置为遮罩层，制作出一个遮罩鞋子的动画。时间轴设置如图 6-2-7 所示。

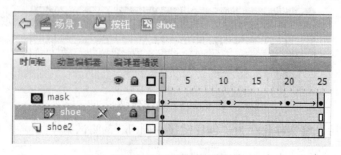

图 6-2-7　时间轴设置

（6）制作完毕后，将文件保存为"创建包含影片剪辑的按钮.fla"，测试影片。

6.3　【案例 19】停止按钮

案例效果

"停止按钮.swf"播放画面如图 6-3-1 所示。画面中一个红色的停止按钮，用鼠标单击此按钮，正在运行的绿色矩形动画就会停止。通过本节内容的学习，读者将进一步掌握在按钮上添加 ActionScript 代码的操作过程。

图 6-3-1　"停止按钮"效果图

设计步骤

（1）新建一个 Flash 文件（ActionScript 2.0），大小设置为 200×150 像素，背景色为白色，帧频为 24。

（2）主场景由上到下有两个图层：一层为 mc 层，用来放置一个影片剪辑的动画，绿色的矩形从左到右的运行，并且把影片剪辑命名为 mc。

（3）第二层为 button 层，是一个圆形按钮（停止按钮），对按钮添加动作代码，如图 6-3-2 所示。

（4）制作完毕后，将文件保存为"停止按钮.fla"，测试影片。

图 6-3-2　实现停止动作代码

相关知识

1. stop()函数

```
stop():Void
```
停止当前正在播放的 SWF 文件。此动作通常的用法是用按钮控制影片剪辑。

2. play()函数

```
play():Void
```
在时间轴中向前移动播放头。

3. gotoAndStop()函数

```
gotoAndStop([scene:String],frame:Object):Void
```
将播放头转到场景中指定的帧并停止播放。如果未指定场景，播放头将转到当前场景中的帧。只能在主时间轴上使用 scene 参数，不能在影片剪辑或文档中的其他对象的时间轴中使用该参数。

参数说明：

● scene:String [可选]：一个字符串，指定播放头要转到其中的场景的名称。

● frame:Object：表示播放头转到的帧编号的数字，或者表示播放头转到的帧标签的字符串。

4. gotoAndPlay()函数

```
gotoAndPlay([scene:String],frame:Object):Void
```
将播放头转到场景中指定的帧并从该帧开始播放。如果未指定场景，则播放头将转到当前场景中的指定帧。只能在主时间轴上使用 scene 参数，不能在影片剪辑或文档中的其他对象的时间轴中使用该参数。

参数说明:

● scene:String [可选]:一个字符串,指定播放头要转到其中的场景的名称。

● frame:Object:表示播放头转到的帧编号的数字,或者表示播放头转到的帧标签的字符串。

案例拓展

【案例拓展 44】播放、停止按钮

1. 案例效果

"播放停止按钮.swf"播放画面如图 6-3-3 所示。单击停止按钮,绿色的矩形停止运动,再单击播放按钮,矩形又继续运动了。

2. 设计步骤

(1)打开"停止按钮.fla",在 button 层中增加另外一个播放按钮。

(2)单击这个播放按钮,在"动作"面板中对它进行 ActionScript 代码的编写,如图 6-3-4 所示。

图 6-3-3 "播放、停止按钮"效果图

图 6-3-4 实现播放的动作代码

(3)制作完毕后,将文件保存为"播放停止按钮.fla",测试影片。

【案例拓展 45】跳转停止按钮

1. 案例效果

"跳转停止按钮.swf"播放画面如图 6-3-5(a)所示。单击画面中的按钮,按钮上面的数字由 1 突然变到 30,如图 6-3-5(b)所示。

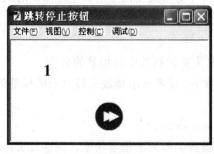

(a)初始状态

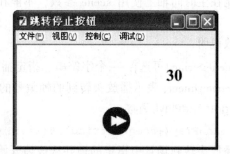

(b)跳转之后的状态

图 6-3-5 "跳转停止按钮"效果图

2. 设计步骤

（1）新建一个 Flash 文件（ActionScript 2.0），大小设置为 300×150 像素，背景色为白色，帧频为 24。

（2）主场景有 3 层，由上到下，分别是 action 层、text 层和 button 层。

（3）在 action 层的第 1 帧处添加动作代码：stop();。

（4）在 text 层的第 1 帧位置输入"1"，在第 30 帧位置输入"30"。

（5）在 button 层绘制一个跳转按钮，为按钮添加代码，如图 6-3-6 所示。

图 6-3-6　实现跳转停止的动作代码

（6）制作完毕后，将文件保存为"跳转停止按钮.fla"，测试影片。

【案例拓展 46】跳转播放按钮

1. 案例效果

"跳转播放按钮.swf"播放画面如图 6-3-7 所示。单击画面中的按钮，绿色的矩形从左边瞬间跳到右边，并继续运动。

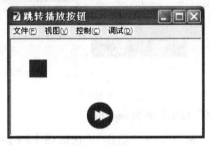
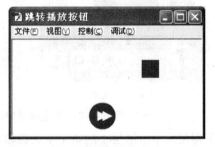

（a）初始状态　　　　　　　　　　　（b）跳转之后的状态

图 6-3-7　"跳转播放按钮"效果图

2. 设计步骤

（1）新建一个 Flash 文件（ActionScript 2.0），大小设置为 300×150 像素，背景色为白色，帧频为 24。

（2）主场景有 3 层，由上到下，分别是 actions 层、animation 层、button 层。

（3）在 action 层的第 1 帧处添加动作代码：stop();。

（4）在 animation 层第 1 帧的位置绘制一个绿色矩形，在第 30 帧到 45 帧之间创建绿色矩形从左向右运行移动的动画，时间轴如图 6-3-8 所示。

（5）在 button 层绘制一个按钮，为按钮添加代码，如图 6-3-9 所示。

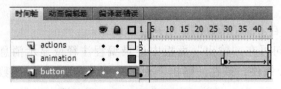

图 6-3-8　时间轴的效果图　　　　　　　图 6-3-9　实现跳转播放的动作代码

（6）制作完毕后，将文件保存为"跳转播放按钮.fla"，测试影片。

6.4 【案例 20】trace 测试函数

案例效果

"trace 测试函数.swf"播放画面如图 6-4-1 所示。trace()函数主要用来测试结果，在输出窗口中显示打印结果的语句。通过本节内容的学习，读者将进一步掌握 ActionScript 语句的实现过程和工作原理。

图 6-4-1 "trace 测试函数"演示效果

设计步骤

（1）新建一个 Flash 文件（ActionScript 2.0），把大小设置为 200×100 像素，背景色为白色，帧频为 24。

（2）在图层 1 的第 1 帧创建一个实例名称为 test_btn 的按钮元件，按钮效果和属性设置如图 6-4-2 所示。

（a）图层关系

（b）按钮实例名称为 test_btn

图 6-4-2 为主场景中的"测试"按钮取名为 test_btn

（3）用鼠标单击图层 1 的第 1 个关键帧，单击"窗口"→"动作"（快捷键【F9】）命令，在弹出的"动作"面板输入 ActionScript 代码，如图 6-4-3 所示。

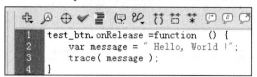

```
test_btn.onRelease =function  () {
    var message = " Hello, World !";
    trace( message );
}
```

图 6-4-3 "测试"按钮的动作代码

（4）制作完毕后，将文件保存为"trace 测试函数.fla"，测试影片。

相关知识

1. trace() 函数

```
trace(expression:Object)
```

可以使用 Flash 调试播放器捕获来自 trace()函数的输出并显示结果。

在测试 SWF 文件时，使用此语句可在"输出"面板中记录编程注释或显示消息。使用 expression 参数可以检查是否存在某种条件，或在"输出"面板中显示值。trace()函数类似于 JavaScript 中的 alert()函数。

可以使用"发布设置"对话框中的"省略跟踪动作"命令将 trace() 动作从导出的 SWF 文件中删除。

参数说明：

expression:Object：要计算的表达式。在 Flash 创作工具中打开 SWF 文件时（使用"测试影片"命令），expression 参数的值显示在"输出"面板中。

2. if 语句

```
if(condition){
    statement(s);
}
```

对条件进行计算以确定 SWF 文件中的下一个动作。如果条件为 true，则 Flash 将运行条件后面大括号({})内的语句。如果条件为 false，则 Flash 将跳过大括号内的语句，而运行大括号后面的语句。将 if 语句与 else 和 else if 语句一起使用，以在脚本中创建分支逻辑。

参数说明：

condition:Boolean：计算结果为 true 或 false 的表达式。

3. else 语句

```
if(condition){
    statement(s);
}
else{
    statement(s);
}
```

指定当 if 语句中的条件返回 false 时要运行的语句。如果只执行一条语句，由 else 语句块中的大括号{}是不必要的。

参数说明：

condition:Boolean：计算结果为 true 或 false 的表达式。

4. else if 语句

```
if(condition){
    statement(s);
}
else if(condition){
    statement(s);
}
```

计算条件，并指定当初始 if 语句中的条件返回 false 时要运行的语句。如果 else if 条件返回 true，则 Flash 解释程序运行该条件后面大括号({})中的语句。如果 else if 条件为 false，则 Flash 将跳过大括号内的语句，而运行大括号后面的语句。

使用 else if 语句可在脚本中创建分支逻辑。如果有多个分支，应该考虑使用 switch 语句。

参数说明：

condition:Boolean：计算结果为 true 或 false 的表达式。

5. switch 语句

```
switch(expression){
    caseClause:
        [defaultClause:]
}
```

创建 ActionScript 语句的分支结构。与 if 语句一样，switch 语句可测试一个条件，并在条件返回 true 值时执行语句。所有 switch 语句都包含一个默认 case。默认 case 中应包含一个 break

语句，以免在以后添加其他 case 时出现落空错误。当一个 case 落空时，它没有 break 语句。

参数说明：

expression：任何表达式。

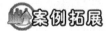

【案例拓展 47】显示秒数

1. 案例效果

"显示秒数.swf"播放画面如图 6-4-4 所示。单击"显示"按钮，文本框里就会显示单击此按钮所用的秒数。

2. 设计步骤

（1）新建一个 Flash 文件（ActionScript 2.0），大小设置为 300×200 像素，背景色为白色，帧频为 24。

（2）主场景有两层，由上到下分别是 actions 层和 content 层。在 content 层中设置一个多行显示，字体颜色黑色，字体大小为 12，实例名称为 message_txt 的动态文本框，如图 6-4-5 所示。在文本框的下面创建一个实例名称为 submit_btn 的按钮元件，如图 6-4-6 所示。

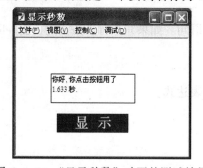

图 6-4-4　"显示秒数"动画的测试效果

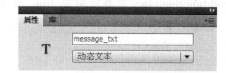

图 6-4-5　动态文本框属性设置

图 6-4-6　为主场景中的"显示"按钮取名为 submit_btn

（3）选中 action 层中的第一帧，单击"窗口"→"动作"命令（快捷键【F9】），在弹出的"动作"面板中输入 ActionScript 代码，如图 6-4-7 所示。

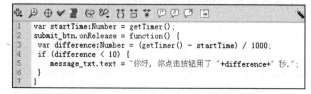

```
1  var startTime:Number = getTimer();
2  submit_btn.onRelease = function() {
3    var difference:Number = (getTimer() - startTime) / 1000;
4    if (difference < 10) {
5      message_txt.text = "你好，你点击按钮用了 "+difference+" 秒。";
6    }
7  }
```

图 6-4-7　"显示"按钮的动作代码

（4）制作完毕后，将文件保存为"显示秒数.fla"，测试影片。

【案例拓展 48】否则判断

1. 案例效果

"否则判断.swf"播放画面如图 6-4-8 所示。测试影片时，在输出窗口中显示结果。

（a）当 age=20 时的效果 　　　　　　　　（b）当 age=16 时的测试效果

图 6-4-8　"否则判断"两种不同的测试效果

2. 设计步骤

（1）新建一个 Flash 文件（ActionScript 2.0），大小设置为 300×200 像素，背景色为白色，帧频为 24。

（2）将图层 1 改为 actions 层，选中 action 层中的第 1 帧，单击"窗口"→"动作"命令（快捷键【F9】），在弹出的"动作"面板中输入 ActionScript 代码，如图 6-4-9 所示。

```
var age = 20;
if (age>=18) {
 trace("欢迎观看电影");
}
else {
 trace("对不起,小孩子不让进.");
}
```

```
var age = 16;
if (age>=18) {
 trace("欢迎观看电影");
}
else {
 trace("对不起,小孩子不让进.");
}
```

（a）age 为 20 的代码　　　　　　　　　（b）age 为 16 的代码

图 6-4-9　否则判断"的动作代码

（3）制作完毕后，将文件保存为"否则判断.fla"，测试影片。

【案例拓展 49】if 多分支判断

1. 案例效果

"if 多分支判断.swf"播放画面如图 6-4-10 所示。在测试影片时，在输出窗口中显示结果。

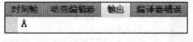

（a）当 score 为 100 时测试效果 　　　　　　（b）当 score 为 80 时测试效果

（c）当 score 为 70 时测试效果 　　　　　　（d）当 score 为 50 时测试效果

图 6-4-10　"if 多分支判断"4 种不同的测试效果

2. 设计步骤

（1）新建一个 Flash 文件（ActionScript 2.0），大小设置为 300×200 像素，背景色为白色，帧频为 24。

（2）将图层 1 改为 actions 层，单击 action 层中的第 1 帧，单击"窗口"→"动作"命令（或按快捷键【F9】），在弹出的"动作"面板中输入 ActionScript 代码，如图 6-4-11 所示。

（3）制作完毕后，将文件保存为"if 多分支判断.fla"，测试影片。

```
1  var score = 100;
2  if (score>90) {
3   trace("A");
4  }
5  else if (score>75) {
6   trace("B");
7  }
8  else if (score>60) {
9   trace("C");
10 }
11 else {
12  trace("F");
13 }
```
（a）score 的值为 100

```
1  var score = 80;
2  if (score>90) {
3   trace("A");
4  }
5  else if (score>75) {
6   trace("B");
7  }
8  else if (score>60) {
9   trace("C");
10 }
11 else {
12  trace("F");
13 }
```
（b）score 的值为 80

```
1  var score = 70;
2  if (score>90) {
3   trace("A");
4  }
5  else if (score>75) {
6   trace("B");
7  }
8  else if (score>60) {
9   trace("C");
10 }
11 else {
12  trace("F");
13 }
```
（c）score 的值为 70

```
1  var score = 50;
2  if (score>90) {
3   trace("A");
4  }
5  else if (score>75) {
6   trace("B");
7  }
8  else if (score>60) {
9   trace("C");
10 }
11 else {
12  trace("F");
13 }
```
（d）score 的值为 50

图 6-4-11　"if 多分支判断"四种不同的动作代码

【案例拓展 50】switch 多分支判断

1. 案例效果

"switch 多分支判断.swf"播放画面如图 6-4-12 所示。在测试影片时，在输出窗口中显示不同的结果。

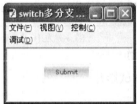

图 6-4-12　"switch 多分支判断"在按下按钮之后所产生不同的测试效果

2. 设计步骤

（1）新建一个 Flash 文件（ActionScript 2.0），大小设置为 300×200 像素，背景色为白色，帧频为 24。

（2）将图层 1 改为 actions 层，单击"窗口"→"公用库"→"按钮"命令，在弹出的"库"面板中选择"buttons bar"文件夹，选中"bar gold"按钮，将其拖拽到舞台工作区中，实例名称为 submit_btn。单击 action 层中的第 1 帧，单击"窗口"→"动作"命令（或按快捷键【F9】），在弹出的"动作"面板中输入 ActionScript 代码，如图 6-4-13 所示。

（3）制作完毕后，将文件保存为"switch 多分支判断.fla"，测试影片。

```
1  var number = 100;
2  stlevel = number/10;
3  submit_btn.onRelease = function() {
4      switch (stlevel) {
5          case 10 :
6          case 9 :
7              trace("you pressed A");
8              break;
9          case 8 :
10             trace("you pressed B");
11             break;
12         case 7 :
13             trace("you pressed C");
14             break;
15         case 6 :
16             trace("you pressed D");
17             break;
18         default :
19             trace("you pressed E");
20             break;
21     }
22 };
```

图 6-4-13　"switch 多分支判断"的动作代码

6.5　【案例21】while 循环

案例效果

"while 循环.swf" 播放画面如图 6-5-1 所示。while 函数主要用来执行一系列重复的步骤：在输出窗口中显示出小于 20 的所有 3 的倍数的数字。通过本节内容的学习，读者将进一步掌握 ActionScript 语句中循环结构的工作原理。

图 6-5-1　"while 循环" 测试效果

设计步骤

（1）新建一个 Flash 文件（ActionScript 2.0），大小设置为 300×200 像素，背景色为白色，帧频为 24。

（2）将图层 1 改为 actions 层，单击 action 层中的第 1 帧，单击 "窗口"→"动作" 命令（或按快捷键【F9】），在弹出的 "动作" 面板中输入 ActionScript 代码，如图 6-5-2 所示。

（3）制作完毕后，保存为 while 循环.fla，测试影片。

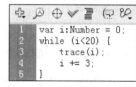

图 6-5-2　"while 循环" 的动作代码

相关知识

1．while 语句

```
while(condition){
    statement(s);
}
```

计算条件，如果条件计算结果为 true，则在循环返回以再次计算条件之前执行一条语句或一系列语句。在条件计算结果为 false 后，跳过该语句或语句系列并结束循环。

while 语句执行下面一系列步骤：

（1）计算表达式 condition。

（2）如果 condition 计算结果是 true 或一个转换为布尔值 true 的值（如一个非零数），则转到第 3 步；否则，while 语句结束并继续执行 while 循环后面的下一个语句。

（3）运行语句块 statement(s)。

（4）转到步骤（1）。

通常当计数器变量小于某指定值时，使用循环执行动作。在每个循环的结尾递增计数器的值，直到达到指定值为止。此时，condition 不再为 true，因此循环结束。

参数说明：

condition:Boolean：计算结果为 true 或 false 的表达式。

2．do...while 语句

```
do { statement(s) } while (condition)
```

与 while 循环类似，不同之处是在对条件进行初始计算前执行一次语句。随后，仅当条件计算结果是 true 时执行语句。

如果条件计算结果始终为 true，do...while 就会无限循环。如果进入了无限循环，则 Flash Player 会遇到问题，最终会发出警告信息或播放器崩溃。

参数说明：

condition:Boolean：要计算的条件。只要 condition 参数的计算结果为 true，就会执行 do 代码块内的 statement(s)。

3. for 语句

```
for(init; condition; next){
    statement(s);
}
```

计算一次 init（初始化）表达式，然后开始一个循环序列。循环序列从计算 condition 表达式开始。如果 condition 表达式的计算结果为 true，将执行 statement 并计算 next 表达式。然后循环序列再次从计算 condition 表达式开始。

参数说明：

init：在开始循环序列前要计算的表达式，通常为赋值表达式。还允许对此参数使用 var 语句。

4. for...in 语句

```
for(variableIterant in object){
    statement(s);
}
```

迭代对象的属性或数组中的元素，并对每个属性或元素执行 statement。对象的方法不能由 for...in 动作来枚举。

for...in 语句迭代所迭代对象的原型链中对象的属性。首先枚举该对象的属性，接着枚举其直接原型的属性，然后枚举该原型的属性，依此类推。for...in 语句不会将相同的属性名枚举两次。

如果在一个类文件（外部 AS 文件）中编写一个 for...in 循环，则实例成员对于该循环不可用，而静态成员则可用。然而，如果在一个 FLA 文件中为类的实例编写一个 for...in 循环，则实例成员在循环中可用，而静态成员不可用。

参数说明：

variableIterant:String：作为迭代变量的变量的名称，迭代变量引用对象的每个属性或数组中的每个元素。

案例拓展

【案例拓展 51】do...while 循环

1. 案例效果

"do...while 循环.swf" 播放画面如图 6-5-3 所示。在测试影片时，在输出窗口中显示小于 5 的整数。

2. 设计步骤

（1）新建一个 Flash 文件（ActionScript 2.0），大小设置为 300×200 像素，背景色为白色，帧频为 24。

（2）将图层 1 改为 actions 层，单击 action 层中的第 1 帧，单击 "窗口"→"动作" 命令（或按快捷键【F9】），在弹出的 "动作" 面板中输入下面的 ActionScript 代码，如图 6-5-4 所示。

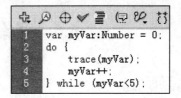

图 6-5-3　"do...while 循环"测试效果　　　图 6-5-4　"do...while 循环"的动作代码

（3）制作完毕后，将文件保存为"do... while 循环.fla"，测试影片。

【案例拓展 52】for 循环

1. 案例效果

"for 循环.swf"播放画面如图 6-5-5 所示。测试影片时，在输出窗口中显示一个一维数组的结果，数字由 50 到 140，每隔 10 变化效果。

2. 设计步骤

（1）新建一个 Flash 文件（ActionScript 2.0），大小设置为 300×200 像素，背景色为白色，帧频为 24。

（2）将图层 1 改为 actions 层，单击 action 层中的第 1 帧，单击"窗口"→"动作"命令（或按快捷键【F9】），在弹出的"动作"面板中输入下面的 ActionScript 代码，如图 6-5-6 所示。

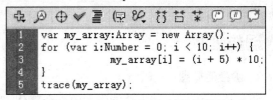

图 6-5-5　"for 循环"测试效果　　　　图 6-5-6　"for 循环"的动作代码

（3）制作完毕后，将文件保存为"for 循环.fla"，测试影片。

【案例拓展 53】for...in 循环

1. 案例效果

"forin 循环.swf"播放画面如图 6-5-7 所示。测试影片时，在输出窗口中显示一个对象不同属性（名字、年龄、城市）的值。

2. 设计步骤

（1）新建一个 Flash 文件（ActionScript 2.0），大小设置为 300×200 像素，背景色为白色，帧频为 24。

（2）将图层 1 改为 actions 层，单击 action 层中的第 1 帧，单击"窗口"→"动作"命令（快捷键【F9】），在弹出的"动作"面板中输入 ActionScript 代码，如图 6-5-8 所示。

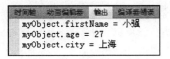

```
1  var myObject:Object = {firstName:"小强", age:27, city:"上海"};
2  for (var prop in myObject) {
3    trace("myObject."+prop+" = "+myObject[prop]);
4  }
```

图 6-5-7　"for...in 循环"测试效果　　　　图 6-5-8　"for...in 循环"的动作代码

（3）制作完毕后，将文件保存为"forin 循环.fla"，测试影片。

6.6　【案例 22】function 函数

案例效果

"function 函数.swf"播放画面如图 6-6-1 所示。测试影片时，在输出窗口中显示一个函数运行之后的结果。通过本节内容的学习，读者将进一步掌握 ActionScript 语句中函数的基本原理，如函数的引用和调用等。

图 6-6-1　"function 函数"的测试效果

设计步骤

（1）新建一个 200×100 的 Flash 文件（ActionScript 2.0）。

（2）将图层 1 改为 actions 层，单击 action 层中的第 1 帧，单击"窗口"→"动作"命令（或按快捷键【F9】）命令，在弹出的"动作"面板中输入 ActionScript 代码，如图 6-6-2 所示。

（3）制作完毕后，将文件保存为"function 函数.fla"，测试影片。

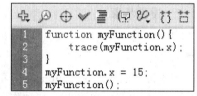

```
1  function myFunction(){
2      trace(myFunction.x);
3  }
4  myFunction.x = 15;
5  myFunction();
```

图 6-6-2　"function 函数"的动作代码

相关知识

1. 函数的概念

函数是 ActionScript 中功能强大的一个部分。一个函数就是一个代码块，它在程序中可以重复使用。函数不仅给我们的脚本带来了巨大的方便和灵活性，而且还帮助我们控制 Flash 影片元素。如果没有函数，很难想象编程工作会是什么样子——它们让所有的事情变得简单了。

2. 函数的基本原则

在脚本中创建自己的函数，应遵循下面这些基本原则：

- 函数声明：创建函数，以便在脚本中使用。
- 函数调用：让函数得到执行。换句话说，就是让函数中的代码运行起来。
- 函数变量和参数：向函数提供的数据，在调用的时候进行操作。
- 函数终止：结束函数的执行，可能返回一个结果。
- 函数的作用域：确定函数的有效范围和生命周期，以及函数体内出现变量的可访问性。

3. 函数的返回值

函数通常会在程序执行完函数内最后一个语句之后自然结束。如果中间使用了强制命令，就可以在执行最后的语句之前结束函数的执行。另外，一个函数可以给调用它的代码返回一个结果（发送回一个计算值）。

案例拓展

【案例拓展 54】创建一个带参数的函数

1. 案例效果

"创建一个带有参数的函数.swf"播放画面如图 6-6-3 所示。在测试影片时，显示函数运行之后的结果，改变不同的名字呈现不同的效果。

（a）当 name 为 Andy 时动画测试的效果　　　（b）当 name 为 John 时动画测试的效果

图 6-6-3　"带有参数的 function 函数"的输入不同参数的测试效果

2. 设计步骤

（1）创建一个 200×100 的 Flash 文件（ActionScript 2.0）。

（2）将图层 1 改为 actions 层，单击 action 层中的第 1 帧，单击"窗口"→"动作"命令（或按快捷键【F9】），在弹出的"动作"面板输入下面的 ActionScript 代码，如图 6-6-4 所示。

```
1  var name = "Andy";
2  function say(msg){
3      trace("Welcome to
4      my web site " + msg);
5  }
6  say(name);
```

```
1  var name = "John";
2  function say(msg){
3      trace("Welcome to
4      my web site " + msg);
5  }
6  say(name);
```

（a）当 name 为 Andy　　　　　　　　（b）当 name 为 John

图 6-6-4　"带有参数的 function 函数"的输入不同参数的动作代码

（3）制作完毕后，将文件保存为"创建一个带有参数的函数.fla"，测试影片。

【案例拓展 55】创建一个具备返回值的函数

1. 案例效果

"创建一个具备返回值的函数.swf"播放画面如图 6-6-5 所示。在测试影片时，显示具备返回值的函数的返回数值。

2. 设计步骤

（1）创建一个 200×100 的 Flash 文件（ActionScript 2.0）。

（2）将图层 1 改为 actions 层，单击 action 层中的第一帧，单击"窗口"→"动作"命令（或按快捷键【F9】），在弹出的"动作"面板输入下面的 ActionScript 代码，如图 6-6-6 所示。

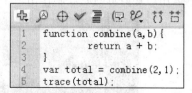

```
1  function combine(a,b){
2      return a + b;
3  }
4  var total = combine(2,1);
5  trace(total);
```

图 6-6-5　"带有返回值的 function 函数"的测试效果　图 6-6-6　"带有返回值的 function 函数"的动作代码

（3）制作完毕后，将文件保存为"创建一个具备返回值的函数.fla"，测试影片。

【案例拓展 56】探讨函数的作用域

1. 案例效果

"函数的作用域.swf"播放画面如图 6-6-7 所示。测试影片时，在输出窗口显示函数中不同变量在不同生命周期所得到的结果。

2. 设计步骤

（1）创建一个 200×100 的 Flash 文件（ActionScript 2.0）。

（2）将图层 1 改为 actions 层，单击 action 层中的第一帧，单击"窗口"→"动作"命令（或按快捷键【F9】），在弹出的"动作"面板输入 ActionScript 代码，如图 6-6-8 所示。

```
 1  var z = 1;
 2  function createVars() {
 3      var x = 10;
 4      y = 13;
 5      z = 2;
 6  }
 7  createVars();
 8  trace(x);
 9  trace(y);
10  trace(z);
```

图 6-6-7　"function 函数的作用域"的测试效果　　图 6-6-8　"function 函数的作用域"的动作代码

（3）制作完毕后，将文件保存为"函数的作用域.fla"，测试影片。

小　结

通过本章学习 6 个案例和 18 个进阶案例，使读者进一步掌握 ActionScript 2.0 的一些基本语法和概念，了解高级语言的三大逻辑结构，同时熟练掌握静止的画面与程序之间的无缝结合。

课 后 实 训

1. 制作一个"求 N 的阶乘"动画，显示 N! =1×2×3×…×10 的值，如图 6-7-1 所示。
2. 显示 1～100 之间的所有偶数和奇数之和，如图 6-7-2 所示。

图 6-7-1　10!运算之后的数值结果 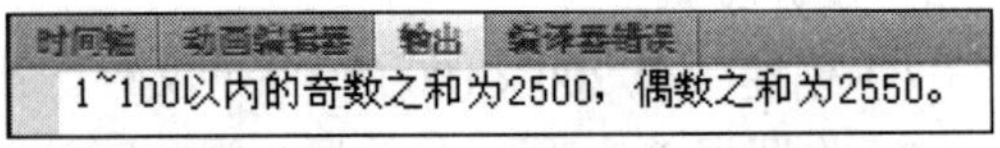　　　　图 6-7-2　显示 1～100 以内奇数与偶数之和

3. 运用影片剪辑的原理制作出一个绚丽的导航条，如图 6-7-3 所示。

图 6-7-3　"绚丽的导航条"效果

第7章

面向对象的程序设计

面向对象的程序设计（object-oriented programming，OOP）具备更好地模拟现实世界环境的能力。它通过给程序中加入扩展语句，把函数"封装"进编程所必需的"对象"中。面向对象的编程语言可使复杂的工作条理清晰、编写程序更加容易。说它是一场革命，不是对对象本身而言，而是对它们处理工作的能力而言。

本章主要讲解关于 ActionScript 面向对象的程序设计，通过对复制对象、拖拽对象、跟随对象、改变对象的属性值等实例的讲解，让读者在感受不同的绚丽效果的同时领悟到程序可以带给人们无限创意的想象，更让读者对元件以及面向对象程序设计有更深层次的理解。

学习目标	☑ 掌握面向对象的基本概念
	☑ 掌握面向对象的特性
	☑ 掌握面向对象的分析和设计方法

7.1 【案例 23】绿色圆形复制

案例效果

"绿色圆形复制.swf"播放画面如图 7-1-1 所示。画面由大量不同透明度的绿色圆形组合而成，这些圆形都是由一个圆形通过 ActionScript 代码复制出来，并产生左边运动到右边的效果。

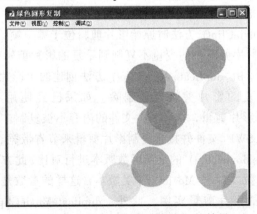

图 7-1-1 "大量圆形向右跑"的效果

设计步骤

（1）新建一个 Flash 文件（ActionScript 2.0），在舞台中绘制一个圆，如图 7-1-2 所示。

（2）将圆形转换为影片剪辑元件，将实例命名为 yuan，如图 7-1-3 所示。

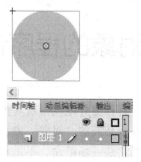

图 7-1-2　"图层 1"的绿色圆形

图 7-1-3　把圆形的影片剪辑取名为 yuan

（3）单击影片剪辑元件，打开"动作"面板，输入 ActionScript 代码，如图 7-1-4 所示。

（4）单击时间轴第 1 关键帧，在"动作"面板中输入 ActionScript 代码，如图 7-1-5 所示。

```
1  on (press) {
2      this.startDrag();
3  }
4  on (release) {
5      this.stopDrag();
6  }
7  onClipEvent (enterFrame) {
8      _root._x += 1;
9  }
```

图 7-1-4　圆形影片剪辑的动作代码

```
1  for(i=0;i<10;i++){
2      duplicateMovieClip("yuan","yuan"+i,i);
3      _root["yuan"+i]._x = random(400);
4      _root["yuan"+i]._y=random(400);
5      _root["yuan"+i]._alpha = random(100);
6  }
7
```

图 7-1-5　图层 1 的第一个关键帧的动作代码

（5）制作完毕后，将文件保存为"绿色圆形复制.fla"，测试影片。

相关知识

1. duplicateMovieClip()函数

```
duplicateMovieClip（MovieClip.duplicateMovieClip 方法）
public  duplicateMovieClip(name:String,depth:Number,initObject:Object[ 可
选]) : MovieClip
```

在 SWF 文件正在播放时，创建指定影片剪辑的实例。

无论调用 duplicateMovieClip() 方法时原始影片剪辑位于哪一帧，所复制的影片剪辑始终从第 1 帧开始播放。父级影片剪辑中的变量不复制到重复的影片剪辑中。在调用父影片剪辑的 duplicateMovieClip 方法时，由 duplicateMovieClip() 方法创建的子影片剪辑不会被复制。如果删除父级影片剪辑，则重复的影片剪辑也被删除。如果已经使用 MovieClip.loadMovie() 或 MovieClipLoader 类加载了影片剪辑，则 SWF 文件的内容不被复制。这意味着用户无法通过加载 JPEG、GIF、PNG 或 SWF 文件并接着复制影片剪辑来节省带宽。

将此方法与 duplicateMovieClip() 的全局函数版本进行对比，此方法的全局版本需要指定要复制的目标影片剪辑的参数。对于 MovieClip 类版本，这样的参数是不必要的，因为该方法的目标是对其调用该方法的影片剪辑实例。此外，duplicateMovieClip() 的全局版本既不支持 initobject 参数，也不支持对新创建的 MovieClip 实例的引用返回值。

参数说明：

name:String：已重制的影片剪辑的唯一标识符。

depth:Number：一个唯一整数，指定要放置新影片剪辑的深度。使用深度–16 384 可将新影片剪辑实例放置在创作环境中创建的所有内容之下。介于–16 383 和–1（含）之间的值是保留供创作环境使用的，不应与此方法一起使用。其余的有效深度值介于 0～1 048 575 之间。

initObject:Object [可选]：Flash Player 6 和更高版本支持，包含用于填充复制影片剪辑的属性的对象。此参数使动态创建的影片剪辑能够接收剪辑参数。如果 initObject 不是对象，则忽略它。initObject 的所有属性都已复制到新实例中。使用 initObject 指定的属性对于构造函数是可用的。

2. removeMovieClip()函数

```
removeMovieClip(target:Object)
```

删除指定的影片剪辑。

参数说明：

target:Object：用 duplicateMovieClip() 创建的影片剪辑实例的目标路径，或者是用 MovieClip.attachMovie、MovieClip.duplicateMovieClip() 或 MovieClip.createEmptyMovieClip() 创建的影片剪辑的实例名称。

3. onClipEvent()函数

```
onClipEvent(movieEvent:Object){
    //your statements here
}
```

触发为特定影片剪辑实例定义的动作。

参数说明：

movieEvent:Object：movieEvent 是一个称为事件的触发器。当事件发生时，执行该事件后面大括号 ({}) 中的语句。可以为 movieEvent 参数指定下面的任意值：

① load：影片剪辑一旦被实例化并出现在时间轴中，即启动此动作。

② unload：在从时间轴中删除影片剪辑之后，此动作即在第 1 帧中启动。在将任何动作附加到受影响的帧之前处理与 Unload 影片剪辑事件关联的动作。

③ enterFrame：以影片剪辑的帧频连续触发该动作。在将任何帧动作附加到受影响的帧之前，处理与 enterFrame 剪辑事件关联的动作。

④ mouseMove：每次移动鼠标时启动此动作。使用 _xmouse 和_ymouse 属性来确定鼠标的当前位置。

⑤ mouseDown：当按下鼠标左键时启动此动作。

⑥ mouseUp：当释放鼠标左键时启动此动作。

⑦ keyDown：当按下某个键时启动此动作。使用 Key.getCode()方法检索有关最后按下键的信息。

⑧ keyUp：当释放某个键时启动此动作。使用 Key.getCode()方法检索有关最后按下键的信息。

⑨ data：在 loadVariables()或 loadMovie()动作中接收到数据时启动该动作。当与 loadVariables() 动作一起指定时，data 事件只在加载最后一个变量时发生一次。当与 loadMovie() 动作一起指定时，则在检索数据的每一部分时，data 事件都重复发生。

案例拓展

【案例拓展 57】线条复制效果

1. 案例效果

"线条复制效果.swf"播放画面如图 7-1-6 所示。该案例由单线条生成多线条变化的效果，单击"删除 mc"按钮，绚丽的线条就消失了，但如果单击"向前"按钮，则显示一种绚丽的线条效果，单击"后退"按钮，又会显示另一种绚丽的线条效果。

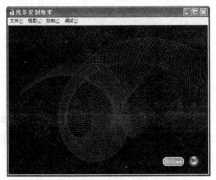
（a）初始效果

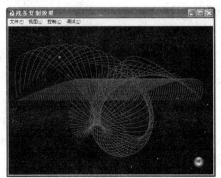
（b）单击"后退"按钮之后的效果

图 7-1-6　"线条复制"的演示效果

2. 设计步骤

（1）新建一个 Flash 文件（ActionScript 2.0），设置大小为 550×400 像素，背景色为黑色。

（2）新建一个影片剪辑元件，命名为 line。进入元件编辑界面，在图层 1 的第 1 帧绘制一条直线，然后在第 25 帧和第 50 帧处按【F6】键，利用"任意变形工具" 改变第 1、23、47 帧的直线的形状，然后创建形状补间动画，时间轴如图 7-1-7 所示。

（3）回到主场景。把图层 1 命名为"按钮"，在第 1 帧创建一个"删除 mc"按钮和一个"播放"按钮，如图 7-1-8 所示，在第 2 帧再创建一个"后退"按钮，如图 7-1-9 所示。

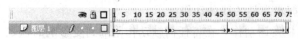

图 7-1-7　"line"影片剪辑的动画时间轴　　图 7-1-8　"删除 mc" 图 7-1-9　"后退"按钮
按钮和"向前"按钮

（4）在按钮图层上方再创一个图层，命名为 mc，如图 7-1-10 所示。把 line 影片剪辑拖入场景中间，并命名为 line_mc，如图 7-1-11 所示。

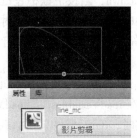

图 7-1-10　"line"影片剪辑所处的图层　　　图 7-1-11　"line"影片剪辑取名 line_mc

（5）在 mc 图层上方再创一个图层，命名为 as，在第 1 帧添加代码，如图 7-1-12 所示。

（6）在第 2 帧添加代码，如图 7-1-13 所示。

```
stop();
line_mc._x = 120;
line_mc._y = 200;
line_mc._visible = 0;
for (i=1; i<100; i++) {
    line_mc.duplicateMovieClip("line_mc"+i,i);
    _root["line_mc"+i]._x = line_mc._x+3*i;
    _root["line_mc"+i]._rotation = 3.6*i;
}
```

图 7-1-12   as 层中第 1 帧的动作代码

```
for (i=2; i<100; i=i+2) {
    line_mc.duplicateMovieClip("line_mc"+i,i);
    _root["line_mc"+i]._x = line_mc._x+3*i;
}
```

图 7-1-13   as 层中第 2 帧的动作代码

（7）在"删除"按钮上添加代码，如图 7-1-14 所示。

（8）在"播放"按钮上添加代码，在"后退"按钮上添加代码，如图 7-1-15 所示。

```
1  on (release) {
2      for (i=1; i<100; i++) {
3          removeMovieClip("line_mc"+i);
4      }
5  }
```

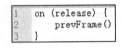

```
1  on (release) {
2      nextFrame()
3  }
```
（a）"播放"按钮的动作代码

```
1  on (release) {
2      prevFrame()
3  }
```
（b）"后退"按钮的动作代码

图 7-1-14   "删除 mc"按钮的动作代码   图 7-1-15   "播发"按钮和"后退"按钮的动作代码

（9）制作完毕后，将文件保存为"线条复制效果.fla"，测试影片。

【案例拓展 58】下雨效果

1. 案例效果

"下雨效果.swf"播放画面如图 7-1-16 所示。通过复制一个雨滴落下的动画，呈现出一场春雨的效果。

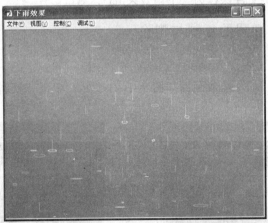

图 7-1-16   一场春雨的效果

2. 设计步骤

（1）新建一个 Flash 文件（ActionScript 2.0），设置大小为 550×400 像素，背景色为白色。

（2）画一条白线，将直线图形转换为影片剪辑元件，如图 7-1-17 所示，命名为 zz，如图 7-1-18 所示。双击影片剪辑元件，进入元件编辑界面，在图层 1 第 10 帧处创建一个下落的动画，再添加一个图层，创建椭圆放大消失的动画，如图 7-1-19 所示。

图 7-1-17　白色线条处在下雨效果层

图 7-1-18　白色线条影片剪辑取名 zz

（3）返回主场景，添加上背景层和 as 层。

（4）在背景层导入背景图片，在 as 层的第 1 帧添加代码，如图 7-1-20 所示。

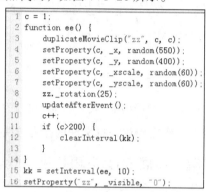

```
1  c = 1;
2  function ee() {
3      duplicateMovieClip("zz", c, c);
4      setProperty(c, _x, random(550));
5      setProperty(c, _y, random(400));
6      setProperty(c, _xscale, random(60));
7      setProperty(c, _yscale, random(60));
8      zz._rotation(25);
9      updateAfterEvent();
10     c++;
11     if (c>200) {
12         clearInterval(kk);
13     }
14 }
15 kk = setInterval(ee, 10);
16 setProperty("zz", _visible, "0");
```

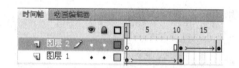

图 7-1-19　"图层 1"前 10 帧为线条下落动画，
"图层 2"的第 10 帧到 15 帧为椭圆消失动画

图 7-1-20　as 层的第 1 帧的动作代码

（5）制作完毕后，将文件保存为"下雨效果.fla"，测试影片。

【案例拓展 59】椭圆的复制与删除

1. 案例效果

"椭圆的复制与删除.swf"播放画面如图 7-1-21 所示。单击"复制 mc"按钮可实现复制椭圆的效果。

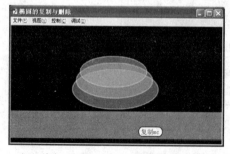

（a）单击"复制 mc"按钮可复制出一个椭圆

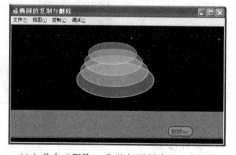

（b）单击"删除 mc"按钮可删除出一个椭圆

图 7-1-21　"椭圆的复制与删除"效果图

2. 设计步骤

（1）新建一个 Flash 文件（ActionScript 2.0），设置大小为 550×300 像素背景为黑色。

（2）新建一名为 yuan 的影片剪辑，画一个圆从左边走到中间的补间动画。回到主场景，把影片剪辑放到 mc 层，如图 7-1-22 所示，将其命名为 yuan_mc 并拖到主场景的左边，再在第 2 帧处按【F5】键，如图 7-1-23 所示。

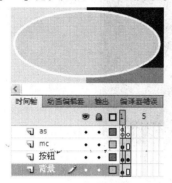
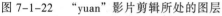

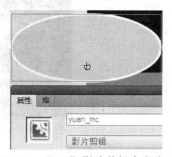

图 7-1-22　"yuan"影片剪辑所处的图层　　　　图 7-1-23　"line"影片剪辑命名为 line_m

（3）新建一个图层，命名为"按钮"，创建一个"复制 mc"按钮和一个"删除 mc"按钮，如图 7-1-24 所示。

（4）添加一个 as 层，在第 1 帧添加代码，如图 7-1-25 所示。

```
1  stop();
2  _root.yuan_mc._visible = 0
3  var i:Number = 0;
4  var t:Number = 0;
```

图 7-1-24　"复制 mc"按钮和"删除 mc"按钮　　　图 7-1-25　as 层第 1 帧的动作代码

（5）在"复制 mc"按钮上添加代码，如图 7-1-26 所示。

（6）在"删除 mc"按钮上添加代码，如图 7-1-27 所示。

```
1   on(release) {
2       i = i+1;
3       _root.yuan_mc._alpha = 50;
4       if (i<6) {
5           duplicateMovieClip(yuan_mc,"yuan_mc"+i,i);
6           _root["yuan_mc"+i]._y = yuan_mc._y-25*i;
7           _root["yuan_mc"+i]._x = yuan_mc._x+25*i;
8           _root["yuan_mc"+i]._xscale = yuan_mc._xscale-10*i;
9           _root["yuan_mc"+i]._yscale = yuan_mc._yscale-10*i;
10      } else {
11          gotoAndStop(2);
12      }
13  }
```

```
1   on (release) {
2       t++;
3       removeMovieClip("yuan_mc"+t);
4   }
```

图 7-1-26　"复制 mc"按钮的动作代码　　　图 7-1-27　"删除 mc"按钮的动作代码

（7）制作完毕后，将文件保存为"椭圆的复制与删除.fla"，测试影片。

7.2　【案例 24】鼠标跟随

案例效果

"鼠标跟随.swf"播放画面如图 7-2-1 所示。动一动鼠标，画面中显示出不同颜色的球跟随着鼠标的运动轨迹排列。

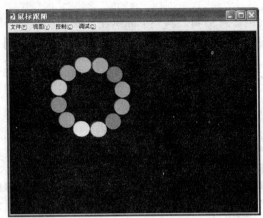

图 7-2-1　不同颜色的球跟随鼠标运动的效果

设计步骤

（1）新建一个 Flash 文件（ActionScript 2.0），在主场景中制作一个绕圆环运动的绿球，如图 7-2-2 所示，将绿球转换为影片剪辑元件，实例名称为 qiu0，如图 7-2-3 所示。

图 7-2-2　绿球影片剪辑所处的图层

图 7-2-3　绿球影片剪辑命名为 qiu0

（2）在 as 层添加代码，如图 7-2-4 所示。

```
1   startDrag(qiu0, true);
2   qiu0._visible = 0;
3   var number:Number = 25;
4   for (var i = 1; i<=number; i++) {
5       duplicateMovieClip(qiu0, "qiu"+i, i);
6   }
7   function moveqiu() {
8       for (var i = 1; i<=shumu; i++) {
9           setcolor("qiu"+i);
10          _root["qiu"+i]._x += (_root["qiu"+(i-1)]._x-_root["qiu"+i]._x)/4;
11          _root["qiu"+i]._y = (_root["qiu"+(i-1)]._y-_root["qiu"+i]._y)/4;
12          _root["qiu"+i]._alpha = 100-1/3*i*10;
13          _root["qiu"+i]._rotation = 30*i;
14      }
15  }
16  setInterval(moveqiu, 10);
17  function setcolor(mc) {
18      yanse = new Object();
19      yanse.ra = random(100);
20      yanse.rb = random(255);
21      yanse.ba = random(100);
22      yanse.bb = random(255);
23      yanse.ga = random(100);
24      yanse.gb = random(255);
25      ys = new Color(mc);
26      ys.setTransform(yanse);
27  }
```

图 7-2-4　as 层第 1 帧的动作代码

（3）制作完毕后，将文件保存为"鼠标跟随.fla"，测试影片。

相关知识

1. _root 属性

```
_root.movieClip
_root.action
_root.property
```

指定或返回一个对根影片剪辑时间轴的引用。如果影片剪辑有多个级别，则根影片剪辑时间轴位于包含当前正在执行脚本的级别上。例如，如果级别 1 中的脚本计算_root，则返回 _level1。

指定_root 与在当前级别内使用不推荐的斜杠记号（ / ）指定绝对路径的效果相同。

> **注意**：如果包含 _root 的影片剪辑被加载到另一个影片剪辑中，则 _root 指的是加载影片剪辑的时间轴，而不是包含_root 的时间轴。如果要确保_root 指的是被加载的影片剪辑的时间轴（即使该影片被加载到另一个影片剪辑中），可使用 MovieClip._lockroot。

2. _x（Button._x 属性）

```
public _x : Number
```

整数，用来设置按钮相对于父级影片剪辑的本地坐标的 x 坐标。如果按钮在主时间轴上，则其坐标系将舞台的左上角作为(0,0)。如果按钮在具有变形的影片剪辑内，则该按钮位于包含它的影片剪辑的本地坐标系统中。因此，对于逆时针旋转 90° 的影片剪辑，其中的按钮将继承逆时针旋转 90° 的坐标系统。按钮的坐标指的是注册点的位置。

3. _y（Button._y 属性）

```
public _y : Number
```

按钮相对于父级影片剪辑的本地坐标的 y 坐标。如果按钮在主时间轴上，则其坐标系将舞台的左上角作为 (0, 0)。如果按钮在具有变形的另一个影片剪辑内，则该按钮将位于包含它的影片剪辑的本地坐标系统中。因此，对于逆时针旋转 90° 的影片剪辑，其中的按钮将继承逆时针旋转 90° 的坐标系统。按钮的坐标指的是注册点的位置。

4. _alpha（Button._alpha 属性）

```
public _alpha : Number
```

由 my_btn 指定的按钮的 Alpha 透明度值。有效值为 0（完全透明）到 100（完全不透明），默认值为100。按钮的 _alpha 设置为 0 时，其中的对象处于活动状态（即使这些对象不可见）。

5. _rotation（Button._rotation 属性）

```
public _rotation : Number
```

按钮距其原始方向的旋转程度，以度为单位。从 0～180 的值表示顺时针方向旋转；从 0～180 的值表示逆时针方向旋转。对于此范围之外的值，可以通过加上或减去 360 获得该范围内的值。例如，语句 my_btn._rotation = 450 与 my_btn._rotation = 90 是相同的。

6. random()函数

```
random(value:Number) : Number
```

自 Flash Player 5 后不推荐使用此函数，而推荐使用 Math.random()。

返回一个随机整数，此整数介于 0 和小于在 value 参数中指定的整数之间。

参数说明：

value:Number：一个整数。

返回：

Number：一个随机整数。

【案例拓展 60】光彩夺目的鼠标尾巴

1. 案例效果

"光彩夺目的鼠标尾巴.swf"播放画面如图 7-2-5 所示。动动鼠标，画面中会呈现出光彩夺目的小球紧紧跟随着鼠标的效果。

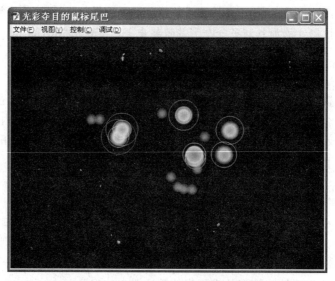

图 7-2-5　光彩夺目的小球跟随鼠标的效果

2. 设计步骤

（1）新建一个 Flash 文件（ActionScript 2.0），设置大小为 550×300，背景为黑色。

（2）制作一个影片剪辑元件，如图 7-2-6 所示，元件的实例名称为 sm，如图 7-2-7 所示。这个影片剪辑是由 3 个发光的圆形线圈和变色实心圆，外加围绕着这个实心圆旋转的小球组成。

图 7-2-6　小球影片剪辑所处的图层

图 7-2-7　小球影片剪辑命名为 sm

（3）回到主场景，添加 as 层，分别为第 1 帧到第 10 帧添加代码，如图 7-2-8 所示。

```
1   startDrag(sm,true);
```
（a）as 层第 1 帧的动作代码

```
1   duplicateMovieClip(sm,sm1,1);
```
（b）as 层第 2 帧的动作代码

```
1 duplicateMovieClip(sm,sm2,2);
```
（c）as 层第 3 帧的动作代码

```
1 duplicateMovieClip(sm,sm3,3);
```
（d）as 层第 4 帧的动作代码

```
1   duplicateMovieClip(sm,sm2,2);
```
（e）as 层第 5 帧的动作代码

```
1 duplicateMovieClip(sm,sm5,5);
```
（f）as 层第 6 帧的动作代码

```
1 duplicateMovieClip(sm,sm6,6);
```
（g）as 层第 7 帧的动作代码

```
1 duplicateMovieClip(sm,sm7,7);
```
（h）as 层第 8 帧的动作代码

```
1 duplicateMovieClip(sm,sm8,8);
```
（I）as 层第 9 帧的动作代码

```
1 gotoAndPlay(1);
```
（j）as 层第 10 帧的动作代码

图 7-2-8　as 层第 1 帧到第 10 帧的动作代码

（4）制作完毕后，将文件保存为"光彩夺目的鼠标尾巴.fla"，测试影片。

【案例拓展 61】虚化的方块尾巴

1. 案例效果

"虚化的方块尾巴.swf"播放画面如图 7-2-9 所示。移动鼠标，那些虚化的方块图形紧紧地跟随着鼠标。

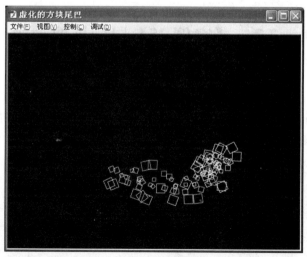

图 7-2-9　方块图形跟随鼠标运动的效果

2. 设计步骤

（1）新建一个 Flash 文件（ActionScript 2.0），先制作出方块图形，如图 7-2-10 所示。将方块图形转换成一个影片剪辑元件，实例名称为 fang，如图 7-2-11 所示。将方块图形制作出透明度发生变化的效果，在该效果的最后一帧加上代码"stop();"。

（2）再创建一个影片剪辑，注意元件内部不要放置任何内容。"时间轴"面板如图 7-2-12 所示。

图 7-2-10 方块的图形　　　图 7-2-11 影片剪辑元件属性设置　　　图 7-2-12 "时间轴"面板

（3）选中空影片剪辑，打开"动作"面板，添加 ActionScript 代码，如图 7-2-13 所示。

```
1  onClipEvent(load){
2      i = 1;
3  }
4  onClipEvent(mouseMove){
5
6      if(i < 30){
7          duplicateMovieClip(_root.fang,"fang"+i,i);
8          _root["fang"+i]._x = _root._xmouse;
9          _root["fang"+i]._y = _root._ymouse;
10         setProperty("_root.fang"+i,_rotation,random(1000));
11         i++;
12     }
13     else{
14         i = 1;
15     }
16 }
```

图 7-2-13 空影片剪辑的动作代码

（4）制作完毕后，将文件保存为"虚化的方块尾巴.fla"，测试影片。

7.3 【案例 25】鼠标拖拽动画

案例效果

"鼠标拖拽动画.swf"播放画面如图 7-3-1 所示。用鼠标拖拽窗口中的文字，可以将文字放置在画面中的任意地方。

图 7-3-1 拖拽场景中文字的效果

设计步骤

（1）新建一个 Flash 文件（ActionScript 2.0），在主场景中导入 5 张图片，分别是"我"、"的"、"要"、"完"、"美"。

（2）将 5 张图片分别转换为 5 个影片剪辑元件。

（3）选中一个影片剪辑，例如"我"这个影片剪辑，打开"动作"面板，添加代码，如图 7-3-2 所示。

（4）最后，给剩下的 4 个影片剪辑添加与文字"我"这个影片剪辑同样的动作代码。

（5）制作完毕后，将文件保存为"鼠标拖拽动画.fla"，测试影片。

```
1  on (press) {
2    this.startDrag();
3  }
4  on (release) {
5    this.stopDrag();
6  }
```

图 7-3-2　文字"我"这个影片剪辑的动作代码

相关知识

1. startDrag()函数

```
startDrag(target:Object, [lock:Boolean, left:Number, top:Number, right:Number,
bottom:Number]) : Void
```

使 target 影片剪辑在影片播放过程中可拖动，一次只能拖动一个影片剪辑。执行 startDrag() 操作后，影片剪辑将保持可拖动状态，直到用 stopDrag() 显式停止拖动为止，或直到对其他影片剪辑调用了 startDrag() 动作为止。

参数说明：

target:Object：要拖动的影片剪辑的目标路径。

lock:Boolean [可选]：一个布尔值，指定可拖动影片剪辑，使其锁定到鼠标位置中央（true），还是锁定到用户首次单击该影片剪辑的位置上（false）。

left,top,right,bottom:Number [可选]：相对于该影片剪辑的父级的坐标值，用以指定该影片剪辑的约束矩形。

2. stopDrag()函数

```
stopDrag() : Void
```

停止当前的拖动操作。

3. startDrag（MovieClip.startDrag 方法）

```
public startDrag([lockCenter:Boolean], [left:Number], [top:Number], [right:Number],
[bottom:Number]) : Void
```

允许用户拖动指定的影片剪辑。该影片剪辑将一直保持可拖动状态，直到通过对 MovieClip.stopDrag() 的调用明确停止为止，或者直到另一个影片剪辑变为可拖动为止。在同一时间只有一个影片剪辑是可拖动的。

可以通过创建子类来扩展 MovieClip 类的方法和事件处理函数。

参数说明：

lockCenter:Boolean [可选]：一个布尔值，指定可拖动影片剪辑，使其锁定到鼠标位置中央（true），还是锁定到用户首次单击该影片剪辑的位置上（false）。

left:Number [可选]：相对于该影片剪辑父级的坐标值，该值指定该影片剪辑的约束矩形。

top:Number [可选]：相对于该影片剪辑父级的坐标值，该值指定该影片剪辑的约束矩形。

right:Number [可选]：相对于该影片剪辑父级的坐标值，该值指定该影片剪辑的约束矩形。

bottom:Number [可选]: 相对于该影片剪辑父级的坐标值，该值指定该影片剪辑的约束矩形。

4．stopDrag（MovieClip.stopDrag 方法）

```
public stopDrag() : Void
```

结束 MovieClip.startDrag() 方法。在添加 stopDrag() 方法之前，或在另一个影片剪辑变为可拖动之前，通过该方法变为可拖动的影片剪辑将一直保持可拖动状态。在同一时间只有一个影片剪辑是可拖动的。

可以通过创建子类来扩展 MovieClip 类的方法和事件处理函数。

案例拓展

【案例拓展 62】拖拽圆形

1．案例效果

"拖拽圆形.swf"播放画面如图 7-3-3 所示。用鼠标随意拖拽两个圆形，改变圆形的位置之后，连接两个圆形的连线也会随之发生变化。

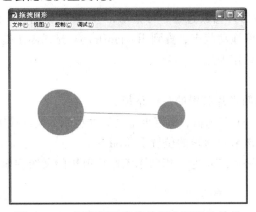

图 7-3-3　用鼠标随意拖拽两个圆形的效果

2．设计步骤

（1）新建一个 Flash 文件（ActionScript 2.0），在主场景中绘制两个大小不一的圆，分别将大圆和小圆转换为影片剪辑元件，并将注册点设为元件的中心，如图 7-3-4 所示。

（2）分别给影片剪辑实例名称命名为 yuan_a、yuan_b，如图 7-3-5 所示。

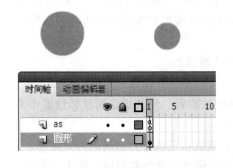

图 7-3-4　在主场景中绘制大圆和小圆

（a）大圆命名

（b）小圆命名

图 7-3-5　大小圆影片剪辑命名

（3）在 as 图层，单击时间轴第 1 帧，打开"动作"面板，添加代码，如图 7-3-6 所示。

```
1  function draw() {
2      _root.clear();
3      _root.lineStyle(1, 0x000000, 90);
4      _root.moveTo(yuan_b._x, yuan_b._y);
5      _root.lineTo(yuan_a._x, yuan_a._y);
6  }
```

图 7-3-6　as 层的第 1 帧的动作代码

（4）对大圆影片剪辑 yuan_a、小圆影片剪辑 yuan_b 分别添加代码，如图 7-3-7 所示。

```
1  on(press){
2      this.startDrag(true);
3  }
4  on(release){
5      this.stopDrag();
6  }
```

（a）大圆影片剪辑的动作代码

```
1   on (press) {
2       this.startDrag(true);
3   }
4   on (release) {
5       this.stopDrag();
6   }
7   onClipEvent (mouseMove) {
8       _root.draw();
9       updateAfterEvent();
10  }
```

（b）小圆影片剪辑的动作代码

图 7-3-7　添加动作代码

（5）制作完毕后，将文件保存为"拖拽圆形.fla"，测试影片。

【案例拓展 63】点不准的按钮

1. 案例效果

"点不准的按钮.swf"播放画面如图 7-3-8 所示。将鼠标指针放到"No"文字上时，"No"文字会跑掉，产生让人点不准的效果；当用鼠标单击"yes"文字时，就会出现"哈哈，那就跟我好好学吧！"字样。

图 7-3-8　"点不准的按钮"的效果

2. 设计步骤

（1）新建一个 Flash 文件（ActionScript 2.0），新建 4 个图层，由上到下依次是 as 层、no 文字层、yes 文字层和背景层，如图 7-3-9 所示。在背景层插入一张背景图片和标题"HI　告诉我，你喜欢 FLASH 吗？"，如图 7-3-10 所示。

（2）分别在"yes 文字"层中输入文字"yes"，在"no 文字"图层输入文字"no"，并将文字"yes"和"no"都转换为按钮元件。

图 7-3-9　主场景中图层的情况图

图 7-3-10　背景上的标题文字

（3）在"no 文字"层中，给第 1 关键帧中的"no"按钮添加代码，给第 2 关键帧中的"no"按钮添加代码，给第 3 关键帧中的"no"按钮添加代码，如图 7-3-11 所示。

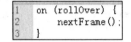

（a）第 1 关键帧中 no 按钮的代码

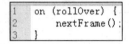

（b）第 2 关键帧中 no 的代码

（c）第 3 关键帧中 no 的代码

图 7-3-11　"no 文字"层中 3 个关键帧中按钮的动作代码

（4）在 as 层中的前 3 帧上都添加一句动作代码"stop( );"。

（5）在"yes 文字"层中为"yes"按钮添加代码，如图 7-3-12 所示，在该层的第 4 帧处插入关键帧，输入文字"哈哈，那就跟我好好学吧！"，如图 7-3-13 所示。

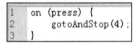

图 7-3-12　"yes"按钮的动作代码

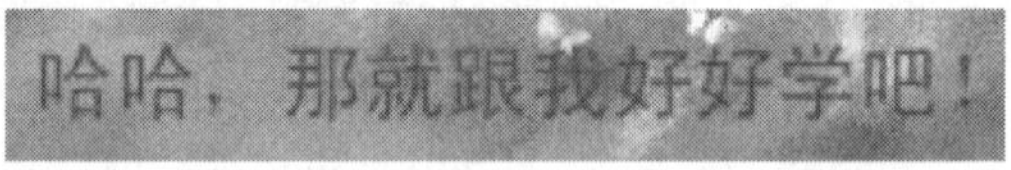

哈哈，那就跟我好好学吧！

图 7-3-13　"yes 文字"层中第 4 关键帧中文字

（6）制作完毕后，将文件保存为"点不准的按钮.fla"，测试影片。

7.4　【案例 26】键盘控制

案例效果

"按键控制黑色矩形运动.swf"播放画面如图 7-4-1 所示。按键盘上的"←"、"→"、"↑"、"↓"按键，能让黑色矩形上、下、左、右移动。

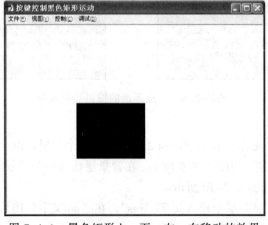

图 7-4-1　黑色矩形上、下、左、右移动的效果

设计步骤

（1）新建一个 Flash 文件（ActionScript 2.0），在主场景中绘制一个黑色矩形，并将其转换为影片剪辑，如图 7-4-2 所示，命名为 fk，如图 7-4-3 所示。

（2）单击影片剪辑，打开动作面板，添加代码，如图 7-4-4 所示。

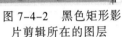

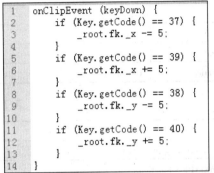

图 7-4-2 黑色矩形影片剪辑所在的图层　图 7-4-3 黑色矩形影片剪辑命名为 fk　图 7-4-4 "黑色矩形"影片剪辑的动作代码

（3）制作完毕后，将文件保存为"按键控制黑色矩形运动.fla"，测试影片。

相关知识

1. Key

Key 类是不通过构造函数即可使用其方法和属性的顶级类。使用 Key 类的方法可生成用户能够通过标准键盘控制的界面。Key 类的属性是一些常数，这些常数表示用于控制应用程序的常用键（如方向键、Page Up 键和 Page Down 键）如表 7-4-1～表 7-4-3 所示。

Flash 应用程序只能监视其焦点内发生的键盘事件。Flash 应用程序无法检测其他应用程序中的键盘事件。

表 7-4-1　Key 的属性摘要

修饰符	属　　性	说　　　　明
static	BACKSPACE:Number	Backspace 键的键控代码值（8）
static	CAPSLOCK:Number	Caps Lock 键的键控代码值（20）
static	CONTROL:Number	Ctrl 键的键控代码值（17）
static	DELETEKEY:Number	Delete 键的键控代码值（46）
static	DOWN:Number	下箭头键的键控代码值（40）
static	END:Number	End 键的键控代码值（35）
static	ENTER:Number	Enter 键的键控代码值（13）
static	ESCAPE:Number	Esc 键的键控代码值（27）
static	HOME:Number	Home 键的键控代码值（36）
static	INSERT:Number	Insert 键的键控代码值（45）
static	LEFT:Number	左箭头键的键控代码值（37）
static	_listeners:Array [只读]	一个引用列表，引用对象是向 Key 对象注册的所有侦听器对象

续表

修饰符	属　　性	说　　　　明
static	PGDN:Number	Page Down 键的键控代码值（34）
static	PGUP:Number	Page Up 键的键控代码值（33）
static	RIGHT:Number	右箭头键的键控代码值（39）
static	SHIFT:Number	Shift 键的键控代码值（16）
static	SPACE:Number	空格键的键控代码值（32）
static	TAB:Number	Tab 键的键控代码值（9）
static	UP:Number	上箭头键的键控代码值（38）

表 7-4-2　Key 的事件摘要

事　　　　件	说　　　　明
onKeyDown = function() {}	当按下某按键时获得通知
onKeyUp = function() {}	当释放某按键时获得通知

表 7-4-3　Key 的方法摘要

修饰符	签　　名	说　　　　明
static	addListener(listener:Object) : Void	注册一个对象，以便接收 onKeyDown 和 onKeyUp 通知
static	getAscii() : Number	返回按下或释放的最后一个键的 ASCII 码
static	getCode() : Number	返回按下的最后一个键的键控代码值
static	isAccessible() : Boolean	根据安全限制返回一个布尔值，该值指示按下的最后一个键是否可以被其他 SWF 文件访问
static	isDown(code:Number) : Boolean	如果按下 keycode 中指定的键，则返回 true；否则返回 false
static	isToggled(code:Number) : Boolean	如果激活【Caps Lock】或【Num Lock】键（切换到活动状态），则返回 true；否则返回 false
static	removeListener(listener:Object) : Boolean	删除以前用 Key.addListener() 注册的对象

2. onEnterFrame（MovieClip.onEnterFrame 处理函数）

```
onEnterFrame=function() {}
```

　　以 SWF 文件的帧频重复调用。分配给 onEnterFrame 事件处理函数的函数将在附加到受影响的帧上的所有 ActionScript 代码之前处理。

　　必须定义一个在调用事件处理函数时执行的函数。可以在时间轴上定义该函数，也可以在扩展 MovieClip 类或链接到库中的元件的类文件中定义该函数。

案例拓展

【案例拓展 64】变换菜单

1. 案例效果

　　"变换菜单.swf"播放画面如图 7-4-5 所示。将鼠标指针移动到不同的数字（1，2，3，4，5）上，画面中间的方框里就会变换出不同的图片效果。

图 7-4-5　选择不同数字呈现不同图片的效果

2. 设计步骤

（1）新建一个 Flash 文件（ActionScript 2.0），设置场景大小为 450×300 像素，创建 5 个图层，由上到下依次是 "as" 层、"矩形" 层、"遮罩" 层、"图片" 层、"背景" 层，如图 7-4-6 所示。

（2）在 "背景" 层中绘制出蓝色的背景。

（3）在 "图片" 层导入 5 张图片到主场景中，将其分别转换成影片剪辑，命名为 pic1、pic2、pic3、pic4、pic5。

（4）在 "遮罩" 层中创建一个黄色矩形的影片剪辑，命名为遮罩，将 5 张图片完全遮挡，如图 7-4-7 所示。

图 7-4-6　图层依次排列的效果　　　　　　　图 7-4-7　黄色矩形的遮罩图

（5）在 "矩形" 层中创建 5 个数字的影片剪辑，取名为 m1、m2、m3、m4、m5，如图 7-4-8 所示。

（6）右击 "遮罩" 层，在弹出的快捷菜单中选择 "遮罩层" 命令，如图 7-4-9 所示。

图 7-4-8　5 个数字影片剪辑的效果　　　　图 7-4-9　选择 "遮罩层" 命令之后的效果

（7）在 as 层第 1 帧添加代码，如图 7-4-10 所示。

（8）制作完毕后，将文件保存为 "变换菜单 .fla"，测试影片。

```
1    var cen_x =221;
2    var cen_y =76;
3    var p=1;
4    var pic_num=5;
5    var pic_height=110;
6    for(i=1;i<=5;i++){
7        this["m"+i].temp=i;
8        this["m"+i]._alpha=10;
9        this["pic"+i]._x=cen_x;
10       this["m"+i].onEnterFrame =function(){
11           if(this.hitTest(_xmouse,_ymouse)){
12               p=this.temp;
13               this.alpha(100,9);
14           }else{
15               this.alpha(30,9);
16           }
17       };
18   }
19   function pic_move(){
20       for(i=1;i<=pic_num;i++){
21           this["pic"+i]._y+=(-pic_height*(p-1)+
22           cen_y +
23           110*(i-1)-this["pic"+i]._y)/5;
24       }
25   }
26   onEnterFrame = function (){
27       pic_move();
28   }
29   MovieClip.prototype.alpha =function(pos_a,k){
30       this._alpha+=(pos_a-this._alpha)/k;
31   };
```

图 7-4-10   as 层第 1 帧的动作代码

【案例拓展 65】变换场景

1. 案例效果

"变换场景.swf"播放画面如图 7-4-11 所示。单击"Play"按钮,画面中的松鼠会行走在不同的场景中并且运动形式不断变化。

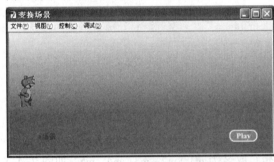

（a）画面一

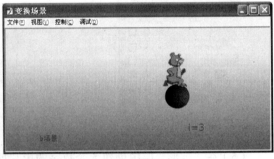

（b）画面二

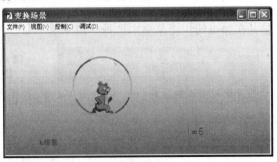

（c）画面三

图 7-4-11   "变换场景"效果图

2．设计步骤

（1）新建一个 Flash 文件（ActionScript 2.0），场景大小为 550×250 像素，创建 a、b 两个场景，a 场景中有 5 个图层，由上到下依次是 as 层、mc 层、"按钮"层、"动态文本"层及"背景"层，b 场景中也有 5 个图层，由上到下依次是 as 层、"球"层、"环"层、"动态文本"层及"背景"层，如图 7-4-12 所示。

（a）a 场景中的时间轴和图层情况　　　　（b）b 场景中的时间轴和图层情况

图 7-4-12　a、b 场景中的时间轴和图层情况

（2）在"背景"层中绘制草绿色的背景。

（3）新建一个名为"松鼠"的影片剪辑，它由一组图片组合而成，如图 7-4-13 所示。

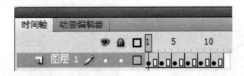

（a）"松鼠"影片剪辑编辑画面中 5 个关键帧排列状况

（b）不同的松鼠行走画面

图 7-4-13　"松鼠"影片剪辑由不同图片组合而成

（4）在 a 场景中新建一个层，名为 mc 层，把"松鼠"影片剪辑拖到主场景中。调整位置，制作出松鼠来回奔跑的动画效果（第 1～20 帧跑过去，第 21～40 帧跑回来）。

（5）在"按钮"层中为 Play 按钮添加代码，如图 7-4-14 所示。

（6）在"动态文本"层，使用文本工具制作出一个动态文本框，变量名为 t_txt，如图 7-4-15 所示。

```
1  on(release){
2      play();
3  }
```

图 7-4-14　Play 按钮的动作代码　　　　图 7-4-15　动态文本框的变量名为 t_txt

（7）在 as 层第 1、2、40 帧添加代码，如图 7-4-16 所示。

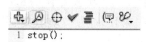

（a）as 层中第 1 帧的动作代码 　　（b）as 层中第 2 帧的动作代码 　　（c）as 层中第 40 帧的动作代码

图 7-4-16　as 层中第 1、2、40 帧的动作代码

（8）新建一个场景 2，改名为场景 b，复制场景 a 的"背景"层的背景图片，将其放入场景 b 中的"背景"层中。

（9）新建一个影片剪辑，命名为"圆环"，绘制一个旋转的环，将其转换成影片剪辑，并将松鼠"影片"剪辑拖入圆环中，如图 7-4-17 所示。

（10）在"动态文本"层，放置从场景 a 的"动态文本"层复制过来的动态文本框。

（11）在"环"层，制作出圆环从左边移动到右边的动画，如图 7-4-18 所示。

（a）场景 b 中"环"层的时间轴

（b）场景 b 中"环"层第 7 帧松鼠的位置

图 7-4-17　场景 b 中圆环里的松鼠　　图 7-4-18　场景 b 中"环"层里的动作设置

（12）新建一个影片剪辑，命名为"球"，在图层 1 画一个球从左边到右边来回滚动的效果（第 1～30 帧向右，第 31～60 向左），在图层 2 中添加松鼠来回走动的效果，如图 7-4-19 所示。

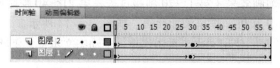

图 7-4-19　图层 1 是球运动的动画、图层 2 是松鼠走动的动画

（13）在场景 b 的"球"层中，在第 31 帧插入关键帧，添加标签"p"，如图 7-4-20 所示，把影片剪辑"球"（见图 7-4-21）拖入主场景的左边，将时间补充到 90 帧。

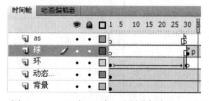

图 7-4-20　在"球"层添加标签"p"　　图 7-4-21　影片剪辑"球"的效果

（14）在场景 b 的 as 层，分别为第 30 帧和第 90 帧添加代码，如图 7-4-22 所示。

```
1  if(i<10){
2      gotoAndPlay(1);
3  }else{
4      gotoAndPlay("a",1);
5  }
6  t_txt ="i="+i;
7  i++;
```

```
1  if(i<6){
2      gotoAndPlay("p");
3  }else{
4      gotoAndPlay(1);
5  }
6  t_txt="i="+i;
7  i++;
```

（a）as 层中第 30 帧的动作代码　　　　　　　　　　（b）as 层中第 90 帧的动作代码

图 7-4-22 场景 b 的 as 层中第 30 帧、第 90 帧的动作代码

（15）制作完毕后，将文件保存为"松鼠.fla"，测试影片。

小　结

通过学习本章的 4 个案例和 9 个进阶案例，读者可进一步掌握 ActionScript 2.0 的一些高级用法，同时更为熟练地掌握静态图片与高级语言之间的完美结合。

课　后　实　训

1. 制作"鼠标移动拖尾"动画，动画运行后，随意移动鼠标便可产生出鼠标带着尾巴的效果，如图 7-5-1 所示。

2. 制作"云彩行走"动画，动画运行后，便产生了云彩向左方行走的效果，如图 7-5-2 所示。

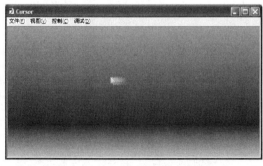

图 7-5-1 鼠标移动拖尾的效果　　　　　　　　图 7-5-2 "云彩行走"动画

3. 制作"水滴落下"动画，动画运行后，产生如图 7-5-3 所示的那些水滴，将鼠标指针移动到任意水滴上，水滴就会先轻巧地晃动两下，然后垂直下落。

4. 制作"跟随鼠标拖拽图形让模糊的图片变清晰"的动画，鼠标指针所到之处，模糊的图片就会变得清晰，如图 7-5-4 所示。

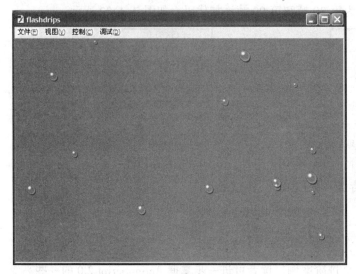

图 7-5-3 "水滴落下"动画   图 7-5-4 鼠标拖拽让模糊的图片变清晰

第8章

实训项目——制作"圆柱的体积"课件

该课件实例是根据人民教育出版社九年义务教育课程小学数学第十二册"圆柱的体积"内容来制作的。通过制作该课件，我们可以学习课件制作的整体策划和结构设计、分场景动画的制作，以及动画之间的整合等方法，并且能够熟练运用时间轴、图层、面板、元件嵌套、补间动画和遮罩动画等技术。

学习目标

☑ 熟练掌握对象的基本操作
☑ 灵活运用时间轴、图层、帧、元件以及元件嵌套
☑ 掌握补间动画、逐帧动画、遮罩动画的制作
☑ 掌握场景的运用
☑ 了解并学会在帧和元件上使用动作设置
☑ 理解使用脚本语句来处理场景之间的关联
☑ 掌握课件的发布设置

8.1　课　件　预　览

课件的预览效果如图 8-1-1～图 8-1-4 所示。

图 8-1-1　预览效果 1

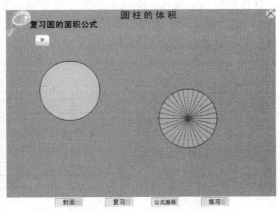

图 8-1-2　预览效果 2

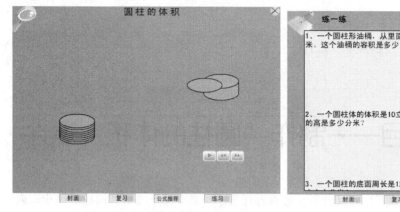

图 8-1-3 预览效果 3

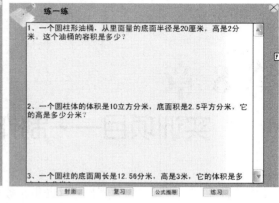

图 8-1-4 预览效果 4

8.2 课件设计思路和制作准备

8.2.1 课件设计思路

随着教育的不断深入发展，信息技术正在改变传统的教学方式，课件已经成为现代教师教学中使用的一种多媒体辅助工具。教学时，教师在讲授重点、难点教学内容时，播放课件中的动画，并提出问题引导学生分析解决，帮助学生理解并掌握知识，从而形成教与学的互动形式。

基于以上思路，设计课件时要考虑以下几方面：

（1）课件的知识结构要根据课堂教学的实际需要来设计。

（2）课件设计要求直观、简洁。课件运行后可以直接进入教学内容的主界面，单击主界面中明显的标题或按钮，立刻展开动画，进行课堂的教学。

（3）课件的结构是非线性结构。非线性结构的交互可以让教师随时选择要讲授的内容，并能够对这些内容反复播放讲解，也可以返回主页或退出，实现程序运行进程的任意控制。

根据以上的课件要求，设计课件脚本和分镜效果。课件脚本好比是一出戏的剧本，它决定了课件的结构、流程，体现了制作者的思路和意图，是整个课件的一幅蓝图。

"圆柱的体积"课件主要演示圆柱体积公式的推导过程，并提供部分相关的课堂练习。课件的脚本导航图如图 8-2-1 所示。

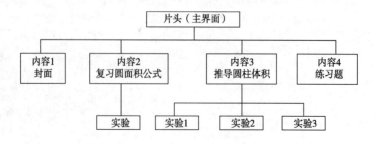

图 8-2-1 课件脚本导航图

课件主要分 4 个场景来制作，分别说明如下：

（1）场景 1：在标题"圆柱的体积"下方，出现一只铅笔画出一个圆柱形的动画，然后圆柱被涂上绿色，紧接着整个蓝色背景逐渐显现出来。

（2）场景 2：单击"复习圆的面积公式"标题下的播放按钮，进行知识复习——圆面积公式推导过程的动画播放。利用数学中的切分法：将一个圆形等分为无数个扇形（以 32 等分说明），然后上下两个半圆分别展开移动，再拼凑成一个长方形，得出圆形的面积等于长方形的面积。这样，利用长方形的面积公式推导出圆的面积公式。

（3）场景 3：单击该场景右下角的播放按钮，开始演示圆柱体积推导的 Flash 动画。动画在复习了圆面积公式的基础上，仍采用数学中的切分法：将圆柱的横截面切分为无数等份（以 16 等份说明），然后每一等份都进行由圆到长方形的演变（即重复场景 2 中的动画），演变后的图形进行堆叠，最终形成一个长方体，得出圆柱体积等于长方体体积。从而利用长方体的体积公式推导出圆柱的体积公式。

（4）场景 4：在"练一练"的标题下面有一个浅绿色背景的文本框。文本框中设置了 5 道习题，通过单击文本框中的上拉和下拉按钮进行观看。

8.2.2　课件制作准备

课件内容构思完成后，可以试着画出课件中的某些场景草图。这样可以简化制作过程，明确动画的制作目标。

本课件使用的素材包括图片（主要是关于学习用品：如铅笔、书本、放大镜等）、按钮声音和背景音乐，这些素材主要来源于网络下载。素材收集完成后，保存在文件夹的"课件素材"中。

8.3　课件制作过程

课件的制作过程有以下几个步骤。

8.3.1　新建与保存 Flash 文档

新建与保存 Flash 文档的操作步骤如下：

（1）启动中文版 Flash CS4，新建一个 Flash 文档（ActionScript 2.0）。

（2）单击"修改"→"文档"命令，"文档属性"对话框设置如图 8-3-1 所示。

（3）单击"窗口"→"其他面板"→"场景"命令，打开"场景"面板，增加 4 个场景，分别命名为"封面"、"复习"、"公式推导"、"练习"，如图 8-3-2 所示。

图 8-3-1　"文档属性"对话框

图 8-3-2　"场景"面板

（4）单击"文件"→"保存"命令保存文件，命名为"圆柱的体积"。

8.3.2　导入素材

（1）单击"文件"→"导入"→"导入到库"命令，将文件夹"课件素材"中的所有素材导入到"库"面板中。

（2）单击"窗口"→"公用库"→"按钮"命令，打开库中的按钮文件夹。双击"playback rounded"文件夹，选择"rounded green play"、"rounded green back"和"rounded green forward"3 个按钮。再双击"buttons rect bevel"文件夹，选择"rect bevel gold"按钮。

（3）在"库"面板中新建文件夹，命名为"导入素材"。将上述素材全部拖入该文件夹中，方便制作时查找和修改。库中的文件如图 8-3-3 所示。

图 8-3-3　库中的"导入素材"文件夹

8.3.3　制作场景：封面

1. 制作"铅笔"图形元件

创建"铅笔"图形元件，在编辑模式中绘制，图形如图 8-3-4 所示。

2. 制作"圆柱"图形元件

创建"圆柱"图形元件，在编辑模式中绘制图形，如图 8-3-5 所示（其中圆柱的填充颜色为#99CC00）。

图 8-3-4　"铅笔"图形元件

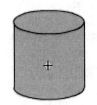

图 8-3-5　"圆柱"图形元件

3. 制作"画圆柱"影片剪辑

该影片主要是通过逐帧动画和遮罩动画的效果，来演示铅笔画出圆柱并涂上颜色的过程。

（1）首先利用逐帧动画制作铅笔画圆柱图形。制作过程如下：

① 创建一个名称为"画圆柱"的影片剪辑。给图层 1 命名"圆柱图形"，在第 9 帧上按【F6】键插入关键帧。从"库"面板中将图形元件"圆柱"拖到舞台上，打散并删除填充色，只留下圆柱的边框，如图 8-3-6 所示。

② 依次在第 13 帧、17 帧、20 帧……57 帧上分别按【F6】键，在各关键帧中用"橡皮擦工具"删除图形的多余边框。

③ 新建图层 2 并命名为"铅笔"，在第 5 帧上按【F6】键，拖动图形元件"铅笔"到舞台上，然后依次在第 13 帧、17 帧……57 帧上按【F6】键（插入关键帧的位置与图层"圆柱图形"相对应）。在各关键帧中调整铅笔的位置与圆柱对齐，以第 17 帧、20 帧说明，分别如图 8-3-7 和图 8-3-8 所示。

　　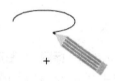

图 8-3-6　圆柱的边框　　　图 8-3-7　第 17 帧图示　　　图 8-3-8　第 20 帧图示

（2）制作铅笔逐渐消失的画面。单击铅笔图层的第 80 帧处，按【F6】键插入关键帧，并设置"属性检查器"中的透明度，如图 8-3-9 所示。最后，在第 57～80 帧之间的任意帧上创建"传统补间动画"。

（3）制作遮罩动画，展示圆柱被涂上绿色的效果。制作过程如下：

① 新建图层 3 作为被遮罩层。在该层的第 57 帧上按【F6】键，用"矩形工具"绘制一个矩形条（填充颜色为#99CC00）。在第 73 帧上按【F6】键，将矩形条放大能够遮盖住圆柱图形，然后创建第 57～73 帧的传统补间动画。关键帧中的被遮罩图形分别如图 8-3-10 和图 8-3-11 所示。

图 8-3-9　铅笔实例的属性　　图 8-3-10　第 57 帧中的被遮罩　　图 8-3-11　第 73 帧中的被遮
　　　　　　　　　　　　　　　　　图形　　　　　　　　　　　罩图形

② 新建图层 4 作为遮罩层。在该层的第 57 帧上按【F6】键，拖入图形元件"圆柱"到舞台并与下面图层的圆柱图形相重叠，然后在图层 4 上右击，在弹出的快捷菜单中选择"遮罩层"命令。

③ 新建图层 5，命名为"圆柱边框"，在第 57 帧上按【F6】键，将图 8-3-6 所示的"圆柱的边框"图形复制并粘贴到当前位置，这样遮罩动画就制作完成了。

（4）为了让动画能停止在封面上，选中第 80 帧的关键帧，添加动作语句"stop();"。在其他图层的第 80 帧上按【F5】键插入帧，延长动画播放时间。最终影片"画圆柱"的时间轴如图 8-3-12 所示。

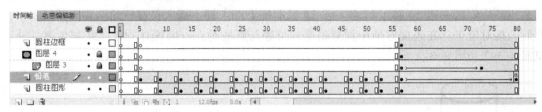

图 8-3-12 影片"画圆柱"的时间轴

4. 制作"标题 1"图形元件

创建名为"标题 1"的图形元件。在元件编辑模式下单击文本工具，在文本"属性检查器"中设置字体为黑体、大小为 48 点，颜色为蓝色。输入文字"圆柱的体积"，如图 8-3-13 所示。

圆 柱 的 体 积

图 8-3-13 "标题 1"的文字

5. 制作"标题 2"图形元件

创建名为"标题 2"的图形元件，在编辑模式中制作阴影文字。操作步骤如下：

（1）将图层 1 命名为"黑色文字"，用"文本工具"输入小标题"九年制义务教育小学数学第十二册"，并设置文本"属性检查器"，字体为楷体_GB2312，大小为 52 点，加粗，颜色为黑色。

（2）新建图层 2，命名为"红色文字"，复制图层 1 中的文字，单击"编辑"→"粘贴到当前位置"命令进行粘贴，并用方向键将其与黑色文字错开形成阴影。然后将"属性检查器"的颜色改为红色（#FF33CC）。制作完成的"标题 2"文字如图 8-3-14 所示。

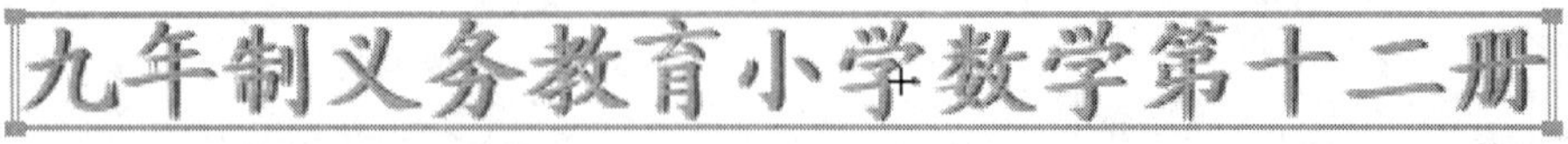

图 8-3-14 "标题 2"中的文字

6. 制作"背景图形"图形元件

操作步骤如下：

（1）创建图形元件"背景图形"，在编辑模式中首先绘制一个蓝色矩形，在图形"属性检查器"中设置宽度为 550 像素，高度为 400 像素，填充颜色为#6699FF。然后调整矩形位置，使其完全覆盖住舞台。

（2）在下方绘制一个黄色矩形，在图形"属性检查器"中设置宽度为 550 像素，高度为 19 像素，填充颜色为#FFFF99，背景图形如图 8-3-15 所示。

图 8-3-15　"背景"图形元件

7. 制作"背景变化"影片剪辑

创建一个名称为"背景变化"的影片剪辑。该影片主要是将前面制作的影片"画圆柱"与背景图形相结合，实现整个封面效果。

（1）进入影片剪辑的编辑模式，将图层 1 命名为"背景"。选择第 1 帧，拖入元件"背景图形"，在"属性检查器"中设置该元件实例的透明度为 0%。然后依次单击第 70 帧、80 帧，分别按【F6】键，将第 80 帧中的元件"属性检查器"的颜色选项设为"无"。创建第 70～80 帧的传统补间动画，这样可以展示背景渐渐出现的效果。

（2）新建图层 2，命名为"标题"，选择第 1 帧，将"库"中的图形元件"标题 1"和"标题 2"拖入舞台中间，并调整至合适位置。

（3）新建图层 3，命名为"画圆柱"，选择第 1 帧，拖入已经制作好的影片元件"画圆柱"。为了防止影片循环播放，可以在第 80 帧处，打开"动作"面板，添加动作语句"stop();"。

（4）当然没有音乐的搭配，动画不可能拥有理想的效果。为了使封面效果更佳，我们添加一首旋律轻松、欢快的音乐。新建图层 4，命名为"背景音乐"，导入乐曲"瓦妮莎的微笑.mp3"，并将音乐延长到第 90 帧。

（5）同样将图层"背景"和"标题"的时间轴都延长到第 90 帧。影片"背景变化"就制作完成了，最终的时间轴如图 8-3-16 所示。

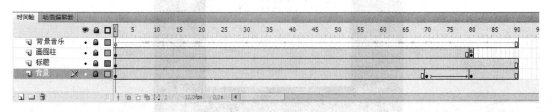

图 8-3-16　影片"背景变化"的时间轴

8. 返回场景

元件制作完成后，返回到"封面"场景，操作步骤如下：

（1）首先制作画布。画布可以用来遮盖溢出的画面，就是俗话所说的"遮丑"作用。

① 设置舞台窗口大小为 50%，用"矩形工具"在图层 1 中画一个蓝色矩形，完全遮盖舞台，如图 8-3-17 所示。

② 将图层 1 锁定。新建图层 2，用"矩形工具"任意画一个黑色矩形，只要能够遮盖住整个舞台工作区就可以。在矩形"属性检查器"中设置无笔触颜色，填充颜色为黑色。画好的图形如图 8-3-18 所示。

图 8-3-17　蓝色矩形　　　　　　　　　　　　　图 8-3-18　黑色矩形

③ 单击"隐藏"按钮，将图层 2 隐藏。然后选中图层 1 中的蓝色矩形，将图形剪切。再单击"隐藏"按钮将图层 2 显示。选中图层 2 的第 1 帧，单击"编辑"→"粘贴到当前位置"命令将蓝色矩形复制到黑色图形上，如图 8-3-19 所示。

④ 在图层 2 中单击蓝色矩形，按【Delete】键删除图形，然后将图层 2 命名为"画布"，并删除图层 1。制作好的画布如图 8-3-20 所示。

图 8-3-19　复制后的图形　　　　　　　　　　　图 8-3-20　制作好的画布

（2）新建图层 3，命名为"背景"，并将其拖动到"画布"的下层。在第 1 帧中拖入影片剪辑"背景变化"，然后调整元件大小，如图 8-3-21 所示。

图 8-3-21　封面场景中的"背景变化"影片

（3）在"背景"图层上新建图层 4，命名为"按钮"。

该课件中制作了 5 个按钮，分别是"封面"、"复习"、"公式推导"、"练习"和"关闭"按钮。

将"库"中"导入素材"文件夹中的"rect bevel gold"按钮复制 4 个，依次命名为"封面"、"复习"、"公式推导"和"练习"，分别用来制作与封面场景、复习场景、公式推导场景和练习场景交互的按钮。

①"封面"按钮：双击打开"封面"按钮，将图层"text"各个关键帧中的文字修改为"封面"，文字设置为黑体，大小为 18 点，加粗，颜色为黑色。然后新建图层，命名为 sound，导入素材中的"click_01.wav"文件作为按钮的声音。

②"复习"按钮：双击打开"复习"按钮，将图层"text"各个关键帧中的文字修改为"复习"，文字设置同上。然后新建图层命名"sound"，导入素材中的"click_01.wav"文件作为按钮的声音。

③"公式推导"按钮：双击打开"公式推导"按钮，将图层"text"各个关键帧中的文字修改为"公式推导"，文字设置同上。然后新建图层，命名为"sound"，导入素材中的"click_01.wav"文件作为按钮的声音。

④"练习"按钮：双击打开"练习"按钮，将图层"text"各个关键帧中的文字修改为"练习"，文字设置同上。然后新建图层，命名为"sound"，导入素材中的"click_01.wav"文件作为按钮的声音。

⑤ 制作"关闭"按钮：

- 创建一个按钮元件，命名为"关闭"，进入按钮的编辑区。在"弹起"关键帧中画一个圆形，如图 8-3-22 所示。然后在"指针"关键帧上按【F6】键。
- 再单击"按下"关键帧，按【F6】键，单击"修改"→"变形"→"缩放与旋转"命令，将圆形按钮缩小，如图 8-3-23 所示。

图 8-3-22　"弹起"关键帧的图形　　　　图 8-3-23　"按下"关键帧缩小的图形

- 新建图层 2，命名为"sound"，在"按下"帧上按【F6】键，导入素材中的"click_01.wav"文件作为按钮的声音，时间轴如图 8-3-24 所示。

图 8-3-24　"关闭"按钮的时间轴

（4）在"按钮"图层上放置制作好的 5 个按钮（"封面"、"复习"、"公式推导"、"练习"和"关闭"按钮）并延长时间轴到第 10 帧。

（5）依次单击 3 个图层中的第 11 帧，分别按【F5】键延长播放时间。

（6）单击"按钮"图层的第 1 帧，添加动作"stop():"。依次单击各个图层的时间轴，按【F5】键，将帧全部延长到第 11 帧。这样封面场景的制作就基本完成了，封面场景的时间轴如图 8-3-25 所示。

另外，为了方便整理元件，我们在"库"中建立"封面"文件夹，存放封面场景中制作的元件，如图 8-3-26 所示。

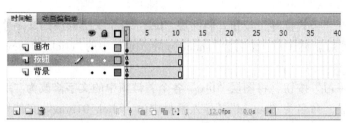

图 8-3-25　"封面"场景的时间轴　　　　图 8-3-26　库面板中"封面"文件夹

在其他场景的制作过程中，同样在"库"面板中建立相应的文件夹，用来存放场景中的元件，后面不再叙述。

8.3.4　制作场景：复习

1. 制作"半圆展开"影片剪辑

该影片演示的是被等分为 16 个扇形的半圆逐渐展开的动画。

（1）创建影片剪辑"半圆展开"，进入影片剪辑的编辑模式。

（2）选择"椭圆工具"，在"属性检查器"设置笔触颜色为黑色，样式为实线，高度为 1 点，填充颜色为绿色（#99CC00），宽度和高度均为 120 点。用"椭圆工具"绘制一个正圆，将圆形与中心点"＋"对齐。

（3）首先将半圆等分为 16 个扇形。选择"线条工具"，以"＋"为中心向左侧画出半径，选中该半径，单击"修改"→"变形"→"任意变形"命令，将半径上的变形编辑点移到圆心，如图 8-3-27 所示。

然后单击"窗口"→"变形"命令，打开"变形"面板，将旋转角度设为"11.25 度"，单击"复制选区和变形"按钮复制并旋转半径，如图 8-3-28 所示。

图 8-3-27　移动变形编辑点到圆心　　　　图 8-3-28　复制并应用后的半径

（4）去掉多余的图形，只留下一个扇形，将扇形组合并把变形编辑点移到圆心处，如图 8-3-29 所示。然后按照上述方法，利用"变形"面板复制 15 个扇形。复制好的半圆如图 8-3-30 所示。

图 8-3-29　一个扇形图形　　　　　　图 8-3-30　复制后的半圆

（5）选择 16 个扇形，单击"修改"→"时间轴"→"分散到图层"命令，将 16 个扇形分别粘贴到 16 个图层中，依次命名为"左 1"、"左 2"、"左 3"、"左 4"、"左 5"、"左 6"、"左 7"、"左 8"、"右 1"、"右 2"、"右 3"、"右 4"、"右 5"、"右 6"、"右 7"、"右 8"。

其中，半圆（16 个扇形）从中间分散，如图 8-3-31 所示。

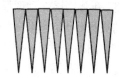

图 8-3-31　半圆分散图

（6）制作 16 个扇形分别展开的动画。

① 单击图层"左 1"的第 1 帧，将扇形的变形编辑点移到右上角。再选中第 10 帧按【F6】键，用"任意变形工具"将扇形绕右上角向左边旋转。然后创建第 1～10 帧的传统补间动画。

② 单击图层"左 2"的第 1 帧，将扇形的变形编辑点移到右上角，在第 10 帧上按【F6】键，将扇形向左边旋转，然后创建第 1～10 帧的传统补间动画。再单击第 20、30 帧，分别按【F6】键，将扇形向左边继续旋转，然后创建第 20～30 帧的传统补间动画。

③ 单击图层"左 3"的第 1 帧，将扇形的变形编辑点移到右上角，在第 10、20、30 帧上分别按【F6】键，将扇形向左边继续旋转。依次创建第 1～10 帧、第 10～20 帧和第 20、30 帧的传统补间动画。

④ 同理将图层"左 4"、"左 5"、"左 6"、"左 7"、"左 8"中的扇形全部向左边旋转，第 10 帧、第 20 帧和第 30 帧上的图形如图 8-3-32～图 8-3-34 所示（以左边 8 个扇形说明）。

　　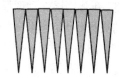

图 8-3-32　第 10 帧中的图形　　图 8-3-33　第 20 帧中的图形　　图 8-3-34　第 30 帧中的图形

⑤ 按照左边 8 个扇形展开的方法，右边 8 个扇形分别依次向右边进行旋转。最终完全展开的半圆如图 8-3-35 所示，影片"半圆展开"的时间轴如图 8-3-36 所示。

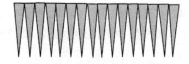

图 8-3-35　完全展开的半圆

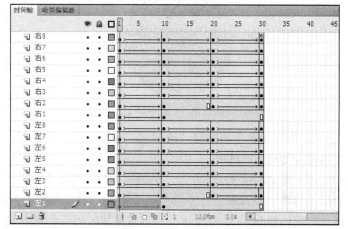

图 8-3-36　影片"半圆展开"时间轴

2. 制作"复习圆面积"影片剪辑

该影片主要制作一个圆形移动效果，分开为上下两个半圆，然后将两个半圆展开，展开后的图形重叠形成一个长方形，最后通过文字演示得出圆的面积公式。

（1）创建名为"复习圆面积"的影片剪辑元件，进入影片的编辑模式。

（2）将图层 1 命名为"圆形"，用"椭圆工具"画一个正圆（填充色为#FF99FF），如图 8-3-37 所示，并将圆形"属性检查器"色彩效果的样式设为无，并设置图形位置（X：114.0，Y：122.0）。然后该图形转换为图形元件，命名为"圆形"，在第 90 帧插入帧延长时间。

图 8-3-37　绘制的正圆图形

（3）新建图层 2，命名为"圆移动"，在第 1 帧中复制图层 1 中的圆形并将其"粘贴到当前位置"，然后单击第 9 帧，按【F6】键，移动圆形到坐标点（X：354.0，Y：180.0），然后创建第 1～9 帧的传统补间动画。

（4）新建图层 3，命名为"分开圆"。单击第 10 帧，按【F6】键，从"库"面板中拖入影片剪辑"分开圆"。调整影片剪辑位置，使其与图层 2 中的圆形重合，位置为（X：354.0，Y：180.0），然后延长播放时间到第 30 帧。

（5）下面制作"分开圆"影片剪辑，用于演示一个圆形被 32 等分后，两个半圆分开的过程。

① 创建影片剪辑"分开圆"，进入影片的编辑模式。

② 将图层 1 命名为"透明层"，从"库"中拖入图形元件"圆形"。然后单击第 15 帧，按【F6】键，设置图形的颜色属性"Alpha 为 0%"，创建第 1～15 帧的传统补间动画。

③ 新建图层 2 和图层 3，分别命名为"下半圆"和"上半圆"。在图层 3 中复制前面已经制作好的被等分 16 个扇形的半圆。将图形组合并复制，然后单击"修改"→"变形"→"垂直翻转"命令，使图形变成另一个半圆。两个半圆分别放置在两个图层中，并与下面图层的圆形重合。

④ 单击图层"上半圆"的第 15 帧和第 20 帧，分别按【F6】键，并将第 20 帧中的上半圆向上移动 12.9 像素，然后创建第 15～20 帧的传统补间动画。各关键帧中的图形如图 8-3-38 和图 8-3-39 所示。

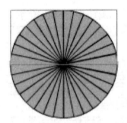　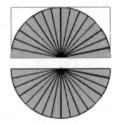

图 8-3-38　第 15 帧中的上半圆　　　　图 8-3-39　第 20 帧中的上半圆

⑤ 将时间轴中的图层"透明层"移到最上层，遮挡住下面的图形，形成圆形变为透明状态出现等分扇形的过程。

（6）新建图层 4，命名为"半圆展开"，在第 30 帧上按【F6】键，从"库"面板中拖入 2 个影片剪辑"半圆展开"（其中一个影片"垂直翻转"），与下面图层中的图形重叠。第 30 帧上的图形如图 8-3-40 所示，然后将播放时间延长到第 67 帧上。

（7）新建图层 5，命名为"下半图形"，单击第 64 帧，按【F6】键，将前面制作的影片剪辑"半圆展开"中最后完全展开的半圆图形（即图 8-3-41）复制并粘贴过来，然后将图形"垂直翻转"。

（8）新建图层 6，命名为"上半图形"。单击第 64 帧，按【F6】键，也复制并粘贴一个完全展开的半圆图形，图形位置为（X：352.5，Y：139.1），两个图层中的图形如图 8-3-41 所示。

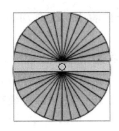

图 8-3-40　两个"半圆展开"元件

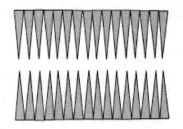

图 8-3-41　两个完全展开的半圆图形

单击图层"上半图形"的第 68 帧、73 帧，分别按【F6】键。先将第 68 帧中的上半图形移动到（X：358.5，Y：139.1）处，然后将第 73 帧中的图形移动到（X：359.5，Y：211.6）。最后创建第 64～68 帧和第 68～73 帧的传统补间动画，并将播放时间延长到第 78 帧。部分关键帧中的图形如图 8-3-42 和图 8-3-43 所示。

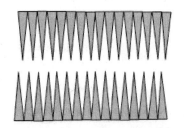

图 8-3-42　第 68 帧中的图形

图 8-3-43　第 73 帧中的图形

（9）新建图层 7，命名为"透明长方形"，单击第 73 帧，按【F6】键，用"矩形工具"画一个矩形遮盖住下面的图形，如图 8-3-44 所示。将长方形转换为"图形"元件，命名为"长方形"。然后依次选择第 80 帧、第 89 帧分别按【F6】键。单击第 73 帧中的长方形的"属性检查器"，设置样式的透明度为 0%。创建第 73～80 帧的传统补间动画，再将第 89 帧中的长方形移动（X：127.5，Y：238.0）处，最后创建第 80～89 帧的传统补间动画。

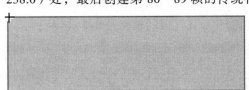

图 8-3-44　图形元件"长方形"

（10）新建图层 8，命名为"圆面积公式"，在第 89 帧上按【F6】键，从"库"面板中拖入影片剪辑"圆面积公式"，调整位置坐标为（X：127.3，Y：165.3）。

（11）下面开始制作影片剪辑"圆面积公式"。

① 新建图层 1 命名"圆形"，将图形元件"圆形"拖入第 1 帧中，调整坐标为（X：54.0，Y：62.0），并延长时间轴到第 115 帧。

② 新建图层 2，命名为"长方形"，将库中的图形元件"长方形"拖入第 1 帧，调整坐标为（X：127.3，Y：238），并延长时间轴到第 115 帧。

③ 新建图层 3，命名为"文字"，该层主要用于制作文字的逐渐显示，得出圆的面积公式。

单击第 7 帧，按【F6】键，用"文本工具"输入文字"长方形面积=长×宽"，文本字体设置为黑体，大小为 20 点，加粗，颜色为黑色。

④ 新建图层 4，命名为"长"，该层用于制作文字"长"从长方形移动到圆形，最后将其移动到公式中。

在第 7 帧上按【F6】键，输入"长"字与图层"文字"重合。在第 12、22 帧上分别按【F6】键，将第 22 帧中的"长"移到长方形的下边，创建第 12～22 帧的传统补间动画。然后在第 27、33 帧上按【F6】键，将"长"移到圆形的上面，创建第 12～22 帧的传统补间动画。再单击第 37 帧，按【F6】键，将文字"长"修改为"圆周长一半"，单击第 47 帧，按【F6】键，将文字"圆周长一半"移到圆面积公式中。

⑤ 新建图层 5，命名为"宽"，该层用于制作文字"宽"从长方形移动到圆形，最后移动到公式中。制作过程参照图层 4"长"。各关键帧的文字如图 8-3-45 所示。

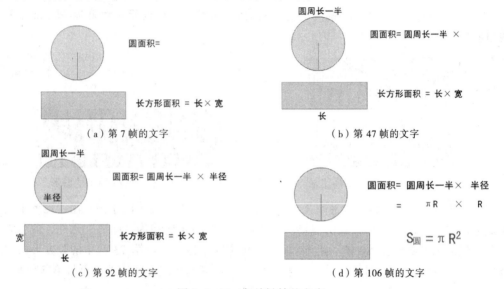

图 8-3-45　各关键帧的文字

制作好的影片剪辑"圆面积公式"时间轴如图 8-3-46 所示。

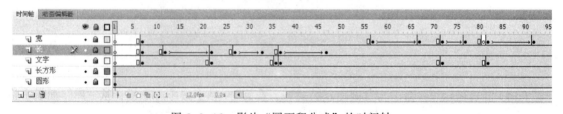

图 8-3-46　影片"圆面积公式"的时间轴

3. 返回场景

元件制作完成后，返回到"复习"场景。操作步骤如下：

（1）将"封面"场景中的背景和按钮图层均复制到"复习"场景，这样可使制作更方便。按住【Shift】键，选择"封面"场景中"背景"和"按钮"图层的第 1 帧上右击，在弹出的快捷菜单中选择"复制帧"命令。再回到"复习"场景，选中图层 1 的第 1 帧上右击，在弹出的快捷菜单中选择"粘贴帧"命令复制图层。

（2）新建图层 2，命名为"标题"。输入标题文字，然后拖入"库"中图片"fdj.jpg"，适当调整图片大小并用套锁工具去除白色的背景。

（3）新建图层 3，命名为"播放按钮"。将"库"中的按钮"rounded green play"拖入到第 1 帧中作为"播放"按钮，并调整位置。然后给"播放"按钮设置动作，如图 8-3-47 所示。

（4）新建图层 4，命名为"影片"。单击第 5 帧，按【F6】键，拖入已经制作好的影片剪辑"复习圆面积"，放置位置如图 8-3-48 所示。

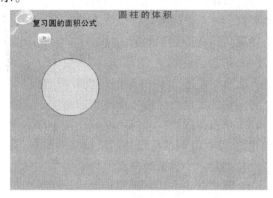

图 8-3-47　"播放按钮"的动作语句　　　　　图 8-3-48　"复习"场景中的影片

（5）在其他图层的第 5 帧上分别按【F5】键插入帧，延长播放时间，"复习"场景就制作好了。

8.3.5　制作场景：公式推导

在"公式推导"场景中，动画分为 3 部分来制作，分别是制作"切分圆柱"影片、制作"整体变形"影片和制作"得出结论"影片。

1. 制作"切分的圆柱"图形元件

创建一个图形元件，命名为"切分的圆柱"，进入编辑模式，用"椭圆工具"画一个椭圆，然后将椭圆复制 15 份，堆放成一个圆柱，如图 8-3-49 和图 8-3-50 所示。

图 8-3-49　椭圆图形　　　　　　图 8-3-50　堆叠后的圆柱

2. 制作"切分圆柱"影片剪辑

制作"切分圆柱"影片剪辑的操作步骤如下：

（1）创建影片剪辑"切分圆柱"，进入影片的编辑区。

（2）新建图层 1，命名为"圆柱变化"，将"库"面板中的图形元件"圆柱"拖入第 1 帧，调整位置坐标为（X：407.4，Y：149.1）。

（3）新建图层 2～图层 17，并依次命名为"1"、"2"、"3"……"16"，共 16 个图层。

（4）单击图层"1"的第 11 帧，按【F6】键，然后单击图层"2"的第 21 帧，按【F6】键，单击图层"3"的第 31 帧，按【F6】键。依此类推，以后每层中间隔 10 帧插入关键帧，一直到图层"16"的第 161 帧上按【F6】键。

（5）选中图层"1"的第 11 帧，拖入图形元件"切分的圆柱"，并与图层 1 中的"圆柱"重合。利用"剪切"和"粘贴到当前位置"操作，将图形从上到下（共 16 层椭圆）分别放在 16 个图层中（其中最上层的椭圆放在图层"1"中，最下层的椭圆放在图层"16"中）。

（6）制作每一层椭圆的移动和圆柱图形的变化效果。在图层"1"的第 20 帧上按【F6】键，移动椭圆，终点坐标为（X：111.3，Y：269.4），然后创建第 11～20 帧的传统补间动画。同时，单击图层"圆柱变化"的第 20 帧，按【F6】键，将圆柱图形缩短一个椭圆的高度。

（7）单击图层"2"的第 30 帧，按【F6】键，同样移动椭圆，将其与下层移动的椭圆错开放置，然后创建第 21～30 帧的传统补间动画。同时单击图层"圆柱变化"的第 30 帧，按【F6】键，将圆柱图形继续缩短一个椭圆的高度。

（8）单击图层"3"的第 40 帧，按【F6】键，移动椭圆，与下层移动的椭圆错开放置，然后创建第 31～40 帧的传统补间动画。同时单击图层"圆柱变化"的第 31 帧，按【F6】键，将圆柱继续缩短一个椭圆的高度，再单击第 40 帧，按【F6】键。

（9）按照以上方法，制作后面图层中的图形移动和圆柱的变化效果，最后在第 170 帧上添加"stop()；"。各关键帧中的图形如图 8-3-51 所示。

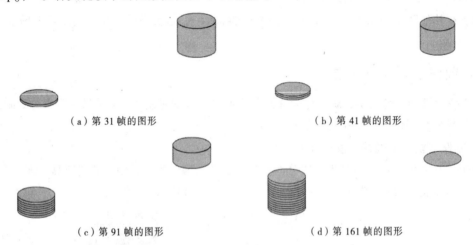

（a）第 31 帧的图形　　　　　　　　　　　　（b）第 41 帧的图形

（c）第 91 帧的图形　　　　　　　　　　　　（d）第 161 帧的图形

图 8-3-51　各关键帧的图形

3. 制作 WC 影片剪辑

该影片演示效果为一个圆形被切分为 32 个扇形，上下两个半圆分开后各自展开，接着两个展开的图形上下重叠成一个长方形。操作步骤如下：

（1）新建图层 1，命名为"圆移动"，在第 1 帧中拖入影片剪辑"圆移动"，调整位置坐标为（X：111.3，Y：238.1），在第 15 帧上按【F5】键延长播放时间。

影片剪辑"圆移动"的制作过程如下：

① 创建影片剪辑，命名为"圆移动"。在图层 1 的第 1 帧上画一个椭圆，位置坐标为（X：111.3，Y：207.7）。

② 再在第 15 帧上，按【F6】键，将椭圆移动并放大，移动后的位置坐标为（X：281.9，Y：234.7），放大后与前面制作的图形元件"圆形"同样大小，然后创建第 1～15 帧的传统补间动画，另外在第 15 帧上添加"stop()；"。关键帧中的图形如图 8-3-52 所示。

（2）新建图层 2，命名为"分开圆"，在第 15 帧按【F6】键，拖入影片剪辑"分开圆"，延长播放时间到第 35 帧，然后调整影片放置位置，坐标为（X：281.9，Y：234.7）。其中，影片剪辑"分开圆"的制作过程见 8.3.4 节"2.制作'复习圆面积'影片剪辑"中的步骤（5）。

（a）影片"圆移动"第 1 帧的图形

（b）影片"圆移动"第 15 帧的图形

图 8-3-52　关键帧上的图形

（3）新建图层 3，命名为"整圆展开并重叠"。在第 35 帧按【F6】键，拖入"库"中的影片剪辑"整圆展开并重叠"，然后延长播放时间到第 70 帧。调整影片与下层图形重合。

影片剪辑"整圆展开并重叠"制作过程如下：

① 创建影片剪辑"整圆展开并重叠"。新建图层 1，命名为"整圆展开"。在第 1 帧中拖入两个影片剪辑"半圆展开"（其中一个影片"垂直翻转"），将它们对齐放置。并延长影片播放时间到第 34 帧。

② 新建图层 2，命名为"重叠图形"。单击该层的第 35 帧，按【F6】键，拖入影片剪辑"重叠图形"，调整影片坐标为（X：279.9，Y：227.3）。

其中，影片剪辑"重叠图形"的制作过程见 8.3.4 节"制作'复习圆面积'影片剪辑"中的步骤（7）～（9）。

4. 制作"整体变形"影片剪辑

操作步骤如下：

（1）创建影片剪辑"整体变形"，进入影片的编辑模式。

（2）新建图层 1、图层 2、图层 3……图层 16（共 16 个图层），依次命名为"WC1"、"WC2"、"WC3"……"WC16"。

（3）单击图层"WC1"的第 5 帧，按【F6】键，拖入"库"中的影片剪辑"WC"，调整影片位置坐标为（X：111.3，Y：215.7），然后将影片选中并复制。

（4）单击图层"WC2"的第 95 帧，图层"WC3"的第 185 帧，图层"WC4"的第 275 帧，……图层"WC16"的第 1455 帧（每层都间隔 90 帧），分别按【F6】键，依次将影片"粘贴到当前位置"复制到各个关键帧中。最后将所有图层的播放时间都延长到第 1455 帧。

（5）新建图层 17，命名为"透明圆柱"，拖动该图层到最下层。单击第 5 帧，按【F6】键，拖入图形元件"圆柱"，将图形属性的 Alpha 设为 66%，设置位置坐标为（X：111.3，Y：238.1）。最后延长播放时间到第 1455 帧。

（6）在图层"透明圆柱"的下面新建图层 18 和图层 19，分别命名为"长方形变化"和"圆柱变化"。选中图层"圆柱变化"的第 1 帧，将其拖入图形元件"切分的圆柱"。分别在第 5 帧、第 95 帧、第 185 帧……第 1455 帧中按【F6】键，将圆柱图形从上面一层一层地删除。制作圆柱一层一层减少的动画。

（7）在图层"长方体变化"中制作长方体一层一层增加的动画，分别在第 94 帧、第 184 帧、第 274 帧……第 1455 帧中按【F6】键，将长方体逐层增加。列举各关键帧中的图形，如图 8-3-53 所示。

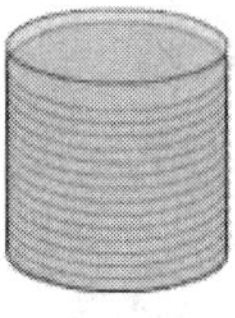

（a）第 5 帧的图形　　　　　　（b）第 94 帧的图形　　　　　　（c）第 95 帧的图形

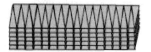

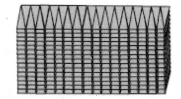

（d）第 544 帧的图形　　　　　　（e）第 545 帧的图形 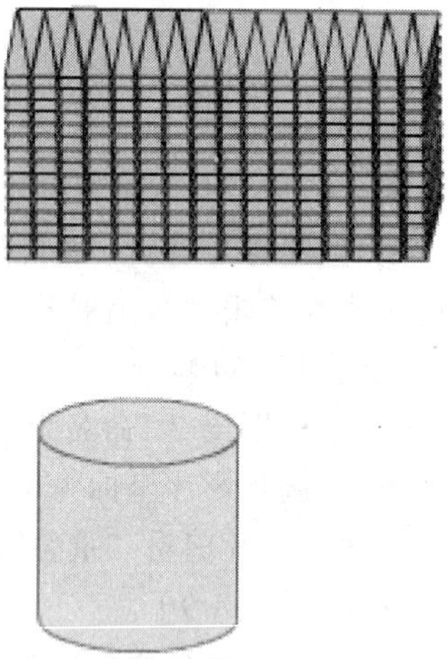　　　　　　（f）第 1455 帧的图形

图 8-3-53　影片"整体变形"各关键帧的图形

5. 制作"长方体"图形元件

创建图形元件，命名为"长方体"。在编辑区中画一个长方体，如图 8-3-54 所示，大小与图形"堆叠长方体图形"相同，如图 8-3-55 所示。

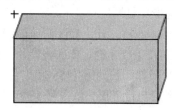

图 8-3-54　图形元件"长方体"

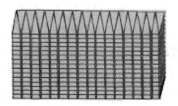

图 8-3-55　堆叠长方体图形

6. 制作"圆柱底面"图形元件

创建图形元件，命名为"圆柱底面"。在编辑模式中画一个椭圆，填充色#FF66FF，如图 8-3-56 所示。

7. 制作"长方体底面"图形元件

创建图形元件，命名为"长方体底面"。在编辑模式中画一个平行四边形，设置填充色为#FFCC00，如图 8-3-57 所示。

图 8-3-56　图形元件"圆柱底面"　　　　　图 8-3-57　图形元件"长方体底面"

8. 制作"得出结论"影片剪辑

制作"得出结论"影片剪辑，操作步骤如下：

（1）创建一个影片剪辑命名为"得出结论"，进入影片的编辑区。

（2）将图层 1 命名为"堆叠长方体"，将影片"整体变形"中的图形复制到第 1 帧中，设置位置坐标为（X：63.3，Y：56.5），堆叠长方体图形如图 8-3-58 所示。

（3）新建图层 2，命名为"圆柱体"，拖入图形元件"圆柱"到第 1 帧中，位置坐标为（X：111.3，Y：238.1），然后将"圆柱"的颜色属性 Alpha 设置为 66%。再单击第 15 帧，按【F6】键，创建第 1～15 帧的传统补间动画。最后将时间轴延长到第 140 帧。

（4）新建图层 3，命名为"长方体"，在第 1 帧中拖入图形元件"长方体"，使长方体与下面图层的图形重合。然后将"长方体"的 Alpha 设置为 20%，再单击第 15 帧，按【F6】键，创建第 1～15 帧的传统补间动画，并将时间轴延长到第 124 帧。

（5）新建图层 4 和图层 5，分别命名为"圆柱底面"和"长方体底面"。制作圆柱和长方体底面突出显示的动画。单击"圆柱底面"图层的第 17 帧，按【F6】键，拖入"库"中的元件"圆柱底面"，使其与下面图层中的圆柱重合。然后在第 22 帧、第 27 帧按【F6】键，将第 22 帧中的图形打散并改变颜色为#996666，然后再组合。分别创建第 17～22 帧和第 22～27 帧的传统补间动画，最后将时间轴延长到第 89 帧。

按照同样的方式制作"长方体底面"的变化，最后将该图层的播放时间延长到第 89 帧。

（6）新建图层 6，命名为"文字 1"，在第 17 帧上按【F6】键，分别在圆柱和长方体上输入文字"底面积"，设置文字属性，字体为黑体，大小为 20 点，加粗，填充颜色为黑色。

接着在第 95 帧上按【F6】键，将圆柱上方的黑色文字"底面积"修改为红色的"圆面积"。然后在第 109 帧上按【F6】键，将文字"圆面积"修改为"πR^2"。最后将时间轴延长到第 124 帧。

（7）新建图层 7，命名为"文字 2"，在第 38 帧上按【F6】键，分别在圆柱和长方体旁边输入文字"高"，文字设置同上。接着在第 95 帧上按【F6】键，将黑色文字"高"修改为红色文字。然后在第 109 帧上按【F6】键，将文字"高"修改为"h"。最后延长时间轴到第 124 帧。

（8）新建图层 8，命名为"得出结论"，依次单击第 50、65、80、95、110 帧，分别按【F6】键。在第 50 帧输入文字"圆柱的体积=长方体的体积"；第 65 帧输入文字"=底面积×高"；第 80 帧输入文字"圆柱的体积=底面积×高"；第 95 帧输入红色文字"=圆面积×高"。第 110 帧输入红色文字"=πR^2×h"。最后单击第 125 帧，按【F7】键，输入文字"圆柱的体积=πR^2×h"，并将时间轴延长到第 140 帧。图层中各关键帧的图形如图 8-3-58 所示。

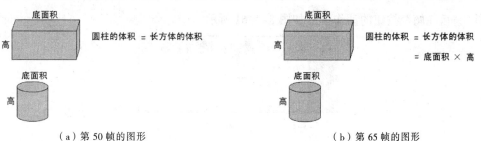

（a）第 50 帧的图形　　　　　　　　　　　（b）第 65 帧的图形

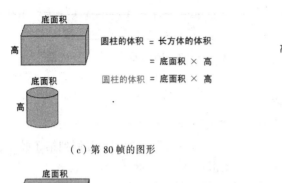

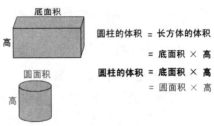

（c）第 80 帧的图形 　　　　　　　　　　　　（d）第 95 帧的图形

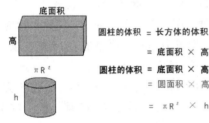

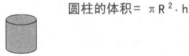

（e）第 110 帧的图形 　　　　　　　　　　　　（f）第 125 帧的图形

图 8-3-58　影片"得出结论"各关键帧的图形

9. 返回场景

元件制作完成后，返回到"公式推导"场景。

（1）将"封面"场景中的背景和按钮图层复制到"公式推导"场景中。

（2）新建图层 2，命名为"标题"。输入标题文字，然后拖入"库"中的图片"fdj.jpg"，适当调整图片大小并用"套锁工具" 　 去除白色的背景。

（3）新建图层 3，命名为"播放按钮"。将"库"中的按钮"rounded green play"、"rounded green back"和"rounded green forward"拖入到第 1 帧并调整位置，作为"播放"、"前一帧"和"后一帧"按钮。将这 3 个图层的时间轴均延长到第 12 帧。

其中 3 个按钮上的动作设置说明如下：

① "播放"按钮的动作设置如图 8-3-59 所示。

② "前一帧"按钮的动作设置如图 8-3-60 所示。

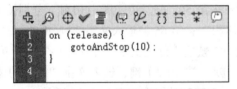

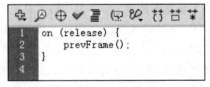

图 8-3-59　"播放"按钮动作语句　　　　图 8-3-60　"前一帧"按钮动作语句

③ "后一帧"按钮的动作设置如图 8-3-61 所示。

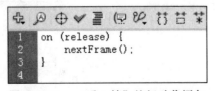

图 8-3-61　"后一帧"按钮动作语句

（4）新建图层 4，命名为"切分圆柱"。单击第 10 帧，按【F6】键，拖入"库"中的影片"切分圆柱"，调整位置坐标为（X：429.4，Y：146.3），如图 8-3-62 所示。

（5）新建图层 5，命名为"整体变形"。单击第 11 帧按【F6】键，拖入"库"中的影片"整体变形"，调整位置坐标为（X：133.3，Y：235.3），如图 8-3-63 所示。

 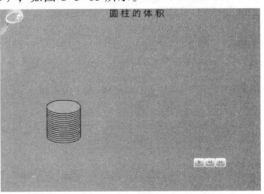

图 8-3-62　"公式推导"场景中的影片"切分圆柱"　　图 8-3-63　"公式推导"场景中的影片"整体变形"

（6）新建图层 6，命名为"得出结论"。单击第 12 帧，按【F6】键，拖入"库"中的影片"得出结论"，调整位置坐标为（X：163.3，Y：166.0），如图 8-3-64 所示。

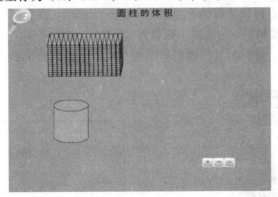

图 8-3-64　"公式推导"场景中的影片"得出结论"

8.3.6　制作场景：练习

1. 制作"文本"图形元件

创建"文本"图形元件，选择"文本工具"，设置"属性检查器"，字体为黑体，大小为 16 点，填充颜色为黑色。文本框中输入 5 道练习题，图形元件内容如图 8-3-65 所示。

2. 制作"文本移动"影片剪辑

制作"文本移动"影片剪辑的操作步骤如下：

（1）创建影片剪辑"文本移动"，进入影片剪辑的编辑区。

（2）在图层 1 的第 1 帧中拖入元件"文本"图形，设置如图 8-3-66 所示。

（3）在第 60 帧上按【F6】键，将"文本"图形向上移动，坐标轴改为（X：-1.6；Y：-324.6），然后创建第 1～60 帧的传统补间动画。

（4）为了在最终播放时能用按钮控制文本的移动，我们在第 1 帧上添加动作语句"stop();"。

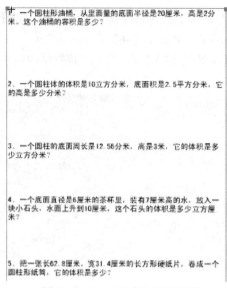

图 8-3-65　"文本"图形元件

图 8-3-66　"文本"图形元件

3. 制作"练习题"影片剪辑

创建影片剪辑"练习题",该影片主要利用遮罩动画的效果,实现单击上下按钮拖动文本框来观看练习题的内容。操作步骤如下:

(1)在影片剪辑的编辑区,给图层 1 命名为"背景"。选中第 1 帧后,单击"矩形工具"□,在舞台上绘制一个矩形,并且打开"颜色"面板,相关设置如图 8-3-67 所示。矩形的填充效果如图 8-3-68 所示。

图 8-3-67　背景填充的"颜色"面板

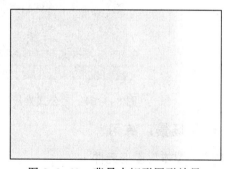

图 8-3-68　背景中矩形图形效果

(2)新建图层 2,命名为"文本边框",使用工具箱中的"线条工具"╱绘制一个文本边框,属性设置为无笔触填充,线条颜色为实线,高度为 1 点,颜色为黑色。

(3)在图层"背景"上新建图层 3,命名为"按钮",拖入两个"库"中的素材"rounded green play"按钮,分别放置在文本边框的右上角和右下角。文本边框与按钮摆放效果如图 8-3-69 所示。

(4)制作文本的遮罩动画。新建图层 4 作为被遮罩层,在第 1 帧上拖入影片"文本移动",并调整影片与背景的位置。

(5)新建图层 5 作为遮罩层。绘制一个矩形使其,使其遮盖住文本边框的左侧。再将图层 5 设置为"遮罩层",遮罩图形如图 8-3-70 所示。

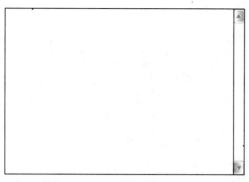

图 8-3-69　文本边框与按钮　　　　　　　图 8-3-70　遮罩图形

（6）为了让影片静止，可以在第 1 帧上添加动作语句"stop();"，这样影片"练习题"就制作完成了。

4. 返回场景

元件制作完成之后，返回到"练习"场景。

（1）将"封面"场景中的"背景"和"按钮"图层复制到"练习"场景中。

（2）新建图层 2，命名为"标题"。输入标题文字，然后拖入"库"中的图片"lianxi.jpg"，适当调整图片大小并用"套锁工具"去除白色的背景，效果如图 8-3-71 所示。

（3）新建图层 3，命名为"影片"。将"库"中的影片剪辑"练习题"拖入到第 1 帧中并调整大小与位置，如图 8-3-72 所示。

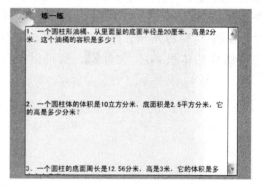

图 8-3-71　"练习"场景中的标题　　　　　图 8-3-72　"练习"场景

8.3.7　切换场景

利用按钮来进行场景的切换，方法如下：

（1）"封面"按钮上的动作设置如图 8-3-73 所示。

（2）"复习"按钮上的动作设置如图 8-3-74 所示。

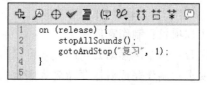

图 8-3-73　"封面"按钮的动作　　　　　　图 8-3-74　"复习"按钮的动作

（3）"公式推导"按钮上的动作设置如图 8-3-75 所示。

（4）"练习"按钮上的动作设置如图 8-3-76 所示。

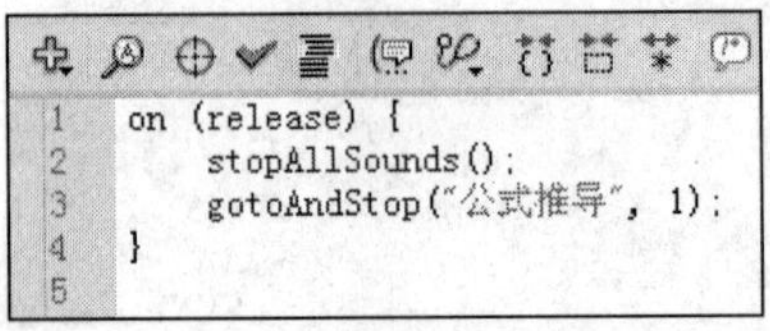

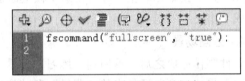

图 8-3-75　"公式推导"按钮的动作 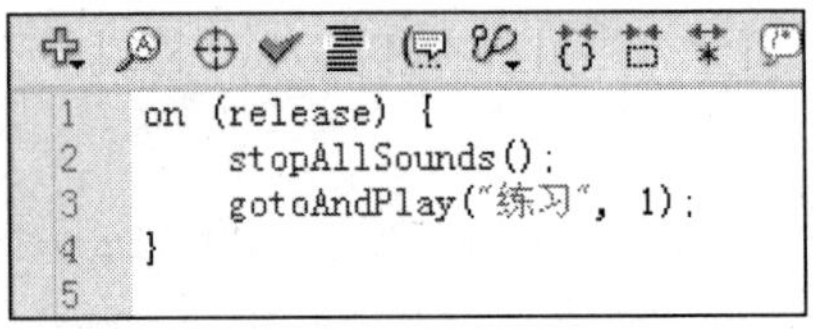　　　图 8-3-76　"练习"按钮的动作

（5）"关闭"按钮上的动作设置如图 8-3-77 所示。

最后为了使影片播放时能够全屏显示，单击各个场景中背景图层的第 1 帧，为其添加动作，如图 8-3-78 所示。

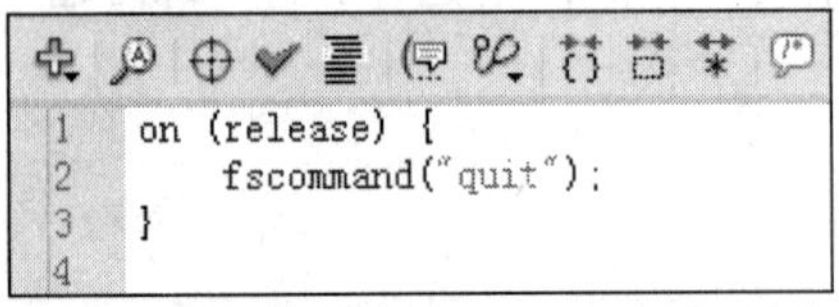

图 8-3-77　"关闭"按钮的动作　　　图 8-3-78　全屏显示的语句

8.3.8　发布课件"圆柱的体积"

　　课件全部制作完成后，单击"文件"→"发布设置"命令，打开"发布设置"对话框，选择格式类型为"Windows 放映文件(.exe)"，然后选择保存路径，如图 8-3-79 所示。打开保存课件的文件夹，双击"圆柱的体积.exe"文件，就可以运行并观看课件。

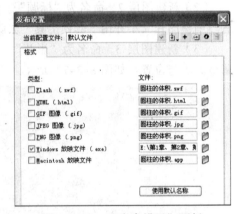

图 8-3-79　"发布设置"面板

本 章 小 结

　　本章详细讲述了课件"圆柱的体积"的制作过程，通过制作该实例，读者可以掌握 Flash 作品的整体策划和结构设计，分场景动画的制作，以及动画之间的整合等方法。有兴趣的读者可以加以借鉴。

课 后 实 训

实训项目：制作宣传片。

内容：为中国移动公司的"来电提醒"业务制作两个宣传片。

要求：制作完成后保存命名为"宣传片一"和"宣传片二"，并发布为 Windows 放映文件（*.exe）和网页格式（*.Html）。

"宣传片一"效果如图 8-4-1、图 8-4-2 所示。

图 8-4-1　"宣传片一"效果图 1

图 8-4-2　"宣传片一"效果图 2

"宣传片二"效果如图 8-4-3、图 8-4-4 所示。

图 8-4-3　"宣传片二"效果图 1

图 8-4-4　"宣传片二"效果图 2

参 考 文 献

[1] 沈大林. 中文 Flash 8 案例教程[M]. 北京：中国铁道出版社，2007.

[2] 陈芳林. Flash 5 高级教程[M]. 北京：电子工业出版社，2001.

[3] 肖友荣. Flash 8 实用教程[M]. 北京：中国铁道出版社，2008.

[4] 李瑞光，樊勋磊. Flash MX 2004 动画制作案例教程[M]. 北京：人民邮电出版社，2006.

[5] 沈大林. 中文 Flash MX 案例教程[M]. 北京：中国铁道出版社，2004.